解説　小林　茂

陸地測量部沿革誌（稿本）

不二出版

はしがき

一九二二年に刊行された『陸地測量部沿革誌』は、一九二〇年までの陸地測量部の事績を掲載し、日本近代の地図作製史の基本文献となっている。ただしその記載は、当時の参謀総長、上原勇作による序文に対応して、近代国家における地図作製の意義を強調するもので、陸地測量部の活動を俯瞰的に眺めるには、きわめて不十分なものとなっている。

やや乱暴な言い方になるが、近代地図の作製機関としての陸地測量部は大きく二つの役割をもっていた。一方は近代国家として形成されつつある日本の領域について、それにふさわしい地図情報を提供することである。他方には、新興の「帝国」としての日本が行う対外的な武力行使、さらにはその結果獲得した植民地の統治に必要な地図情報の整備があり、そのうちとくに軍事的意義を持つものについては公開が強く規制されていた。『陸地測量部沿革誌』は、以上のうち後者を容赦なく捨象して、近代国家に不可欠な地図作製の意義を強調するわけである。

ここに刊行する『陸地測量部沿革誌（稿本）』は、「正史」として刊行された『陸地測量部沿革誌』の準備段階で作られた、謄写版で印刷された参照用原稿で、初代の陸地測量部長の小菅智淵の子孫が受けついできたものである。カバーする時期は一九〇六年までと短いが、軍事的な意義を持つ「外邦図」の作製に触れるだけでなく、主要な法律や規則、部内の人事や会計にも詳しく言及し、地図作製技術者の集団であった陸地測量部自身が作製した内部資料として、その活動の理解に大きな意義を持つことが判明した。

本書は、こうした『陸地測量部沿革誌（稿本）』の全文を示すだけでなく、『陸地測量部沿革誌』の記載との異同も示し、主として後者に基づいて検討されてきた陸地測量部のイメージを一新することをめざして企画された。帝国日本の地図作製機関としての陸地測量部の実態だけでなく、その発展について当該の技術者たちがどのように理解していたかを示す資料として、近代地図に関心を持つ多くの読者に参照していただくことを期待したい。

なお、『陸地測量部沿革誌（稿本）』の前編の表紙には、「陸地測量部沿革誌 前編」と記されている。これからも、その原本が刊行に向けていったん完成されたものとして取り扱われていたと推定され、タイトルのうち「（稿本）」は防衛研究所に複写本が収蔵された際に付されたものとも考えられることを付記しておきたい。

ところで、『陸地測量部沿革誌（稿本）』の触れる外邦測量はその概要を示すが、現場の様子にも関心が引かれる。一九三六年に行われた「外邦測量の沿革に關する座談會」の記録をつづけて掲載したのは、日露戦争期までの測量技術者たちの活動の実態にせまる資料がわずかなりとも残されていることを示すためである。初期の外邦測量に用いられた技術だけでなく、技術者たちと現地住民の交渉など、他では得がたい資料となっている。『陸地測量部沿革誌（稿本）』の記載と対照しつつ参照されることを期待している。

小林　茂

陸地測量部沿革誌(稿本)　目次

I 『陸地測量部沿革誌（稿本）』解説と本文

旧陸地測量部の庁舎（『研究蒐録地圖』２号、口絵写真［原図カラー］、1942年12月11日撮影）

今日の「国会前庭」に立地していた陸地測量部の庁舎は、参謀本部の庁舎として1881年に建築されたもので、同部の前身も建築当時からこの建物に位置していたと考えられる。３階の一部を占めていた同部は、1894年の「明治東京地震」を契機に参謀本部が新庁舎に移ると、その大部分を使用するようになった。日清・日露戦争期には地図への需要が急増し、職員数が237名（1888年）から、300名（1894年）、さらに386名（1908年）と急速に増大するだけでなく、戦時のために雇用した作業員も多数にのぼった。この建物は第二次世界大戦末期に陸地測量部が疎開するまで使用されたが、1945年５月24、25日の米軍の空襲で焼失した。

一　『陸地測量部沿革誌（稿本）』の来歴と構成

小林茂

はじめに

『陸地測量部沿革誌』（正篇は一九二二年刊、終篇は一九三〇年刊）は、陸地測量部が編集・刊行した編年体の書物で、近代日本の地図作製を考えるに際し、不可欠の文献と考えられてきた。正篇・終篇のいずれも、記載のもとになる資料にほとんど言及せず、内容の検証が困難で、公認の「正史」としての性格もあって、権威のある書物と受け取られがちで、参照に際してその記載が検討されない場合が多い。また両者とも古書としての入手が困難となって、一九七〇年頃には刊記のないリプリント本が刊行された。これには、高木菊三郎が第二次大戦後に作製した「終末篇」も加えられ、正篇・終篇にあわせて参照されてきた。高木は、後述するように長く陸地測量部と地理調査所（今日の国土地理院の前身）に勤務した古参の技術者で、「終末篇」では終篇に続く時期について、正篇・終篇と同様のスタイルで記述を行っている。

その後このリプリント版すらも閲覧が困難となって、二〇一三年には不二出版から正篇・終篇・終末篇にあわせて、それぞれの成立事情や構成を検討する解説（小林、二〇一三）を付して、本格的なリプリント版が刊行された。これで事情が改善されたが、その印刷部数が少数だったこともあって、このリプリント版はまもなく売り切れ、二〇二二年にはその増刷が行われた。

他方、上記三篇のうちとくに記載の少ない正篇の冒頭となる第一編（「維新前後ヨリ陸地測量部成立ニ至ル」という副題をもつ）の内容を補おうとする努力が一九七〇年代に開始された（齊藤・佐藤・師橋、一九七七など）。これがカバーしているのは、陸地測量部設立以前の前史にあたる時期であるが、その頃は陸軍の組織改編が繰り返されたこともあったためか、原稿の準備段階ですでに充分な資料がのこっておらず、陸軍内部の地図作製活動の変遷さえ満足に追跡できない年次が少なくなかった。上記の組織改編にともなって制定された内部規則を、『法規分類大全兵制門』のような法令集から引用しているのは、それが陸地測量部に残っていた資料で充分に確認できなかったことを示唆している。部外で集成された二次資料を参照しなければ、部内の基本的な事項について確認することが困難であったわけである。またこうした状況で準備された叙述には、後述するようにあきらかに誤りと考えられる部分も指摘されるようになったことも重要である（佐藤、一九八八、佐藤、一九九一、二〇一一二二頁など）。陸地測量部設立以前の正篇の誤りは早くから指摘されているとはいえ（小野、一九五二）、その記述の本格的検討が開始されたといってもよい。

正篇刊行から五〇年以上が経過し、つづく「正史」ともいえる『測量・地図百年史』（測量・地図百年史編集委員会編、一九七〇）が刊行された時期となって、とくに正篇の冒頭部分について、本格的な見直しが不可欠という認識が高まった背景には、当時防衛庁戦史部で陸軍関係文書の『大日記』類（当時返還された、終戦時の米軍接収資料と考えられる）のような同時代資料が参照できるようになったという事情もあった。

筆者はその後を追うようにして二〇〇〇年頃から外邦図の作製に関心を寄せるようになったが、その作製のための測量や製図に関するまとまった書物はみつからなかった。また正篇冒頭の凡例に「六、外邦測圖ニ關シテハ別冊トシテ其ノ沿革ヲ編纂セリ」とされているのを見て、やや失望するとともに、この「別冊トシテ」編集された外邦測図関係の書物があるのではないかと一時期考えるに至った。ただしその種の書物を引用している例は全くみつからず、上記凡例の記述は計画されたものの実現されなかったのではないか、と思うようになった。

しかし、その後に編集・刊行した『近代日本の地図作製とアジア太平洋地域―外邦図へのアプローチ』（小林編、二〇〇九）の準備過程で、清水靖夫氏が示された「日本統治機関作製にかかる朝鮮半島地形図」と題する改訂原稿を拝見し、『陸地測量部沿革史（草案）』という書物には、外邦測量に関する記載（清水二〇〇九、一二二一―一二三頁）があることを知り、まずこの検討が必要なことを理解した。タイトルからしても『陸地測量部沿革誌』に関連のある書物と想像されたが、ただしこの『陸地測量部沿革史（草案）』は、国立国会図書館をふくめどの図書館にも収蔵されておらず、清水氏から一部の複写を送っていただいただが、検討は容易でなかった。

その後しばらくして古書のカタログに『陸地測量部沿革史（草案）』が登場し、さっそく取り寄せたが、到着したのは表紙の右上に「自明治初年、至明治二十一年五月」、左下に「第五課及測量課時代・測量局時代」とあって、陸地測量部設立以前の時期をカバーしていることがわかった。外邦測量の本格開始前にあたるので、やや残念であったが、謄写版印刷の原本を複製したもので、正篇の冒頭である第一編と一致する部分も多く、注目された。ただし正篇に見られるような「叙」（当時の参謀総長、上原勇作による）や「緒言」（当時の陸地測量部長、松村法吉による）がなく、いきなり「凡例」からはじまっており、いかにも草稿らしい（ただし第二五丁が落丁）。またこの凡例の末尾に「又事ノ機密ニ関スルモノハ本誌ニアリテハ全ク之ヲ闕クモノトス」とあるが、外邦測量の記載に関する言及がない点も注目された。

二〇一九年になってやはり古書のカタログに『陸地測量部沿革史（草案）』が登場した。これは二冊セットになっており、さっそく発注したところ、上記と同じ第一分冊（やはり第二五丁が落丁しており原本で欠落していたと考えられる）にあわせて、それよりもずっと厚いおなじような体裁の第二分冊が到着した（図1）。表紙の右上には「自明治二十一年五月、至基本測図完了」、左下に「陸地測量部時代」とあって、陸地測量部設置から明治三九（一九〇六）年までをカバーする。清水氏の引用した外邦測量にふれる部分もあり、正篇の第二編および第三編と一致するところが多い。これでようやく『陸地測量部沿革史（草案）』（以下「草案」とする）がそろったことになる。この複製本にも刊記がなく、これだけでは誰が作製したのか、さらにその原本は何かもわからないという状態であるが、清水（二〇〇九、一八二頁）の注記には、二分冊で構成されることのほか、日本地図資料協会（大日本測量株式会社資料調査部）が高木菊三郎旧蔵の写本を転写したものとされている。

高木菊三郎は上記のように陸地測量部・地理調査所に長期間勤務した技術者で、『日本に於ける地図測量の発達に関する研究』（高木、一九六六）のような地図作製史に関する著書のほか、戦中期に原本が刊行された、外邦図作製を展望する『外邦兵要地図整備誌』（藤原解説、一九九二）のような報告もある。また外邦図研究の開始期には、科学研究費で高木菊三郎旧蔵の地図目録や一覧図を購入し（現大阪大学蔵）、その目録を公開してきた（小林・金・波江・鳴海、二〇〇九、小林・長谷川・波江、二〇一〇）。草案の原本が高木旧蔵であったことは、その経歴からしても納得できる。また日本地図資料協会（大日本測量株式会社資料調査部）は、各種の古地図を複製して販売した会社として知られており、上記の刊記のない『陸地測量部沿革誌』のリプリントもそれによると推定される。おそらく著作権に配慮してそのような刊行の仕方を採用したと思われるが、ともあれ、この二冊の草案は、正篇の原稿準備の過程で作製された原稿本と推定された。ただし、この推定が確認できるまでにはさらに時間を要することになった。

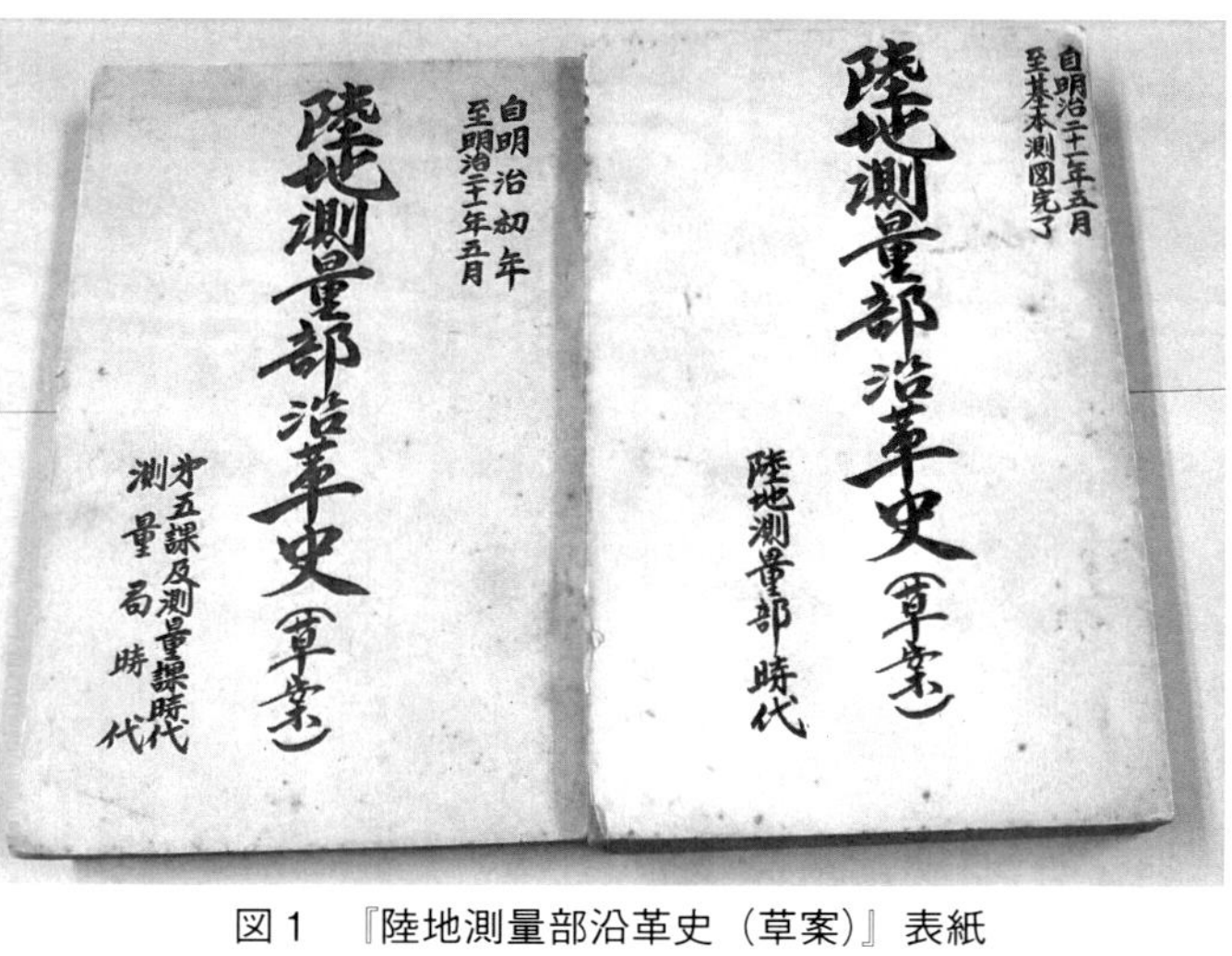

図１　『陸地測量部沿革史（草案）』表紙

しばらくして、アジア歴史資料センターから『陸地測量部沿革誌（稿本）』というタイトルの二冊セットの書物が公開されていることを知ることになった。アジア歴史資料センターは一九九五年八月一五日の村山富市首相（当時）の「戦後五〇周年の終戦記念日にあたって」と題する談話にもとづいて設立された機関で、国立公文書館や外務省外交史料館、防衛省防衛研究所図書館（当時）が保管する戦前の公文書のマイクロフィルムを電子化したものを主体にインターネットによって公開している。現在は多数の画像を公開しており、それらは日本の外交史や軍事史の研究にとっても重要な資料になっている。もちろん外邦図の研究には欠くことのできない資料が多い。その公開する『陸地測量部沿革誌（稿本）』が、すでに紹介した草案とどのような関係にあるかがここで注目された。

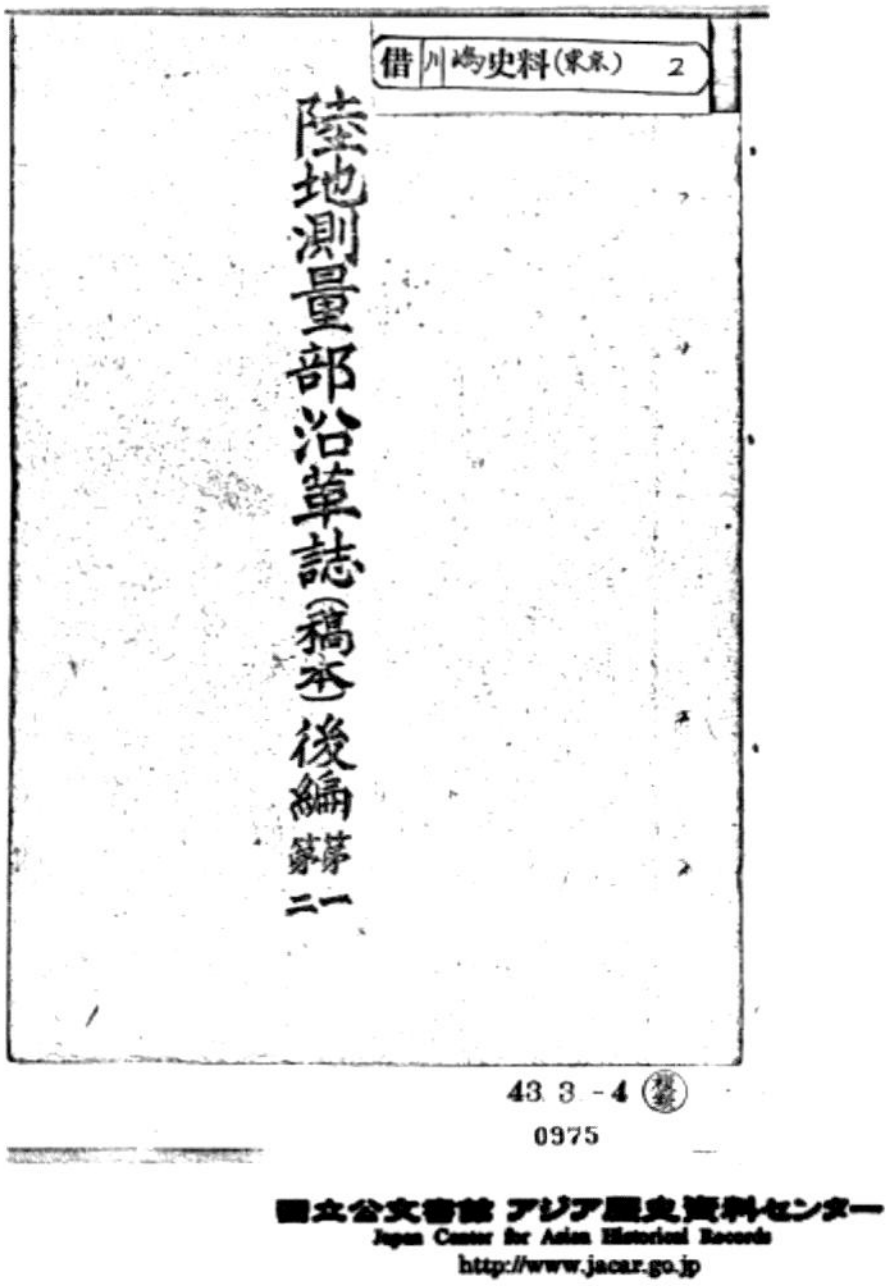

図２：アジア歴史資料センターが公表している『陸地測量部沿革誌（稿本）後編』の表紙（Ref. C14020004300）

この『陸地測量部沿革誌（稿本）』（以下「稿本」とする）は、インターネットで閲覧すると、前編と後編に分かれており、後編の表紙を見ると右上に「借／川嶋史料（東京）」と記されている（図２）。また右下には〇のなかに「複製」と記す印がある。川嶋家所蔵の資料を借用して複製したものとなる。さらに外邦測量に関する記事などを見ると、すでに入手していた草案の第二分冊と同じ内容で、しかも謄写版の筆跡も同じである。他方でタイトルの違いが気にかかるが、草案の表紙は、書体などからみても新しく作られたものと推定され、もとのタイトルは『陸地測量部沿革誌（稿本）』であった可能性が大きいことがわかってくる。以下草案の第二分冊もあわせて、稿本（後編）と呼ぶことにしたい。

他方、草案の第一分冊と稿本（前編）を比較すると、予想外のことがわかってきた。後者の表紙に見える「借／川嶋史料（東京）」や〇のなかに「複製」と記す印は上記と同様であるが、構成が草案の第一分冊とやや違うのである。稿本（前編）の冒頭には「緒言」があるが、草案の第一分冊の冒頭は、すでにふれたように「凡例」から始まっており、謄写版の筆跡も全く別である。それ以下の記事についてみると、書かれていることに共通の部分は多いが、『陸地測量部沿革史（草案）』第一分冊には、記述の問題点を指摘するような書き込みもみられ、稿本（前編）のように整っていない。これからまず草案の第一分冊ができて、それを推敲して稿本（前編）ができたことが明らかである。

このようにして『陸地測量部沿革誌』正篇の準備過程の各段階で作られた原稿を謄写版で印刷した、参照用の冊子とでもいうべきものが姿を現してきた。正篇の成立事情を考えるに際して、これらが有力な資料になることは改めて言うまでもないであろう。すでに触れたように、一九七〇年代に正篇を補足しようとする動きが始まり、それはおもに他の資料との比較対照による作業にものであった。しかしここで紹介してきた草案の第一分冊や稿本の前編・後編は、別の角度から正篇の性格を照射する材料となる。まずそれらの異同を検討することにより、正篇刊行にむけての編集方針の変遷過程がみえてくる。古い原稿の一部を改変して新しい原稿を作るに際して、削除された部分だけでなく、加筆された部分が特定でき、最終的な印刷原稿に向かって、どのような配慮が行われたか推定が可能になるはずである。またとくに削除された部分や改変された部分は、正篇の編者によって取捨選択された情報ではあるが、すでにふれた、別冊に記載するとして削除された外邦測量の事蹟のように、いままで知られていない経過が示されている可能性がある。

こうした改訂点については、「假製東亞輿地圖」という日清戦争期に刊行された中国大陸北部・朝鮮半島・九州の一部をカバーする百万分の一図（全十図幅）が作製された経過の記載（明治二八［一八九五］年）を比較してみたことがある（小林、二〇二二b参照）。上記の推測を確認するために、この例を見ておこう。

まず正篇の場合には、「萬國地學協會」で、世界全体をカバーする百万分の一地図の国際的な協同作製が決議され、その会議の主催国スイスから日本側の態度に関する照会があり、その事業への参加に向けて、陸地測量部の製図科に立案させたところ、たまたま日清戦争がはじまり、重要地域の地図が必要になって「東亞輿地圖」を「急増」するよう命令があり、陸地測量部では急きょ製図を行って「假製東亞輿地圖」を作製し、これに応じたという趣旨の記述が見られる。

これに対して稿本（後編）では、スイス政府からの照会について陸地測量部に下問があり、まず陸地測量部側では、早川製図科長がそれにあわせて「亞細亞東部輿地圖製圖案」を立案し、同時にこの案に従って古山直英・山際七司・

千野忠秀の三測量手に図式・図例ならびに一覧表を作成させたとする。陸地測量部は、この案や例をそえてこの国際的協同事業に参加するよう返答していたところ、たまたま日露戦争となり、「東亞輿地圖」を「急増」せよとの命令があり、早川科長の案により、諸種の資料を編集して急きょ製図に従事し、これに応じたとしている。

両者は類似点が多いとはいえ、稿本（後編）から「假製東亞輿地圖」の作製に対する早川製図科長の積極的な姿勢や、測量手たちの協力が「假製東亞輿地圖」作製の背景にあったことがよくわかる。また当時製図科では、それに向けて当該地域について百万分の一図作製が立案できるほどの資料が収集されていたことも、あきらかである。これに先行して、製図科では早川科長の「提議」により、この地域の二〇万分の一図を作製しており（アジア歴史資料センター資料：C06083895400）、それを縮小すれば百万分の一図を作製できる見通しが整っていたと考えられる。これら二〇万分一図（「清國二十万分一圖」と「朝鮮二十万分一圖」によりなり、合わせて「隣邦二十万分一圖」とも呼ばれる）のカバー範囲をみると（小林・渡辺・山近、二〇一七、九二頁、渡辺・山近・小林、二〇一七、一五三頁）、百万分の一図のそれにほぼ重なることも、その推定に一致する。

以上からすれば、正篇の簡略な記述よりも、稿本（後編）の記述が当時の陸地測量部内部の状況をよく伝えているといえよう。また正篇で早川製図科長の姿勢や測量手たちの協力に関する稿本の記述が削除されたのには、どのような配慮があったのかについても関心が引かれる。

なおこれらの二〇万分の一図は、一八八〇年代に参謀本部の若手陸軍将校が旅行により作製した中国大陸と朝鮮半島の手描き地図を主な素材としている（小林・渡辺・山近、二〇一七、渡辺・山近・小林、二〇一七）。よく知られている広開土王碑文の拓本をもちかえった酒匂景信は、この若手将校の一人である。彼らの手描き地図を最大限活用しようとするのが早川科長の案であった。またこれを集約してできあがった百万分の一の「假製東亞輿地圖」は、軍事用に便利な図として用いられ、当初秘図とされたが、日清戦争後には解秘されて広域をカバーする地図として民間に広く使われるようになった。またフランスやドイツが東アジアの百万分の一図を作製するきっかけともなり、とくに朝鮮半島をカバーする部分（「吉州」・「漢城」・「釜山」図幅および「長崎」図幅の北部）については、その地理情報を詳しく示すものとして、両国の百万分の一図の当該部分の元図に採用されたことも付記しておきたい（山近ほか、二〇一七）。

以上、稿本の意義の一端を示した。陸地測量部の歴史だけでなく、日本の地図作製史の研究にとっても、すでに刊記なしのリプリントによって一部が知られていたとはいえ、稿本はむしろ新資料とでもいうべき素材になる可能性が大きく、その特色の検討に向けて、以下ではまず、稿本（前編・後編）の「借／川嶋史料（東京）」という記載を手がかりに、その来歴を検討する。稿本はまだその位置づけが明確でない資料であるが、これによって小菅智淵初代陸地測量部長（一八八八年五月〜十二月在任、当時陸軍大佐）の子孫が受け継いできたものであることを示し、正篇に至る原稿の一段階であったことを明確にしたい。ついで、稿本や正篇の「緒言」でふれられている、『陸地測量部沿革誌』の編集作業を開始した牧野清人陸地測量部長（一九一二〜一九一四年在任、当時陸軍少将）の構想を中心にその後を受け継いだ陸地測量部長たちのこの編集への取り組みを検討する。これから初期には陸地測量部の活動記録を残すという意義が強く意識されていたことをあきらかにしたい。さらに草案第一分冊と稿本（前編）の異同、稿本（前編・後編）と正篇の異同を追いながら、その間の編集方針の変化について検討する。外邦測量に関する記述の全面的削除に見られるように、内容に大きな変化をもたらした背景に迫ってみたい。

なお、こうした変化を把握しやすくするため、本書では稿本のテキストをそのまま活字化するだけでなく、正篇編集にむかってどのように改変されたか、わかりやすく示すことをめざした。とくに削除部分や記載の変更部分をわかりやすく示すことを試み、また稿本にみられる誤りが正篇に受け継がれていることも多く、それらについては簡略な注を付している。加えて難解な語彙についても解説を心がけたが、なお行き届かないところも少なくないことをおことわりしておきたい。

1.『陸地測量部沿革誌（稿本）』の来歴と初代陸地測量部長、小菅智淵の遺族

『陸地測量部沿革誌』には、その特色を検討してきた「草案」のような原稿案があったことは、日本の近代地図の研究家のあいだでは広く知られていたと考えられる。上記のように、高木菊三郎の蔵書の一部について、『陸地測量部沿革誌（草案）』というタイトルが与えられて、刊記のない印刷物として流布していたわけである。しかし、その引用例は少なく、すでに指摘した清水（二〇〇九）以外で筆者が気づいた例は、佐藤（一九九三、四四頁）だけである。その背景には、草案の来歴に不明な点が多く、多くの研究家が引用をためらってきたという事情が考えられる。

ただし、アジア歴史資料センターが公開している稿本には、原本の所有者が東京の川嶋家であることが明記されている。このため防衛省防衛研究所が収蔵する複写本を調査したところ、一九六八年三月から一九七三年三月まで所蔵者から原本を借用し、戦史室で資料評価を行い、陸地測量部の沿革史として高い価値を持つものとされて、複写が行われたことがわかる。また「借用先」は「川嶋紀子」とされ、括弧内に「小菅智淵工兵大佐　令孫」と記されている。

小菅智淵の子孫については、いくつかの文献が触れており、遺族の調査を行った藤井陽一郎氏の伝記（藤井、一九七二）と子孫の一人である池上正道氏による伝記（池上、二〇〇九）をあわせるとつぎのようになる。小菅智淵と妻の作子との間には五名の娘と、二名の息子があった。息子のうち長男は早世し、次男の如淵は東京大学を卒業し会計検査院第二部長となったが、晩婚で子孫はなかったという（一九二八年に四八歳で逝去）。一九四三年に小菅智淵没後五十五年を記念して、その銅像（一八九九年に建立）を洗浄し、調査を行った平木安之助の報告（陸測總務課、一九四三所収）によれば、三女麻子の嫁いだ得能家および池上家に嫁いだ四女濱子の娘、紀子が嫁いだ川嶋家に残された各種の記録を参照することができたとしている。また調査中、紀子の夫の川嶋（島）孝彦（当時内閣統計局長）が陸地測

量部に来訪し挨拶したという。藤井氏が調査に際してインタビューしたのも川嶋紀子で、おそらくその頃に稿本が戦史室に貸し出されたものと考えられる。

智淵の四女濱子、さらにその娘の紀子に稿本の原本が受け継がれ、戦史室に提供されたことになるが、この点については、智淵に男系の子孫がなかったことを考慮すべきであろう。また池上（二〇〇九）によれば、同氏の祖母にあたる濱子（大阪市長などを務めた池上四郎と結婚）は、自分で製本してもっていた「小菅智淵先生事績」を一九四九年になくなる時に同氏の母に渡したとのことで、自身が小菅智淵の娘であることを強く意識していたようである。また平木安之助の報告では、川嶋家には陸地測量部の製図科長を長くつとめた早川省義（一八五二―一九〇三年）の記した小菅智淵の閲歴（陸測總務課［一九四三］所収の「小菅智淵氏事蹟」で、池上氏の母が受け継いだ「小菅智淵先生事績」と同じ内容の可能性が大きい）などがあったということで、紀子は稿本以外にも智淵関係の資料を受け継いでいたようである。

以上に関連してもうひとつ検討しておくべきは、稿本がなぜ子孫に受け継がれていたかという点であろう。想像の域を出ないが、沿革誌の準備にあたっていた陸地測量部の関係者が、正篇の準備の途中でできた稿本を小菅智淵の親族に送り、その履歴について校閲を得ようとした可能性が考えられる。

一八七八年一二月に発足した参謀本部では、測量課長のポストは空席であったが、翌年一二月に陸軍士官学校教官であった智淵が着任した。智淵は着任後「全國測量一般ノ意見」などを提出して、以後の陸軍の地図作製事業を牽引する。それから一八八八年の陸地測量部の発足直後まで、智淵はその先頭に立ちつづけた。その点からすれば、小菅智淵は稿本前編の主人公ともいえる人物である。後述するように『陸地測量部沿革誌』の準備作業が始まるのが一九一三年頃である。智淵の死後約二五年が経過し、直接智淵に接したことのある人も減少して、その事蹟を示す原稿を子孫に送って確認しようとしたのではないかと考えられるわけである。

この当否の検証は今後の課題にしておきたいが、ただし正篇に示された智淵の経歴を見る限りでは、遺族が稿本の校閲を行ったとは思えない。正篇では、稿本と同様に智淵について「静岡縣ノ人沼津兵学校ニ學ヒ少壮開成所ニ出仕シ講武所ニ転スルニ及ヒ幕府工兵隊ノ創設ニ努メ後更ニ教導團ニ出仕シ（後略）」と述べている。沼津兵学校の前身の設立が一八六八年、開成所の設立が一八六三年、その開成学校への改称が一八六八年ということを見るだけでもこの記述が矛盾していることがわかる。智淵が幕臣出身であったことは知られていたが、陸地測量部設立の中心人物の履歴の把握がこの程度であったとは信じがたいほどである。沼津兵学校で学んだとしているのは、全くの誤りであり、やはり幕臣出身であった早川省義と混同された可能性が大きい。早川は沼津兵学校を経て、教導団に編入されている（樋口、二〇〇六）。

ただし小菅智淵の履歴については、上記の「小菅智淵氏事蹟」のほか、それがすこし書き改められて幕臣出身者の親睦会誌に掲載された早川（一九〇〇）以降、上記のように関心が継続しているものの、なお不明な点が少なくない。とくに小菅智淵がどのような経過で測量や地図作製を含む工兵方面の任務に関心を持つようになったか、またそれに合わせてどのような知識や技術を習得していったか、さらには海外の近代的軍隊に関する知識をどのように得たか、という点はほとんどわかっていない。また上記の引用では、幕臣であった智淵が箱館戦争に参加して降伏し、投獄されていたことも触れられていない。稿本の記載で、すでにこのような記述になっていたという点も留意されるところである。

以上、稿本の来歴を見たが、これからすれば稿本は、正篇の準備のために陸地測量部で作成された原稿の一段階であることがあきらかである。またその記載については、正篇の記載と比較しつつ検討すべきもので、独自の価値を持っていることも確認された。つぎに、こうした稿本、さらには草案がどのような意図をもって準備されたか検討したい。

2．牧野清人陸地測量部長の「沿革誌」準備構想と歴代の陸地測量部長

小菅智淵から数えて五代目の陸地測量部長になった牧野清人が最初に『陸地測量部沿革誌』の刊行を構想し、そのための委員を任命したことは、正篇の「緒言」だけでなく稿本の「緒言」にも示されている。稿本の「緒言」の末尾では、「大正五年一月　陸地測量部長」とこの執筆者の職を示すものの、その氏名が示されていないが、それが牧野の構想を引き継いだ伊部直光陸地測量部長（一九一四年六月〜一九一六年一月に在任）にあたることが明らかである。この「緒言」で、委員を増員して『陸地測量部沿革誌』の編纂活動を継続させ、三角科長宮田工兵大佐に指導させ、「前編上下後編第一乃至第四」（一九〇七年まで）の記載を「脱稿」するに至ったとしている。この宮田工兵大佐は一九一四年八月から一九一七年八月まで三角科長として在任した宮田勇太で（陸地測量部、一九二二、二七五、二九三頁）、委員も部内の者に担当させたことがうかがえる。

「脱稿」という表現からすると、伊部の任期の末期までにできた原稿はいったん完成されたものとみなされことになるが、最終的に刊行に至るまでさらに年月を要し、またカバーする期間も稿本より後の時期まで延びて、一九二〇年までとなった。「大正十年十月」と記された正篇の「緒言」は、伊部よりも二代あとの陸地測量部長、松村法吉（一九一九年七月〜一九二三年八月在任）によるもので、内容について「予之ヲ閲スルニ叙事繁閑揆一ヲ欽キ行文ノ推敲亦至ラサルモノアリト雖モ亦以テ我陸地測量部ノ沿革及事業ノ概要ヲ窺フニ足ラン乎（後略）」と、記載に詳しいところと簡略なところがあって統一性を欠き、さらに推敲が不十分と指摘している。松村にとっては、すでにできあがっていた原稿が刊行されることになり、組織の責任者としてこの「緒言」を記したとみてよいであろう。

こうした二つの「緒言」は、稿本から正篇への変化に加えて、草案についても示唆を与える。草案の第一分冊が稿本に先行する原稿である可能性が大きいことはすでに触れたが、伊部直光の「緒言」にみられる経過説明からすれ

ば、牧野清人部長の任期中にこの草案第一分冊ができあがっていたと考えられる。

これに関連して注目されるのは、牧野部長の時代に制定され、「假実行」された「陸地測量部服務細則草案」（一九一三年十二月認可）である（アジア歴史資料センター資料：C15120050900）。陸軍将校だけでなく、測量手や測量師といった文官もふくむ陸地測量部に、軍隊式の管理を導入しようとする雰囲気がうかがわれるこの服務細則草案（活字印刷）は、幸い全文がアジア歴史資料センターの公開する資料に含まれており、その末尾に近いところに「沿革誌」と題する章がみられる（C1512005300、一四九一—一五〇頁）。この第一には「沿革誌ハ本部、各科及修技所ニ於テ之ヲ編纂ス」と記される。「各科」とは三角科・地形科・製図科であり、「修技所」は測量や製図・印刷に従事する技術者の養成所で、それぞれを編纂の単位とするわけである。各単位の編纂責任者は、毎日日誌を点検し、毎年七月中に前年度の事蹟をまとめ、それをもとに陸地測量部の沿革誌を編纂することとしている。またそれに際して、法令、経理、事業、教育、人事、さらにそれ以外の雑件に注目すべきとして、その関係書類も求めている。

関連して触れておかねばならないのが草案の「凡例」の冒頭で、「一、本誌ハ本部并ニ各科ノ沿革誌資料ニ就キ之ヲ他ノ公文書ニ據リ参酌修補シ年次ニ□リ當部事業ノ一斑ヲ編述セルモノナリ」と述べている。「本部并ニ各科ノ沿革」という表現は、上記服務細則草案の「沿革誌」の冒頭を思い出させる。またそれらの資料を「他ノ公文書ニ據リ参酌修補シ」という部分は、陸地測量部内に残っていない資料については、他に残されている公文書を参照せざるを得なかったことを示している。沿革誌の編集段階で、部内の重要文書でありながら時間の経過とともに失われているものが多く、それらについては『法規分類大全兵制門』のような法令集を参照していることをすでに指摘したが、草案の編集者はそうした事態についてふれざるを得なかった。このことは、部長の牧野清人もよく承知して、草案の留意点として認識していたことが確実であり、したがって上記服務細則草案の「沿革誌」の章に示された指示は、将来同じような事態が発生しないようにするためのものであったと推定できる。

このようにみてくると牧野部長が初期に構想していた沿革誌は、陸地測量部の本部・各科および修技所の法令、経理、事業、教育、人事などにわたる事績について、基本的に内部資料によって記載するものであったということになろう。ただし外部に残された資料の参照は避けられず、のちに編集されることになる沿革誌の素材の蓄積をめざして、服務細則にそのあり方を示して実施を督励しようとすることになったと考えられる。

ともあれ、牧野・伊部、それに続く矢野目孫一部長の時代の努力にもかかわらず、正篇の刊行時に部長を務めた松村法吉は、あえてその欠点にあたることを「緒言」に書かざるをえなかった。「正史」として参照されることの多い『陸地測量部沿革誌』正篇は、このような経過でできあがったことにまず注目しておきたい。

3．『陸地測量部沿革史（草案）』第一分冊の特色とその稿本・正篇との関係

草案の第一分冊の記載を、稿本（前編）および正篇（第一編）と比較すると、削除や加筆は各所にみられるが、多くは細部に関するもので、叙述の流れには大きな変化が認められない。編年体という叙述形式、日本における地図作製の歴史を行基図までさかのぼって回顧しようとする姿勢、さらにそうした姿勢にもかかわらず明治初期の工部省や内務省、さらに開拓使の地図作製作業をほとんど考慮せず、陸軍の地図作製史にかたよった記述といった点は共通している。

ただしこれらの点の検討に移る前に、それぞれの凡例をみておきたい。草案の第一分冊の第三項では「成果其他ノ諸統計ハ之ヲ「統計年報」ニ譲ル但シ参観上必要ヲ感スルモノハ其概略ヲ挙グ」とし、稿本でも第四項として、類似の趣旨のことを述べている。この「統計年報」は、当時刊行されていた『陸軍省統計年報』と考えられるが、明治二〇年代（一八八七年～）を過ぎる頃から測量や地図作製関係の記事が掲載されなくなっていることに留意しておく必要がある。またこのためか、正篇では「統計年報」に言及しない。

草案第一分冊の凡例第四項になると、「諸法令ノ重要ナルモノハ其全文ヲ別冊附録トシ或ハ本文中ニ記入シ其簡單

ナルモノ一時的ナルモノ或ハ作業上大ナル関係ヲ有セザルモノハ或ハ要旨ヲ摘録シ或ハ全ク之ヲ省略シ又事ノ機密ニ関スルモノハ本誌ニアリテハ全ク之ヲ闕クモノトス」としている。ここに登場する「別冊附録」は稿本や正篇にはなく、草案に伴って原稿が準備されたかどうかも確認できない。ただし重要な法令の全文を「採録」することは稿本もふれている。これに対して正篇ではそうしたものでも「要旨ヲ摘録」するか「項目」を示すとして、簡略な記述を目指すという姿勢が明らかである。稿本と正篇の凡例で共通するのは、人事関係の記事の取扱に言及する点で、稿本では「班長以上ノ人事ヲ挙クルニ止メタリ」とし、正篇では「主要ナル事項ノ外之ヲ省略セリ」とやはり簡略に記述する姿勢を明瞭にしている。すでに正篇で草案や稿本にみえる記事の一部を省略した場合を紹介したとおり、その姿勢は正篇のもっとも重要な特色のひとつといってよい。なお、すでに紹介した草案の凡例の第四項の末尾の部分と同じ機密事項を掲載しないとする文は、稿本や正篇の凡例では独立した項目として示されており、軍関係の書物で外部に公開されるものには必要な文言だったようである。

以上のように、凡例ではそれぞれに叙述姿勢があったことがうかがえるが、記載内容については共通する部分が多い。内務省からの大三角測量の陸軍への移転および測量局の設置（一八八四年）といった組織の大きな変革を画期としつつ、記載を年次順に行い、測量局設置以降は各年次の末尾に三角測量課、地形測量課、地図課の事績を併記するような形式は、稿本（後編）、正篇（第二編、第三編）でも踏襲されている。また地図作製の歴史をさかのぼろうとする姿勢からは、組織としての陸軍測量局や陸地測量部が、明治以前の地図製作活動を受け継ぐものであるという意識を明確に示している。ここでとくに言及されるのが伊能忠敬の業績で、当時の伊能顕彰運動（長岡、一九一四など）が反映されていると考えられる。

これに対して、明治初期の開拓使や内務省など他の政府機関の活動に関する記載が乏しいのは、それに関する資料が乏しかったためのようにみえるが、アリダードと測板（平板）による「小地測量」から、三角測量による広域的な「大地測量」をめざし、東京湾口の試験的な三角測量（一八八一年）や田坂虎之助の帰国（一八八二年一一月）以後、本格三角測量への開始へと、着々と準備を進めていた小菅智淵着任後の参謀本部測量課では（佐藤・師橋、一九八九）、先行して内務省が取り組んでいた「関八州大三角測量」、さらには「全國三角測量」に無関心であったとは思えない。草案・稿本・正篇の一八八二（明治一五）年の記載から、相模野での基線測量に関連して開拓使の勇払や内務省の那須における基線測量に深い関心を寄せていたことが明らかである。またアジア歴史資料センターの公開している資料（C07080869400、C04030413000など）から、内務省（地理局）と相互に高級な測器の貸借をしていたことがわかる。こうした交流の記載が少ないことについても、別の背景があると推定させる。

さらに関連して、内務省の三角測量事業を参謀本部測量課（のちに測量局）に統合することになった一八八四（明治一七）年については、この時期について検討した佐藤（一九九二）が参照した資料のように、その経過を示すものがあったにもかかわらず、それらへの言及がほとんどないのにも注目される。草案・稿本（前編）では、こうした重要資料にまったく触れず、いきなり六月三〇日に「山縣参謀本部長ハ大山陸軍卿ヨリ左ノ通牒ニ接ス」としつつ、内務省所属の大三角測量事務を参謀本部の管轄にするので、この事務を「請取」るように、とする三条実美（太政大臣）の六月二六日付の通知を示している。さらに正篇（第一編）では、山縣有朋や大山巌にも言及せず、「六月三十日左ノ達アリ」とするだけで、三条実美からの上記通知を紹介する。

内務省の三角測量事業の参謀本部への統合は、明治前期の日本の測量史のなかで特筆すべき重要な変化であるにもかかわらず、その背景を示さないのは異様である。編年体という形式ではその異様性が目立ちにくいとはいえ、これらの点は『陸地測量部沿革誌』の叙述の特色を考えるに際し、ぜひ検討しておくべきと考えられる。以下では、とくに内務省の三角測量事業の統合の過程について言及する資料を紹介しつつ、草案と稿本、さらに正篇の叙述の特色に迫ってみたい。

内務省の三角測量事業の参謀本部への統合については、一八八四年をかなりさかのぼる時期から検討されていたと考えられる。小菅智淵の「全國測量一般ノ意見」（一八七九年）以降、着々と準備を進めてきた。それが表面化するのは、当時参謀本部次長を務めた曾我祐準（少将）が、一八八四年二月五日に参謀本部長代理として陸軍卿の大山巌に提出した照会、「内務測量課ヲ本部ニ併合スル件」からのようである。以下『参謀本部歴史草案』七に掲載された文章を示す（アジア歴史資料センター資料、C15120012700）。

凡ソ一國地圖ノ精粗ハ軍事行政共ニ其関渉スル所頗ル大ナルヲ以テ我國ニ於テモ内務陸軍共ニ測量課ヲ置キ日本全國地圖調整ノ事ニ着手スト雖モ其業至困至難歳月ヲ積ム久シキニ非サレハ能ハス然ルニ現今ノ如ク両者各其課ヲ置クトキハ事業上自然其法ヲ異ニシ互ニ無益ノコトアルハ免レサル所ニシテ啻ニ成果ヲ見ル遠キノミナラス歳月ト費用トヲ徒費スル其幾何ナルヲ知ラス今欧州諸強國ニ於ケル全國実測圖調製ノ方法ヲ見ルニ其初ニ於テハ各省各部各其業ヲ異ニセシト雖トモ近来多クハ擧テ之ヲ参謀部ニ帰セリ是経験上見ル所アリテ然ルヲ致ス者ニシテ我國ノ如キモ今ニシテ之ヲ一ニ帰シ内務測量課ヲ廃シ之ヲ参謀部ニ合セハ前述ノ諸弊ヲ免レ其利益モ鮮カラサルヘクト被存候條其筋へ御上申相成候様致度

測量にもとづく全国の地図の作製は容易でないとしつつも、内務省と陸軍に測量課を置くのは歳月と費用の無駄になるので、ヨーロッパの列強のように全国の実測図作製機関を軍の参謀部に統合するのが望ましいとして、その実施の上申を希望するわけである。この照会はすぐに取りあげられ、二月七日に大山巌はほぼ同文の「全國地圖調製帰一之義ニ付上申」を太政大臣（三条実美）に提出する（佐藤、一九九二、二五頁、アジア歴史資料センター資料、C08052942300にも掲載）。

この上申は内務省で検討され、五月五日には内務卿の山縣有朋より三条実美に対し回答が提出される。そこでは、内務省が一八七四（明治七）年に全国地図調製を目的とし、以後大三角測量に着手するが、一八七七（明治一〇）年以後予算が減額され、事業の進行が遅れているとしてその実績を示しつつ、既成データは陸軍に提供して、その「細形測量」に用いられおり無駄になっていないとしながらも、大三角測量を陸軍側に移すことは差し支えないとしている（佐藤、一九九二、二五頁）。このときたまたま山縣有朋は参謀本部長にも就任しており、陸軍側に有利な回答を行った可能性があるが、これによって上記のような内務省の大三角測量の参謀本部への統合が六月二六日に通知されることになったとみられる。

参謀本部ではこれを受けて八月六日に陸軍卿、西郷従道に測量課を改組したいとして「参謀本部條例改正案」を送り、測量課にかわり「測量局」を設けることとし、その二三条ではつぎのように説明している（アジア歴史資料センター資料、C04031184600）。

測量局ハ本邦ノ全國地圖ノ編纂ヲ掌リ局ヲ分テ三角測量地形測量地圖ノ三課ト為シ尚課ヲ数班ニ頒ケ作業ヲ分掌セシメ課僚ヲ置キ局内ノ庶務及圖籍器械ノ出納保存ニ服事セシム

またこの改正案には「全國地圖調製事業目途」を付し、新設の三課の業務内容を詳細に説明している。

草案および稿本（前編）ではこの改正案に付された前文、さらに当時内閣のような役割を果たしたとされる「参事院」（中野目、一九八七）での議決文まで紹介している（原文はアジア歴史資料センター資料、A15110811800で参照可能）。草案および稿本の編集者にとって、「測量局」の設置が一八八八年の陸地測量部の設立に直結する重要な動きとして理解されていたことがわかる。しかし、正篇（第一編）のこの部分をみると、全部削除しており、草案および稿本（前編）のつづく文章につなげている。

以上、一八八四年の内務省の大三角測量事業の参謀本部への統合、さらに測量局の設置にいたる経過を示す文書を紹介した。参謀本部から陸軍卿へ、また陸軍卿から太政大臣へと上申が行われ、参謀本部條例の改正にあたっては、参事院の承認を得るという道筋が必要であったことがわかる。また大三角測量の統合にあたって、ヨーコッパの列強の例を紹介しているのも興味ぶかい。三角測量のような技術だけでなく、組織においても西欧的基準に合わせようとしているわけである。

このように、当時の関係資料はさまざまな角度からこの変化の特色を明らかにしてくれるが、草案および稿本ではとくに重要なものに限ってそれを掲載するとはいえ、正篇になると、それさえも削除してしまい、陸地測量部の内部で作成されたもののみに限定しようとする傾向が著しい。編年体で叙述されてはいるが、重要事項について引用される資料の選択は、ある特定の視角から行われていることが明らかである。もちろんこの場合、草案や稿本、正篇の編集者がどの程度まで上位機関の文書を参照できたかは重要な留意点ではあるが、草案・稿本の場合、参事院の議決文まで引用しているところからすれば、正篇の限定的な姿勢を否定することができない。明治以降の外部機関に関連する記載が少ないのも、こうした姿勢の一環と考えられる。この点に留意しながら、さらに稿本（後編）と正篇の第二編～第三編との関係を検討してみたい。

4.『陸地測量部沿革誌（稿本）』（後編）と『陸地測量部沿革誌』（正篇第二編～第三編）の関係

編年体という形式のため、稿本（後編）と正篇（第二編～第三編）の叙述の流れに大きな変化はない。しかし、稿本では冒頭に記されていた「陸地測量部條例」が、正篇では「附表第一」の最上段に移され、その後の改訂内容も同様に「附表第一」の第二段に示されて、条文そのものは本文から姿を消す。同様に一八九〇（明治二三）年に公布された「陸地測量標條例」も「附表第一」の三段目に、さらにその施行細則も四段目以下に移され、本文から条文の羅列を一掃している。「陸地測量部條例」は勅令に、「陸地測量標條例」は法律に、さらに「陸地測量標條例施行細則」は陸軍省令にそれぞれよるが、附表を参照すれば充分と考えられたのであろう。

正篇の本文で姿を消す文章は、稿本（前編）よりも稿本（後編）の方がはるかに多い。この対象になるのは、陸地測量部の職員の待遇や人事に関するもの、さらに会計規則の変更で、いずれも組織の中にいた者にとっては重要事項となる。このなかには、一八八九（明治二二）年発布の「陸地測量官々制及其任用令」・「陸地測量官任用規則」（いずれも勅令による）の説明文も含まれる。

そこでは、修技所で高級な技術を習得した測量師が「奏任」官（高等官）に、他方修技所を卒業し第一線で測量などの業務に従事する測量手が「判任」官と位置づけられていることについて、小菅智淵が測量技術者の官吏としての待遇に深い関心を寄せていたとしつつ、海外や海軍の例を挙げながら、「一半既ニ成レリ（中略）後半終ニ成ラス」と評価する。測量師の待遇が妥当としても、海外で士官あるいは準士官に相当とされる測量手の位置づけが高まらなかったことを指摘して興味深いが、陸地測量部の願望を露骨に表現するものとして、削除されたと考えられる。

そのほか、抹消されなくとも短く要点だけを示す場合も多い。その時点で陸地測量部に勤務していた技術者や引退した技術者にとって重要な意義を持つこうした事項に関する記載の削除や縮小は、正篇編集に当たっては、組織内部の些末な事項の削減と考えられた可能性が高く、そうした観点からすれば、正篇は組織の外部の読者を強く意識した記載をめざしたということになろう。すでに示した「假製東亞輿地圖」の作製の経緯の例でもそのような傾向が明らかであるが、こうした要約によって削除された部分が注目される場合もあり、稿本は資料として今後多角的に検討されるべきものと思われる。

この点に関連して言及しておきたいのは、一九〇五（明治三八）年の記載に見える製図科の「傭人」の職業病によると考えられる死亡である。残念ながら症状がわからないが、「砲兵工廠職工」に準じた補償を上申しているところから見て、印刷の過程で接した危険な化学物質によるものであろう。稿本では全職員の死亡者数と比較して製図科傭人の死亡数が余りに多いことを指摘するが、正篇ではその部分を抹消し、「上申スルトコロアリシモ詮議ニ至ラスシテ止ム」とする。言及が避けられない問題ではあるものの、深刻さを否定するような書き方をせざるを得なかったと考えられる。

削除された記載のなかでも大きな部分を占めるのは、外邦測量に関するもので、筆者のこれまでの研究を踏まえつつ、その特色を考えてみたい。まず上記のような、一八八〇年代の若手陸軍将校の中国大陸・朝鮮半島での偵察旅行以後、日本陸軍は機会をとらえて外邦測量を展開したが（小林、二〇一一、小林編、二〇一七）、稿本の後編と正篇の第一編では、この最初の外邦測量についてまったく記載していない。将校たちの本格的派遣は一八七九年からはじまるが、稿本の後編がカバーする時期になっても継続されており、また以後の外邦測量の基礎となったにもかかわらず、上記のように触れられていない。このため、従来の測量史の研究ではほとんど検討されておらず、陸地測量部の前身となる測量局、さらにはその前身となる地図課・測量課中心の検討が進められてきた。またこの点は外邦測量に関する資料を記載する『外邦測量沿革史 草稿』でも同様で、これを編集した岡村彦太郎も将校たちの外邦測図についてまったく知識をもたなかった（小林、二〇〇九、二三頁の（4）参照）。

ただしこの場合、将校たちの測量が初期の陸地測量部の技術者に知られていなかったというわけではない。本書に記録を付載している「外邦測量の沿革に關する座談會」（一九三六年に開催）の出席者である古参の測量師豊田四郎は、この点について次のように語っている。

（前略）日清戰争ノ頃ニハ朝鮮ノ地圖ハ網ノ目ノヤウニ出來タノヲ使ツテ居リマシタ中ニハ朝鮮ノ古イノヲ嵌メ込ンダリ何カ足シテ使ツテ居リマシタ路上測量ハ參謀本部ノ將校ガアツチデ分解（分散？）サレテ測量ヲオヤリニナツタモノト聞イテオリマシタ（後略）（括弧内は筆者）

上記のように清国と朝鮮の二〇万分の一図は、この将校たちの測量原図による。この原図は、第二次世界大戦終結後にアメリカ軍に接収され、現在ワシントンのアメリカ議会図書館に収蔵されており、厚紙に裏打ちされた状態で、五〇〇枚以上に達する。二〇〇八年以降筆者らはこれらを調査し、「清國二十万分一圖」と「朝鮮二十万分一圖」は基本的にそれをもとに作成されたことを確認した（小林編、二〇一七）。また、それに付された番号の欠番から、もとの原図はその二倍程度に達したと推定しており、終戦まで陸地測量部に収蔵されていた原図は、少なからぬ量に達していたと考えられる。

上記の早川製図科長の死去にともなう、その事績の紹介記事でも、つぎのように記すだけである。

（前略）隣邦図製図ノコトヲ提議シ躬ラ之カ編纂委員トナリ其資料ノ蒐集編纂ノ方法ヲ講シ清國竝朝鮮二十万分一図東亞百万分一輿地図ヲ創作シ二十七八年戰役竝三十三年ノ事變ニ際シ此等ノ地図ハ直ニ其實用ニ供セラレ必須ノ時機ヲ愆ラシメサル（後略）（明治三六年、正篇もほぼ同文）

ここで「二十七八年戰役」は日清戦争、「三十三年ノ事變」は北清事変（義和団事件）をさしており、そこにおける「清國二十万分一圖」と「朝鮮二十万分一圖」の役割を称揚するにもかかわらず、それが依拠した資料に言及しない。これらの図の編集作業に関する記載では（明治二八年）、もとになった資料についてはむしろ「散漫零碎ナル」ものと表現してその扱いに苦労したことを強調する。

将校たちの偵察旅行の実施は陸地測量部の前身の測量局設立の前後であり、参謀本部の管西局・管東局、さらにはその後継局が推進したものとして、陸地測量部の沿革誌が触れるべきものではないと考えられた可能性が大きい。稿本、正篇とも表面的には日本の測量史を総覧するようなスタンスをとりながら、参謀本部の中枢が指揮した外邦測量の成果について、これほどまで触れないのは特筆すべきであろう。

ところで、陸地測量部の技術者による組織的な外邦測量は日清戦争に際し、朝鮮半島に上陸した第一軍と遼東半島に上陸した第二軍の司令部に所属した測図班の作業から始まる。上記の「外邦測量の沿革に關する座談會」に参加した古参の技術者が興味深い体験談を語っているが、これについても、稿本・正篇は言及しない。これは日清戦争における第一軍および第二軍による測量で、陸地測量部によるものではないと考えられた可能性が高い。ただし陸地測量部の技術者たちは、この測量で日清戦争のおもな戦跡について二万分の一図を作製しており、その刊記にはいずれの図でも「第一軍司令部」あるいは「第二軍司令部」、さらに「大本営製圖部」にならんで「陸地測量部」と記されており（小林、二〇二二a）、稿本での無視については、理解に苦しむ。

ただしこの測量班につづいて組織された臨時測図部について、稿本は比較的詳しく記載している。明治二七年の記載では、藤井包總陸地測量部長による臨時測図部設置の提案書（原文はアジア歴史資料センター資料、C06061244100）が示されているほか、測量の技術的側面にふれた記載も、その通りに行われたかどうかは別として貴重である。また「臨時測圖部編制表」は武官、測量手、雇員、軍属の班ごとの氏名を示しその編制がよくわかる。そこでは各班が担当する地域についても明示されている。上記の第二軍司令部測量班に属した測量手二〇名のうち一〇名は、現地で臨時測図部に合流したが、その氏名はまだ見えておらず、この表は臨時測図部の出国前の構成を示すものと考えられる。

明治二八年に移ると、やはり正篇では削除されている日清戦争従軍中にコレラにかかって死去した二名の測量手の氏名のほか、遼東半島における臨時測図部の成果、さらに台湾と朝鮮における作業の継続にも言及する。明治二九年の、「二十七八年戦役ニ関スル論功行賞」では、臨時測図部参加者全員が賞を受けるだけでなく、第二軍に配属された測量手などが年金を受けることになったとしている。また「本年ノ総経費」として「経常部」と「臨時部測量経費」の二つの表を並列しているのが興味深い。両者の「實費支拂高」の合計を比較すると、後者の方が多いことは注目すべきであろう。また末尾では、朝鮮での住民の抵抗にふれ、そのために測量を中断し、いったん帰国させた測量要員の多くを台湾に送って、測量を終了したとする。さらに臨時測図部の解散に際しては、それまでに雇った技術者を陸地測量部が再雇用するほか、各師団や台湾の官署に就職させたとしている。

以上のような日清戦争時の臨時測図部の記載のなかには、すでに知られていることが多いとはいえ、稿本の記載ではじめてわかることもあり、これらのほとんどが正篇で削除されていることを考慮すると、その編集方針を本格的に検討する必要がさらに感じられるが、これは次節で行うとして、さらに稿本の記載の検討を続けたい。

表1は、稿本にみられる外邦測量について年代順に示したものである。これらの多くは他の資料から概要を把握していたものが多いが（小林、二〇一一）、把握できていなかったものもある。日清戦争直後は、その後始末のような測量であるが、北清事変（義和団事件）期になると、北京・天津付近や山海関での戦時測量のほか、福建省での秘密測量が行われる。さらに一九〇三年になると、朝鮮半島北部での測量が集中する。参謀本部は日露戦争の開戦期には、朝鮮半島で戦闘が行われると予想し（長南、二〇一五、一一一―一一二）、地理情報の少ないこの地域の偵察や測量を集中させたのである。ただしこの予想は外れ、日露戦争の本格的陸戦は鴨緑江渡河作戦から始まり（一九〇四年五月一日）、その前から案内者として第一軍に配属された朝鮮北部での偵察経験者（山岡寅之助歩兵太尉と測量手の佐々木牛吉と酒出捨夫）はまもなく随行を免除されることになった（アジア歴史資料センター資料、C09122993500：C09122005200）。朝鮮北部での外邦測量は、この点からすればあまり意義がなかったことになる。

また表1では、同じ測量技術者がたびたび外邦測量に起用されたことを示している。海外の秘密測量のような任務は、それに慣れた技術者を必要としたからであろう。このことは「外邦測量の沿革に關する座談會」の出席者の発言からもうかがえる。日清戦争初期の第一軍司令部測量班に参加した別府八百衞や第二軍司令部測量班に参加した野坂喜代松は、一九〇三年の朝鮮北部での秘密測量にも参加し、その現地住民との交渉過程も注目に値する。

なお、上記の日清戦争時の臨時測図部のものも含めて、表1に示した外邦測量で作製された地図については、検討が必要なものが少なくない。これらの地図の多くは秘密図とされ、普通の図書館には収蔵されていないものが多い。東北大学やお茶の水女子大学、京都大学、立教大学、駒沢大学などは終戦時に参謀本部にあった外邦図を多数収蔵し、それぞれ関係者によって目録が刊行されているが、終戦時から大きく遡る明治期に作製された図はわずかを占めるに過ぎない。また国立国会図書館の地図室では、早い時期の外邦図の収集に努めているが、該当するものは少ない。筆者も古書として市場に出たものに気づいた場合に研究費で購入し、大阪大学に収蔵しているが（小林・小林、

表１ 『陸地測量部沿革誌（稿本）』掲載の外邦測量

時期	名称など	リーダー・構成員	活動区域	アジア歴史資料センター資料など
1895.2〜1896.9	臨時測図部（第１次）	地形科長、闘定暉工兵中佐→臨測班長、服部直彦歩兵少佐	遼東半島→台湾・朝鮮半島	C06061244100；C06021919500など
1896〜1899	韓国秘密測図	青山良敬測量手ほか10名	朝鮮半島	C03023067300など
1897	威海衛２万分の１図、補足測図	市川元作測量手ほか６名	威海衛	C06061547200
1899	外務省嘱託、福建省居留地測図	山村藤吉・中柴鎌三郎測量手	福建省福州	B12082551200、227-233頁
1899	福建省旅行目測図	参謀将校に随行、堤慶蔵測量手	福建省	C13032450600
1899	清韓の戦跡補修測圖	戦史編纂委員に随行、松井利行測量手		
1901	北清事変にともなう戦時測量	玉井清水歩兵大尉・市川元作測量手ほか10名	北京・太沽・山海関	C09122752300など 小林・小林（2013）
1900〜1902	福建省・浙江省の迅速測圖	久間金五郎測量手ほか３名	福建省・浙江省・安徽省	C09122644500；C03022798900など 小林（2023）
1903	北韓偵察	久間金五郎測量手ほか３名	平安道北部	A03023076900；C09123104700；C07060289200
1903	北韓偵察	中川福雄歩兵太尉、真坂忍・野坂喜代松測量師ほか22名	平安道南部	
1903	北韓偵察	山岡寅之助歩兵太尉、原忠貞・別府八百衛測量師ほか17名	平安道北西部	
1904〜	臨時測圖部（第２次）	依田正忠工兵中佐	清国・朝鮮半島	C06040149800など
1906	樺太境界画定	大島健一砲兵大佐、矢島守一測量師（経緯度測量）・中柴鎌三郎測量師（地形測量）ほか24名	樺太	B13091060400など

二〇一三など）、ワシントンのアメリカ議会図書館で閲覧しているものが多い。「清國二十万分一圖」（小林・渡辺・山近、二〇一七）や北清事変期に福建省での測図により作製された「東亜五万分一圖」（小林、二〇二三）の場合は、とくにそうである。上述のようにアメリカ軍は終戦直後の陸地測量部からおもに海外に関する手書き図を接収したが、あわせて印刷された外邦図も多数接収した。これらの外邦図は、現在アメリカ議会図書館のほか、全米各地の大学図書館などに収蔵されるようになっており、国内でみつからない場合はその検索により発見できることが少なくない。

以上のようにみてくると、稿本に記載されている外邦図関係の記事は、今後の外邦測量研究にとって重要な意義をもつことがあきらかである。また外邦測量以外でも、稿本に記載されている人事などから、技術者の移動を検出し、その活動の軌跡を追跡することも不可能ではない。正篇の記載だけでは容易でなかった研究が、稿本によって可能になる場合が少なくない。

5．『陸地測量部沿革誌』の編集方針の変化と正篇の刊行

これまでの検討で、稿本は正篇の下書きのような性格ももつが、記載内容を検討すると両者には大きな差があることがわかった。この点をふまえて、正篇の編集方針が稿本からどのように変化したかを考えてみたい。

稿本と正篇の大きな違いの一つとして、正篇では緒言にくわえて「参謀總長」の肩書きで上原勇作（一九一五～一九二三年在任）が「叙」（一九二一年一〇月）を寄せている点がある。上原は工兵の出身でフランスに留学したこともあり、日清戦争で第一軍の参謀、日露戦争で第四軍の参謀長をつとめ（荒木ほか編、一九三七）、地図に関して高い見識を持っていたと考えられる。また参謀総長を務めた時期には、陸地測量部の上位機関の長として支那駐屯軍附の測量手による秘密測量に関連する指示を出すなど（『外邦測量沿革史 草稿、第十一編前』［小林解説、二〇〇八b、四四頁］）、地図作製に関連したさまざまな情報に接する立場にあり、その内容が注目されるが、冒頭は次のように始まる。

夫レ地經ノ國家ニ於ケル、文武ノ諸政、之ニ據ラサルモノ殆ト鮮シ、故ニ其善不善ハ、直ニ以テ一國文明ノ程度ヲ知ルヘシ（後略）

「地經」という語は地図と同義のようであるが、国家における政治や軍事はこれによらないものはほとんどないとしつつ、その善し悪しで国の文明の程度がわかるとしている。西欧の近代国家を追って近代化を進めようとした当時の日本における文明観をもとにするわけである。

続いて優れた地図を作製するには、学術や器械の進歩だけでなく人を得ることが大事として伊能忠敬の地図作製の先駆性を指摘し、陸地測量部の業績を称揚するとともに、欧米に学んだことにあわせ、野外調査の苦労にも言及し、殉職者もでたことを指摘して、先輩の経験から学びつつ、後進は「今ノ學術器械」に安住せずこの道を進歩せよとする。

上原の叙文が書かれた当時、第一次世界大戦の影響を受けて、陸地測量部では空中写真の利用の検討が開始されており（陸地測量部、一九三〇、二一―三頁）、陸軍にはフランスから航空将校が招かれていた（アジア歴史資料センター資料、C10073250100）。「今ノ學術器械」にとらわれないようにと注意するのは、そうした技術革新を推進したいという気持ちを表現するのかも知れない。

他方、日清・日露戦争から第一次世界大戦、さらにやはり臨時測図部の派遣が行われたシベリア出兵と、さかんに外邦測量が展開されたことを上原自身が承知していた点に留意すると、この序文はそうした方面での活動の母体となった陸地測量部の役割をあえて無視しようとしているかのようにみえるが、同時に正篇凡例の「六、外邦測圖ニ關シテハ別冊トシテ其沿革ヲ編纂セリ」という方針と整合的であり、正篇にならんで、「外邦測圖」をおもな内容とする「別冊」を合わせた二本立ての沿革誌として、本来あるべき『陸地測量部沿革史』が考えられていたことを示唆している。

ともあれ、このような二本立ての沿革誌の構想は、結局実現されなかった。しかし、これに先行する日清戦争や日露戦争の海戦史の場合、やはり二本立てになっていたことが田中宏巳防衛大学校名誉教授の『小笠原長生と天皇制軍国思想』の冒頭に（田中、二〇二一、一―九九頁）示されている。もちろん、陸地測量部のような参謀本部の下部組織と、海軍のちがいは大きく、またそれぞれがカバーする期間にも差があるが、正篇と予定されていた「別冊」の関係を考えるに際して参考になるので、これら海軍の二つの海戦史の場合をみておきたい。

日清戦争の場合は、手書きの『征清海戦史稿本』のほか、秘密版『明治二十七八年海戦史』（全二三冊）、普通版『明治二十七八年海戦史』（春陽堂刊、全三冊）があり、後二者は印刷に付された。この三者の関係は単純ではないが、普通版（公刊戦史）が作戦・戦闘を主体とした戦記であるのに対し、秘密版では戦記のほか施設及び防備、外交など専門的項目を含み、もちろん機密事項が多く、部内の研究用に作製されたという。日露戦争についても秘密版『明治三十七八年海戦史』（一四七冊）と普通版『明治三十七八年海戦史』（春陽堂刊、三冊）がつくられ、やはり前者には専門的項目が多いが、この場合も両者の関係は秘密事項を前者から除けば後者になるというような単純なものではないとされている。

このようにみてくると、陸軍についても関心が引かれるが、日清戦争・日露戦争いずれについても戦史編纂の研究は遅れているとされている。ただし日露戦争については、「明治三十七八年日露戦史編纂綱領」が知られており（中塚、一九九七、八四―八五頁）、そこに以下のような項目があるのは注目される。

六、編纂事業を分かちて二期とし、その第一期は史稿の編纂にして、第二期は戦史の修訂とす。史稿は戦史の草案なり。精確に事実の真相を叙述し戦史の体裁を具備せしめ、史稿完成の上は第二期作業に移り、その全部にわたり分合増刪し、且つ機密事項を削除し以て本然の戦史を修訂し、これを公刊するものとす。（現代文に書き改められている）

軍隊の活動には秘密がともなう。まずそれらを含めた戦史の原稿を作り、これが完成したところで機密事項をけずり、公刊できる戦史とするというわけである。実際にもこのように作業が運んだかどうかは別として、できた「史稿」を陸軍がその後どう扱ったか興味深いところである。海軍の場合、すでにみたように事情は複雑であるが、秘密版も印刷した点が特徴的である。

『陸地測量部沿革誌』にもどろう。以上のような海軍の戦史編纂、さらに陸軍の戦史編纂綱領をみると、参謀本部の下部組織とはいえ、陸地測量部にも秘密事項があり、それが沿革誌の編集を複雑にしていることが明らかである。この場合、とくに外邦測量の記述を稿本から削除して正篇の原稿としたというかたちで理解できそうに見えるが、ただし実際はそれほど単純ではない。草案の凡例の末尾には、「又事ノ機密ニ関スルモノハ本誌ニアリテハ全ク之ヲ闕クモノトス」とあり、また稿本にも類似の条文があり、とくに稿本に多い外邦測量関係の記事は、その執筆当時「事ノ機密」とは考えられていなかったのに、正篇では外邦測量に関する記載を削除した背景を検討しておく必要がある。

陸地測量部の技術者が外邦測量を行う場合、初期は戦時期の測量が多かった。こうした戦時測量の位置づけは容易ではないが、ときに戦闘部隊の保護を受けながら測量するのが基本で、戦場という特別な場所で行われることもあって、秘密測量とは考えられていなかったことは確実である。ただし、すでに示した北清事変時の福建省における測量や日露戦争直前の朝鮮北部での測量は、当時者の回想からしても、不法性の高い秘密測量であった。後者の場合、稿本では「韓國秘密測圖」と表現され、また「北韓ノ山河ハ早ク既ニ我變装測量官ノ手中ニ帰セリ」とも記している。

この場合注目されるのは、日露戦争時の臨時測図部の作業が戦争終結後徐々に秘密測量に変化し、それが国際紛争につながっていくことである。とくに臨時測図部を解散した一九一三年以後は、支那駐屯軍附の少数の技術者による秘密測量となり、その一部がもっていた「機密地図測量計画書」が中国側の官憲に押収されて、現地の日本領事館員が処理に窮するという事態が発生した（『外邦測量沿革史　草稿、第七編』［小林解説、二〇〇八b、二六九―二七二頁］）。これにより秘密測量に批判的であった外務省はさらに批判的になり、他方現地に潜入する技術者に対する秘密保持の指示も詳細になっていく。稿本にみられた外邦測量の記載の全面的な削除は、日本の秘密測量に対するこのような中華民国側の認識のたかまり、さらには国際紛争発生の危険性がよりつよく感じられるようになったからと考えるのが妥当であろう。

すでに前節では、稿本の記載のうち、人事や待遇、会計規則など、組織内部の人々に意義のあるものだけでなく、組織に大きな変化をもたらした上部機関の意思決定過程の記述が正篇では削除されたことを指摘した。くわえて外邦測量に関する記事を削除して正篇ができあがることになったわけである。これによって正篇は陸地測量部の技術者や職員、さらに退職者を主な読者とするより、社会のさまざまな人々に受け入れられやすいものとして刊行され、海外の地図関係者に読まれても、問題が発生しない書物に変化した。西欧から測量や製図、印刷の技術を導入しつつ、技術者を養成し、精度の高い地図を作製して、陸地測量部が近代国家にふさわしい地図作製機関に成長したことを示す表向きの書物になったわけである。この点からすれば、参謀総長である上原勇作の序文は、その意図に意識的にあわせたものと考えられる。

このスタンスは、つづく『陸地測量部沿革誌 終篇』（陸地測量部、一九三〇）、さらに戦後に高木菊三郎が執筆した同終末篇にも受け継がれることになった。これらがカバーする時期にも、もちろん外邦測量が行われたが、当然のことながらそれらは記載されず、一九三五年に秘密測量が終了すると、その記録、さらには限られた範囲ではあるが、従事者の顕彰をめざして『外邦測量沿革史 草稿』の編集が開始されていく。それに合わせて開催されたのが、いままでたびたび触れてきた「外邦測量の沿革に關する座談會」であった。ただしすでに作業開始の時期は遅すぎ、『外邦測量沿革史 草稿』では日清戦争期・日露戦争期の臨時測図部に関する資料を充分にそろえることができなかった（小林解説、二〇〇八a、二〇―二二頁）。この時期については、その掲載資料だけで経過を追うことが困難である。また資料の配列が必ずしも年代順になっていない。さらにこれをさかのぼる、一八八〇年代に行われた陸軍将校たちの外邦測量について、すでに触れたように、編者の岡村彦太郎は知識を持たず、まったく触れていない。関説してやはり重要なのは、『外邦測量沿革史 草稿』がカバーするのは一九二六（大正一五）年までで、それ以後の外邦測量については、まとまった資料がない点である。正篇に合わせて印刷されるべき「別冊」が準備されなかっただけでなく、それ以後をカバーする終篇・終末篇でも、外邦測量にふれた冊子が作られず、正篇のスタンスの継承は、外邦測量に関する記載のない時代を延長させてしまった。

以上のような外邦測量の記載に関する欠落を考えるだけでも、稿本の資料的価値は大きく、合わせて陸地測量部内外の多彩な事項にわたる記載を考慮すると、さらにその意義の大きさが理解される。一九〇六年までと期間は短いが、第一線で活動した技術者たちの記録としても注目していただきたい。技術者の集団としての陸地測量部の動向は、稿本が正篇よりもはるかに詳細に語っている。こうした点からすれば、稿本の登場は正篇とは別の『陸地測量部沿革誌』の登場といってもよい。

むすびにかえて

以上、稿本と正篇を比較対照してきたが、陸地測量部の沿革を記した書物を構想した牧野清人部長の設定した記述スタイルは正篇に至っても変わらない。年次ごとの記載を繰り返す編年体は、組織の記録を積み重ねていくのには適しているが、変化を知るには関心事項について毎年の記述を追跡するほかはない。またもともと内部向けの書物として編集が開始されたため、記載を組織内のことに限定する姿勢がつよい点も同様である。このため変化の背景を広い視野から理解することが困難な場合が多く、外部の関連資料の参照が要請される。組織外への人員の派遣も同様で、彼らがそこで行った活動や貢献が触れられることはなく、その詳細を知るには派遣された外部組織の活動記録を探索するほかはない。

これらの点にほとんど変化がないとはいえ、近代的な国民国家の地図作製が強調される正篇に比較すると、稿本には後発の帝国へと転換しつつあった日本の地図作製がより詳しく示されていることを指摘しておきたい。とくに日清戦争以後は、沖縄県の土地整理事業や台湾の土地調査事業への協力、海外派遣軍における製図・印刷、樺太国境の画定作業、さらには清国からの留学生への地図学教育まで、外邦測量に限らず多彩な技術者の活動に触れている。以後、一九四五年までどんどん拡大していった海外での地図作製を考慮すると、期せずしてその初期を示している稿本は、「帝国日本」へのアプローチの素材としても見直す必要があろう。

文献

荒木貞夫ほか編、一九三七『元帥上原勇作傳』元帥上原勇作傳刊行會.
池上正道、二〇〇九「測量家、小菅智淵の生涯」技術史教育学会誌、一〇（一―二）、一一―七頁.
小野三正、一九五二「迅速測図と仮製地形図」人文地理、四（二）、一二一―一二九頁.
小林茂、二〇〇九「『外邦測量沿革史 草稿』解説」『外邦測量沿革史 草稿』解説・総目次』不二出版、五―二七頁.
小林茂、二〇一一『外邦図、帝国日本のアジア地図』中央公論新社（中公新書、二一一九）.
小林茂、二〇一三「『陸地測量部沿革誌』解説」複製版『陸地測量部沿革誌』不二出版、一―二九頁.
小林茂、二〇二一a「日清戦争に際し戦史用に作製された二万分一地形図」外邦図研究ニューズレター、一二、七一―八〇頁.
小林茂、二〇二一b「『假製東亞輿地圖』の作成過程とその『脩正再版』図」外邦図研究ニューズレター、一二、八一―九二頁.
小林茂、二〇二三「中国福建省における北清事変（義和団事変）期の測図作業とそれによる「東亞五万分一圖」について」外邦図研究ニューズレター、一四、五〇―六七頁.
小林茂編、二〇〇九『近代日本の地図作製とアジア太平洋地域』大阪大学出版会.
小林茂編、二〇一七『近代日本の海外地理情報収集と初期外邦図』大阪大学出版会.
小林茂解説、二〇〇八a『外邦測量沿革史 草稿、第1冊』不二出版.
小林茂解説、二〇〇八b『外邦測量沿革史 草稿、第3冊』不二出版.

小林茂・金美英・波江彰彦・鳴海邦匡、二〇〇九「高木菊三郎旧蔵の外邦図関係資料目録（上）」外邦図研究ニューズレター、六、六三—七三頁.
小林茂・小林基、二〇一三「北清事変に際して作製された二万分一「山海関」地形図（大阪大学蔵）—解説と目録」外邦図研究ニューズレター、一〇、五三—五九頁.
小林茂・長谷川敏文・波江彰彦、二〇一〇「高木菊三郎旧蔵の外邦図関係資料目録（下）」外邦図研究ニューズレター、七、五三—六一頁.
小林茂・渡辺理絵・山近久美子、二〇一七「中国大陸における初期外邦測量の展開と日清戦争」小林茂編『近代日本の海外地理情報収集と初期外邦図』大阪大学出版会、七六—一一一頁.
齊藤敏夫・佐藤侊・師橋辰夫、一九七七「明治初期測量史試論—伊能忠敬から近代測量の確立まで（一）」地図、一五（三）、一—一三頁.
佐藤侊、一九八八「創生期の陸軍省参謀局—『陸地測量部沿革誌』を検討する」日本地図資料協会編『古地図研究、月刊古地図研究二百号記念論集』日本地図資料協会、三五五—三六九頁.
佐藤侊、一九九一「陸軍参謀本部地図課・測量課の事績—参謀局の設置から陸地測量部の発足まで（一）」地図、二九（一）、一九—二五頁.
佐藤侊、一九九二「陸軍参謀本部地図課・測量課の事績—参謀局の設置から陸地測量部の発足まで（五）」地図、三〇（四）、一五—二六頁.
佐藤侊、一九九三「陸軍参謀本部地図課・測量課の事績—参謀局の設置から陸地測量部の発足まで（六）」地図、三一（二）、二八—四六頁.
佐藤侊・師橋辰夫、一九八九「第一軍管区地方迅速測量」地図、二七（三）、一一—三〇頁.
清水靖夫、二〇〇九「日本統治機関作製にかかる朝鮮半島地形図」小林茂編『近代日本の地図作製とアジア太平洋地域』大阪大学出版会、一三一—一八三頁.
測量・地図百年史編集委員会編、一九七〇『測量・地図百年史』日本測量協会.
高木菊三郎、一九六六『日本に於ける地図測量の発達に関する研究』風間書房.

田中宏巳、二〇二一『小笠原長生と天皇制軍国思想』吉川弘文館.
長南政義、二〇一五『新史料による日露戦争陸戦史』並木書房.
長岡半太郎、一九一四「伊能忠敬翁の事績に就いて」地学雑誌、二六（八）、五八七—五九六頁、（九）、六七八—六九〇頁.
中塚明、一九九七『歴史の偽造をただす、戦史から消された日本軍の「朝鮮王宮占領」』高文研.
中野目徹、一九八七「参事院関係公文書の検討—参事院の組織と機能・序」北の丸、一九、三—三四頁.
早川省義、一九〇〇「故小菅智淵君小伝」同方会報告、一四、一—一六頁.
樋口雄彦、二〇〇六「大原幽学没後門人と明治の旧幕臣」国立歴史民族博物館研究報告、一二五、一一九—一五四頁.
藤井陽一郎、一九七一「初代陸地測量部長、小菅智淵の生涯—測量・地図百年史外伝」測量、二一（三）、一二—一八頁.
藤原彰解説、一九九二『外邦兵要地図整備誌』不二出版.
山近久美子・渡辺理絵・小林茂、二〇一七「日本作製図の国際的利用—ドイツ製東アジア図の検討から」小林茂編『近代日本の海外地理情報収集と初期外邦図』大阪大学出版会、一六六—一六八頁.
陸測總務課、一九四三「初代測量部長、小菅大佐の事蹟に就て」研究蒐録地圖（昭和十七年七月）、三二—四〇頁（小林茂・渡辺理絵解説『研究蒐録地図』第一冊、二〇一一年、不二出版所収）.
陸地測量部、一九二二『陸地測量部沿革誌』陸地測量部.
陸地測量部、一九三〇『陸地測量部沿革誌 終篇』陸地測量部.
渡辺理絵・山近久美子・小林茂、二〇一七「朝鮮半島における初期外邦測量の展開と『朝鮮二十萬分一圖』の作製」小林茂編『近代日本の海外地理情報収集と初期外邦図』大阪大学出版会、一二〇—一六三頁.

二　『陸地測量部沿革誌（稿本）』復刻

凡例―『陸地測量部沿革誌（稿本）』復刻―

『陸地測量部沿革誌（稿本）』の復刻のための原稿作成に際しては、以下の点を念頭に置いて作業を進めた。『陸地測量部沿革誌（稿本）』の原本は、同書「緒言」（大正五（一九一六）年一月）に「脱稿」したと記載される謄写版印刷本である。この謄写版印刷本は、関係者の閲覧用に作製されたものと推定され、本書の復刻に際しては、そのもとのかたちを残すように作業を進めた。また合わせて、この『陸地測量部沿革誌（稿本）』を改訂して刊行された『陸地測量部沿革誌』（陸地測量部、一九二一年刊、以下「正篇」と呼ぶ）、との異同をわかりやすく示すよう心がけた。以下本書を参照する場合の留意点を示したい。

（1）謄写版で印刷された手書き原稿のため、使用された文字には略字も多く、ときには誤字も認められた。略字については、それに対応する文字をあて、誤字についてはそのまま示し、その旨注で指摘した。

（2）印刷の関係で読みにくい文字については、「正篇」のほか、『陸地測量部沿革誌（稿本）』に先行して作製されたと考えられる『陸地測量部沿革史（草案）』を確認するほか、アジア歴史資料センターの公開している関係資料を参照した。

（3）割り注については、前後に括弧を記入し、順序どおり書き下して、一行で示した。

（4）「正篇」で省略されている部分は、基本的にゴシック体で示しているが、書き換えられている部分については、傍線を付し、注で「正篇」の対応部分を示した。なお、省略部分について「正篇」で短く加筆している場合もあるが、文意が大きく変わらない場合は、この加筆部分を示していない。

（5）「正篇」で大幅な加筆が認められる場合は多いとはいえないが、スペースの関係でそれを示すことがほとんどできなかった。稿本から削除された部分だけでなく、「正編」で加筆された部分も、その性格を考えるに際し意義があるが、これらについては稿本と対象しつつ検討していただきたい。

陸地測量部沿革誌（稿本）

緒　言

凡ソ物始アレハ必ス終アリ始終ノ間何物カ克ク其過程ニ変化ヲ受ケサルモノアランヤ変化ハ連續ス故ニ過去ノ変化ヲ繹ヌルハ將来ヲ拓ク所以ニシテ苟モ新ヲ知ラント欲セハ必ス先ツ其故ヲ温ヌルヲ要ス

我陸地測量部夙ニ測量製図ノ事業ヲ起シ以テ經國ノ要務ヲ濟ス經營多年其精美ハ欧米ニ頡頏シ其業績ハ將ニ本州ノ基本測圖ヲ畢ラントス而シテ經年愈ゝ久シク事歴沿革ノ跡漸ク堙晦ニ陥リ復タ之ヲ温ヌルニ由ナキニ至ラントスルヲ虞レ曩ニ前部長牧野陸軍少將ハ特ニ委員ヲ設ケ陸地測量部沿革誌ノ編纂ヲ企テ予更ニ之ヲ紹キ大ニ委員ヲ添補シ三角科長宮田工兵大佐ヲシテ之ヲ董督セシメ茲ニ前編上下後編第一乃至第四ヲ脱稿スルヲ得タリ未タ以テ完全ナリトスルニ足ラスト雖モ略ゝ我陸地測量部ノ起原、法令ノ改廢、人事ノ変遷、技術進歩ノ跡ヲ網羅セルニ庶幾シ又以テ我事業沿革ノ概要ヲ窺フニ足ラン乎(1)

大正五年一月　陸地測量部長(2)(3)

(1) 正篇では次のように書き改められている。
「爾來年ヲ重ヌルコト七歳委員亦幾變遷茲ニ漸ク稿ヲ脱ス予之ヲ閲スルニ敍事繁閑揆一ヲ缺キ行文ノ推敲亦至ラサルモノアリト雖モ亦以テ我陸地測量部ノ沿革及事業ノ概要ヲ窺フニ足ラン乎依リテ茲ニ之ヲ剞劂ニ附スト爾云」

(2) 正篇では次のように書き改められている。
「大正十年十月　陸地測量部長　松村法吉」

(3) 伊部直光陸軍少将（当時）。

凡　例

一、本誌ハ當部ノ諸記録竝諸法令ニ就キ彼是参酌修補シ年次ヲ逐ウテ陸地測量部事業沿革ノ概要ヲ記述セルモノナリ

二、諸法令規則等其重要ナルモノハ其全文ヲ採録シ其簡單ナルモノ作業上大ナル関係ヲ有セサルモノハ或ハ其ノ要旨ヲ摘録シ或ハ單ニ其項目ノミヲ掲記シ或ハ全ク之ヲ省略シ又作業ノ変遷事業ノ沿革ハ其大要ヲ述ヘ而シテ人事ハ特別ナル事項ノ外略〻班長以上ノ移動ヲ擧クルニ止メタリ(4)

三、事ノ機密ニ関スルモノハ本誌ニ在リテハ總テ之ヲ闕如セリ

四、業務ノ成果其他ノ諸統計ハ一ニ之ヲ「統計年報」ニ讓ル(5)但シ参観上便宜ヲ感スルモノハ時ニ其概略ヲ採録セリ

五、本誌ハ之ヲ前後両篇ニ分チ明治二十一年五月陸地測量部成立以前ハ之ヲ前篇ニ収メ爾後ハ總テ之ヲ後篇トシ略〻部長ノ更代ヲ期トシ順次ニ後篇第一、第二、第三、第四トシ以テ大正二年ニ及ホセリ(6)

(4) 正篇では次のように書き改められている。
「諸法令規則等作業上關係ヲ有スルモノハ或ハ其ノ要旨ヲ摘錄シ或ハ單ニ其ノ項目ノミヲ掲記シ以テ検索ニ便ニシ又作業ノ變遷事業ノ沿革ハ其ノ大要ヲ述ヘ而シテ人事ハ主要ナル事項ノ外之ヲ省略セリ」

(5) 正篇では次のように書き改められている。
「主要ナル法令ノ改廢、業務ノ成果及經費ハ之ヲ附表トセリ」

(6) 正篇では次のように書き改められている。
「本誌ハ之ヲ五篇ニ分チ明治二十一年五月陸地測量部成立迄ヲ第一編、明治二十七八年戰役終了當年迄ヲ第二編、明治三十七八年戰役終了當年迄ヲ第三編、大正改元迄ヲ第四編、大正三乃至九年戰役終了當年迄ヲ第五編トス」

　また正篇ではこの部分の後に、次の一文が追加されている。

「六、外邦測圖ニ關シテハ別冊トシテ其ノ沿革ヲ編纂セリ」

目次

前篇　上　自明治初年至同十七年八月　測量課及其以前

（7）〔　〕内は本復刻版の頁数を示す。

目　次

前篇　下　自明治十七年九月至明治二十一年五月測量局時代

前編　上　測量課及其以前

明治維新文物大ニ勃興シ軍事ニ行政ニ興業ニ精確ナル地圖ノ需用倍々急ナリト雖モ當時一モ之ニ應スヘキモノナシ

【最古ノ地図】　蓋最古ヲ以テ言ヘハ天平時代（西暦六百五六十年頃）既ニ僧行基ノ所製ト傳称セラルル「海道圖」（第一圖）ナルモノアリ其後延暦年間ノ「日本圖」[8]ナルモノアリ又文禄年間豊太閤諸國ニ令シテ各郡村ノ地圖ヲ作ラシメタル「文禄圖」ト称スルモノハ其断片ノ存スルアリ降テ正保元年徳川幕府復タ諸國ニ令シ井上筑後守、宮城越前守等ヲシテ之ニ鞅掌セシメ前後十一年ヲ費シ大成シタル「正保圖」（現存六十八葉）[9]及元禄十年之ヲ重修シタル「元禄圖」等コレナキニアラスト雖モ要スルニ何レモ皆一種ノ繪畫タルニ過キス

【「日本全國図」[10]】　享保四年（西暦千七百十九年）建部賢弘幕命ニ依リ梯尺二萬一千六百分ノ一ノ「日本全國圖」ヲ作ル所傳ニ依レハ此圖ハ多少ノ天測ト測角トニ其基礎ヲ置キタルモノノ如ク創メテ較々真意義ニ於ル地図ヲ以テ目スルニ足ルモノト謂フヘシ安永七年（西暦千七百七十八年）水戸藩士長久保玄珠（贈従四位本名源五兵衛号赤水）篤志ヲ以テ「日本輿地路程全圖」ヲ編輯ス圖中縦横線緯度等ノ註記ヲ有シ地図ノ體愈具ハル

（8）江戸時代の考古収集家、藤原貞幹の『集古圖』巻二に示される行基図（海道図）系統の古図の写しにみられる「延暦二十四年改定」という注記に基づき、延暦年間の日本図の存在を想定するものと思われる。

（9）内閣文庫の中川忠英旧蔵本に正保国絵図の写しが六八鋪あること（福井、一九七八）に基づくと考えられる。

（10）近年、享保日本図作成時の「見当山見通し線入り日本図」（仮称）が発見され、縮尺がほぼ二一万六千分の一（一里を六分で表示）と報告されている（川村、二〇一四）。

【伊能図】寛政十二年（西暦千八百年）幕臣高橋作左衛門（贈従五位号東岡）地度測量ヲ建議シ終ニ其容ルル所トナリ門人伊能勘解由（贈従四位称忠敬）ヲ薦メ全國測量ノ業ニ當ラシム忠敬時ニ年五十五、**和蘭原書ヲ参酌シテ親ラ大方儀、小方儀、象限儀、子午線儀、量程車等ヲ製シ**江戸高輪ヲ基點トシ主トシテ道線法ニ據リ時々恒星ヲ測リテ緯度ヲ定メ又交會法ニ依リテ著名ノ山岳島嶼等ノ位置ヲ決定シ櫛風沐雨十有八年遂ニ帝國全海岸竝ニ首要道路ヲ一匝シ三万六千分一梯尺ヲ以テ之ヲ圖解シ「大日本沿海實測全図」（所謂伊能図）（第二図）ト命名シ初メテ我帝國ノ全輪廓ト骨骼トヲ表示スルヲ得タリ其平面展開ノ基礎トシテ測定シタル子午線一度ノ長程ハ二十八里二分（一一〇七四九米）ヲ得、平行圏一度ノ長程ハ北緯三十五度ニ於テ二十三里一分（九〇七二〇米）同四十度ニ於テ二十一里六分（八四八二九米）仝四十四度ニ於テ二十里二分八厘五毛（七九六六四米七三）ヲ得タリト云フ之ヲ今日ノ結果ニ比スレハ平行圏ニ於テ約二百分ノ一子午線ニ於テ約五百分ノ一ノ過小ヲ有シ且地球ヲ目シテ球體ト做シタル**ノ失ヲ免レサルカ如シ**ト雖モ當時ノ情況ヲ顧レハ固ヨリ以テ此曠古ノ偉績ヲ**云爲スルニ足ラサルナリ**既ニ輪廓成リ骨骼就ル之ニ参スルニ幕命ノ下ニ諸國ニ於テ國郡界、市邑、面積等ヲ主トシテ調製セル「天保圖」（百九十七葉）ヲ以テスレハ帝國ノ地図ヲ編製シ得ルニ庶幾シ

【舊式地図ノ一例】即チ弘化年間ニ於ル「弘化図」（第三図）ナルモノ以テ之ヲ

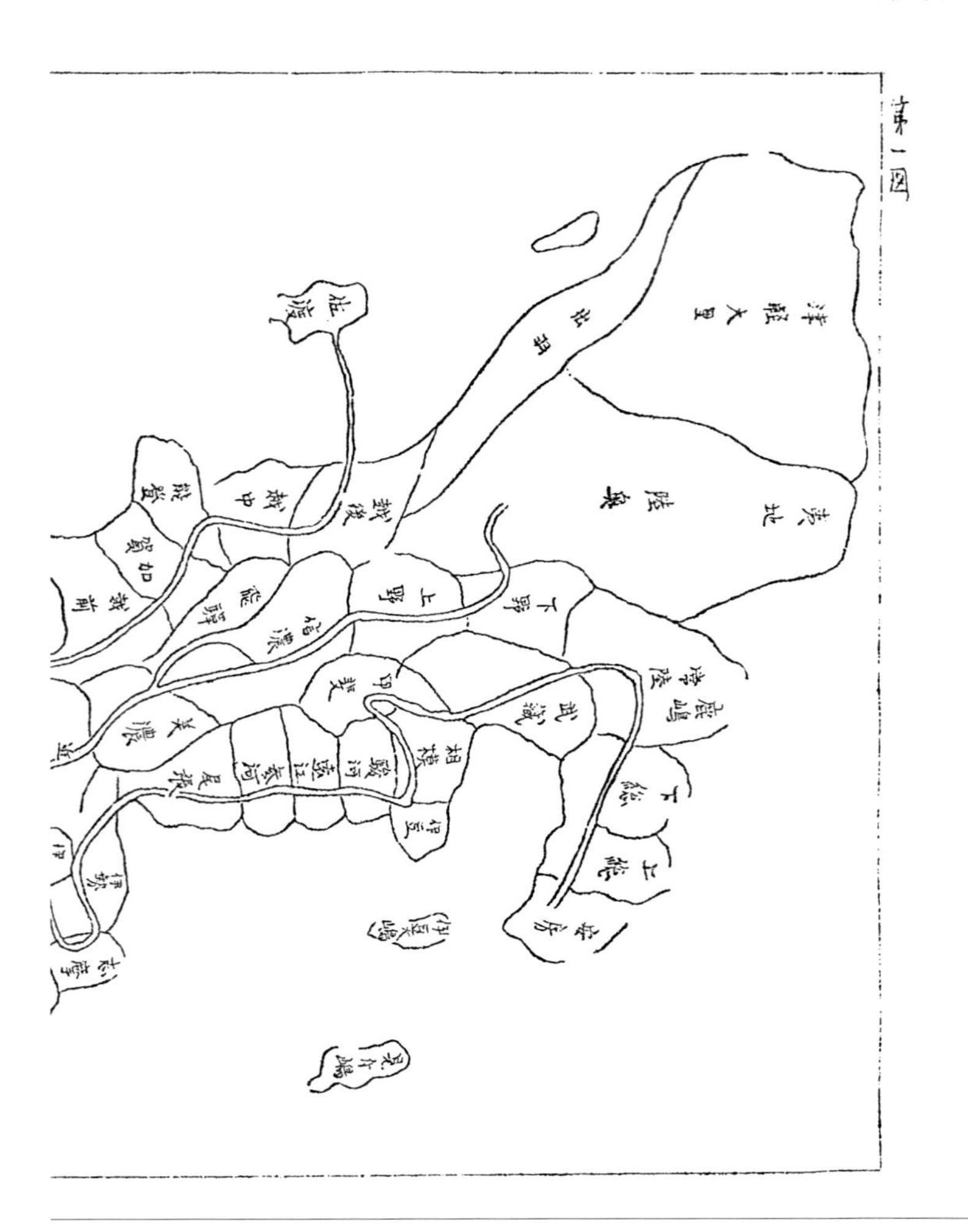
陸奥
出羽
佐渡
越後
越中
能登
加賀
飛騨
信濃
上野
下野
常陸
下総
上総
安房
武蔵
甲斐
相模
伊豆
駿河
遠江
三河
尾張
美濃
伊豆大嶋
八丈嶋

第一図

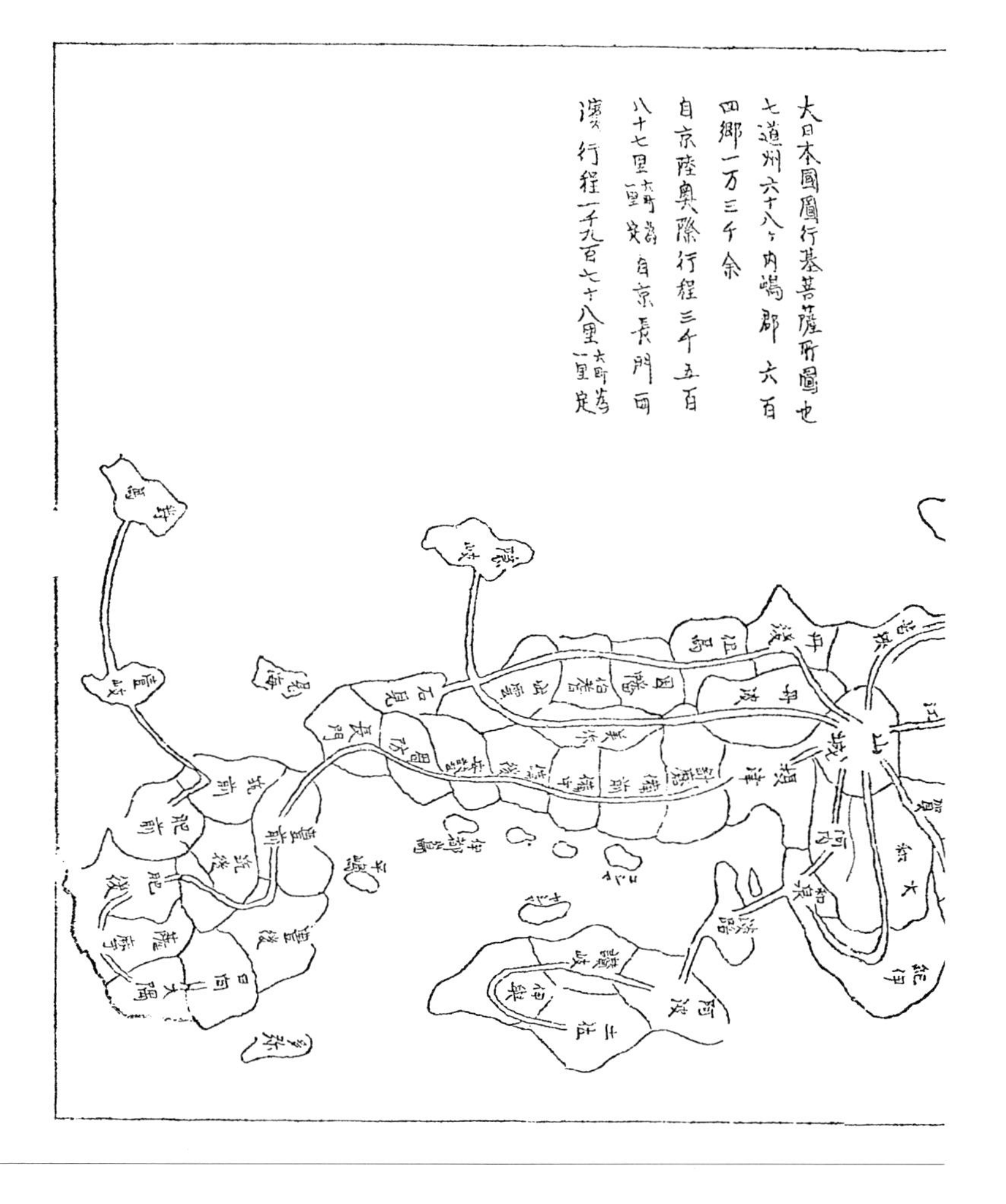
大日本國圖行基菩薩所圖也
七道州六十八ヶ内嶋郡六百
四郷一万三千余
自京陸奥際行程三千五百
八十七里六町為一里自京長門西
濱ゝ行程一千九百七十八里六町為一里定
山城
摂津
長門
石見

想見スヘク爾後七十年明治十年頃沾坊間ノ地図ト称スルモノ此右ニ出ツルモノナカリシト云フ此等ノ地図ハ歴史的ニ之ヲ尊重スヘキコト勿論ナリト雖モ其文化日新ノ近世ニ於ケル需用ニ對シテハ幾ン**トコレ無キニ異ナラズ**

【明治四年】【測量司】　茲ニ於テカ明治四年七月工部省新タニ測量司（定額十四萬円）ヲ設ケ英人「マクウエン」[11]外五名ヲ優聘シテ先ツ全國測量ノ業ヲ企テ

【三角測量ノ第一點】　五年三月測量師長「マクウエン」指導ノ下ニ東京府下ニ**創メテ**三角測量ヲ開始シ宮城冨士見櫓ニ第一點ヲ設定シ順次十三點ノ三角網ヲ本所基線ニ閉塞セシメ以テ東京全市ヲ包容セリ尋テ大阪京都竝ニ各開港地ノ三角測量ニ著手セシガ此等何レモ完成ノ域ニ達セスシテ明治七年一月此事業ヲ内務省ニ移シ地理局之ヲ承ケ依然英國ノ法式ニ準シ全國大三角測量ニ従事セリ

【陸地測量部ノ胚子】　我陸軍ニ於テモ亦明治四年八月兵部省ニ参謀局ヲ新設セラルルニ當リ局中ニ間諜隊ト称シ平時ニ在リテハ地理ノ偵察地圖ノ編成ヲ掌ル一機関ヲ設置セラレ陸軍中佐之ヲ總管シ若干ノ佐尉官及中録画工等ノ職員ヲ置ク是實ニ我陸地測量部ノ胚子トス

【明治五年】　明治五年二月二十七日兵部省ヲ廢シ陸海軍省ヲ新設セラレ参謀局ハ依然陸軍省ノ一局タリ同年四月陸軍省ハ全國ニ次ノ布達ヲ發シ以テ地図編製ノ原子ヲ徴ス盖シ間諜隊[12]行動ノ一端ナリ

（11）Colin Alexander Mcvean　一八三八～一九一二年。「マクヴェイン」とも表記される（泉田、二〇二二）。

（12）参謀局の資料収集に関する布達は「間諜隊」ではなく、徳岡緝熈（中録）によるものと考えられている（佐藤、一九九一）。

「今般於當省全國地理図編輯ニツキ御用有之各管下元一藩或ハ一縣ニ限リ兼テ取調有之候國郡村郷明細地圖竝ニ城市村落山河海岸ノ形状ソノ外風土記等竝ニ別紙（三項ニ分チ一般ノ地形、地質、山嶽、河川、湖沼、港灣ノ分布形勢、城市村落ノ位置、戸口、物質、交通及歴史ニ至ルマテ地図編成上必要ナル條件ヲ網羅セリ今之ヲ略ス）ノ廉々ニ関係スル分詳悉記載シ早々差出スヘク此旨相達候事

但料紙ハ美濃紙罫紙ヲ可用候事」

【明治六年】【第六局】明治六年三月参謀局ハ第六局ト改称セラレ一、測量二、製図三、兵史ノ蒐集ヲ其主務トス其編制局長ハ陸軍少將ニシテ参謀佐尉官若干各業務ヲ分任スル等要スルニ間諜隊ノ擴張ニシテ宛トシテ我測量部ノ前身タルノ観アリ

【明治七年】明治七年二月第六局廢セラレ復タ参謀局ヲ置カルルニ際シ

【第五課及第六課】局中ニ第五（地圖政誌）課第六（測量）課ノ二課ヲ設ケラレ以テ元第六局事業ノ全部ト陸軍築造局ニ於ケル測量ニ関スル移管事業トヲ紹ク乃チ同年六月ノ参謀局條例（第十九條乃至第二十九條）ニ據レハ第五課ハ本邦地図ノ調製地誌ノ編纂隣邦地理ノ講究ヲ掌リ第六課ハ必要ナル地域ノ實測ヲ掌ルニアリ其第二十五條ニ曰ク

【陸軍測量部ノ先聲】「本邦諸部ニ於テ後来大測量ヲ企ツルコトアレバ此課ヲ廣増シ若クハ之ヲ別置シテ尚参謀局ニ隷シ其業ニ従事セシムヘシ」**ト是實ニ我陸地測量部ノ先聲ヲ成スモノト謂フヘキナリ**此創業ノ際ニ於ケル職員ハ第五課ニハ課長歩兵少佐木村信郷[13]七等出仕渡邊一郎、八等出仕酒井善素、川上寛、小林某、宇津木貞夫、柳田邦造、九等出仕中根淑、十等出仕德岡輯漲、十一等出仕若藤宗則、菊野七郎、十二等出仕村上保、髙橋琢也、十三等出仕竹林靖直、十四等出仕岸大路持愼、十五等出仕加藤利往、岡部勤二、外寫眞師三名ニシテ第六課ニハ課長工兵少佐長嶺讓ノ下ニ科僚工兵大尉福田半課員工兵少尉古川宜譽、同渡部當次、同早川省義同宮居定之助等アリ陸軍築造局八等出仕小菅智淵同小宮山昌壽、九等出仕関定暉、雇佛人「ジヨルダン」[14]等亦之ニ參與シタルモノノ如シ當時斯業草創ノ際此等ノ當局者カ或ハ法式ノ考究或ハ技術ノ傳習ニ其苦心經營ハ實ニ多大ナリシモノアリシナリ然レトモ長嶺課長博學ニシテ能ク洋書ニ通シ福田工兵大尉数學ニ長シテ克ク之ヲ輔ケ加フルニ小菅、小宮山、関諸士ノ熱心考究ヲ以テシ終ニ近世式地圖ノ測圖方法ヲ酌定シ漸次ニ其範則及圖式等ヲ大成スルニ至レリ之ヲ後年ノ諸成文ニ徴スレハ其要旨ハ先ツ「大測板」「羅針」「鋼紐尺」等ヲ用ヒテ一条ノ基線ヨリ必要ナル数箇ノ地點ノ関係位置ヲ圖解決定シ之ヲ「小測板」ニ移寫シ之ニ據リテ順次ニ必要ナル諸地點ノ位置ヲ圖解シ同時ニ一定ノ図式ニ據リテ其附近ノ地形地物ヲ描画スルニアルモノノ如シ此方法タルヤ嚴密ノ意味ニ於テ完全ナルモノニ非スト雖モ孤立セ

（13）木村信郷は木村信卿の誤記と考えられる。

（14）Claude Gabriel Lucian Albert Jourdan、一八四〇～一八九八年。「ジュルダン」とも表記される（細井、二〇〇六）。

ル小地域ノ測圖ニ関シテハ毫モ間然スル所アラサルナリ、宜ナリ明治八年ニ於テ既ニ第四圖（此図ハ小宮山出仕ノ手ニ成ル）ノ如キ稍完全ナル地図ヲ見ルニ至リシコトヤ、

【最初ノ近世式地図】此図ハ實ニ帝國最初ノ近世式地図ナリトス第二図ト對比シテ實ニ隔世ノ観アリト謂フヘシ原図ハ既ニ成レリ之カ複作ノ方法亦容易ナラス初メ明治六年二月（印書局（後ノ印刷局）ニ於テ印刷師米國人「ボインドン」氏ニ就キ印刷術傳習ノ擧アルヤ川上出仕等當時ノ所属長兵學寮第一舎長武田歩兵大佐ニ具申シ該傳習ニ加入センコトヲ請フ武田舎長之ヲ容レ印書局ニ交渉シ川上出仕ヲシテ「洋画版下」近藤正純ヲシテ「諸圖竝ニ文字版下」野村内藏輔ヲシテ「石版、製版及印刷」ヲ専攻セシム而モ當時新創ノ此等技術ヲ尊重スル甚タシク准傳習員ヲシテ常ニ隔靴ノ憾アラシメタリ茲ニ於テ私カニ正傳習員松原某ヲ説キ其秘ヲ悉クスヲ得タリ、後年兵學寮備付ノ石版器械（舊開成所ノ遺物）ヲ用ヒテ洋画臨本「画圖法範」ヲ印刷セシカ如キ印書局員竝ニ外人ヲ驚カセリト云フ此年更ニ青野寸平（桑州）ヲ召シ銅版印刷ノ業ヲ創メ且ツ前記松原某ヲ召シ石版印刷ノ業ヲ起サシメ其成ストコロノ兵要日本地理小誌ノ附図、大日本全圖、亜細亜東部輿地圖ノ如キ當時實ニ好評嘖々タルモノナリシナリ之ヲ要スルニ我陸軍ノ測図竝ニ製図事業ハ明治七年ニ至リ其機関稍〻具ハリ明治八年以後ニ於テ其實動ヲ起セシモノト謂フヘシ故ニ創業以来明治七年迄ノ成績ハ漠トシテ記スルニ由ナク但僅カニ二三地方ノ地図ノ製作ト兵要地誌ノ編

纂竝ニ諸布告及兵學数學ニ関スル二三書籍ノ印刷等ノ枚擧スヘキモノアルノミ

【明治八年】明治八年第五課ニ於テハ製圖、印刷、寫真等ノ業務竝ニ兵要地誌数學諸書ノ編纂ニ従事シ「普法戰記」「器象顯真」「路上図式」「化學讀本」「寫景法範」「佐賀征討戰記」等ヲ刊行シ第六課ハ従来研究調査ノ域ヲ脱シ

【最初ノ外業】四月十二日初メテ東京近傍局地測図ノ實務ニ従事シ且前年新召ノ十二等出仕矢島守一等ヲシテ天文観測ノ研究ニ従事セシメタリ

【明治九年】明治九年第五課ハ浄寫、摸寫、縮寫、著色、銅版下、石版下等ノ地圖六十二部四百四十九葉及六種六百七十八葉ノ寫真竝ニ琉球藩、戸籍書、府縣表、各府縣村名書等ヲ調製シ且「伊能図」ノ模寫ニ著手シ又寫真手豊室亀太郎ヲシテ図畫ノ寫真ヲ開始セシメ第六課ハ新ニ工兵中尉蒲生知郷、工兵少尉布施善信、十一等出仕三原昌同早乙女爲房軍曹大日方紀等ノ加ハルアリ東京観音崎附近北國沿岸及函館新潟七尾敦賀等ノ海湾竝ニ那須野ノ局地測圖ヲ完成シ尚前年来著手ノ漢譯「行軍測繪」(英人ランデイ氏原著)[15]ノ重譯ヲ卒ハレリ

【年報及旬報等ノ濫觴】此年一月第五課ハ命ニ依リ前年度ニ於ケル業務ノ報告書ヲ提出セリ之ヲ後年ニ於ケル「年報」ノ嚆矢トス同年同月参謀局ハ各課ニ命シテ毎月五日迄ニ前月ノ「課務月報」ヲ提出セシム茲ニ於テ第六課ハ各測量員ヲシテ「測量報告書」ノ提出ヲ命シ其例ヲ定メラル是後年ノ「週報」或ハ「旬

---

(15)「行軍測繪」の原本は Lendy, A.F., *A Practical Course of Military Surveying Including the Principles of Topographical Drawing*. Atchley and Co., 1864.(小林・渡辺、二〇〇八)で、「レンディ」とすべきところ謄写版印刷のにじみによりこうなったと考えられる。

報」ノ濫觴ナリトス此年十二月（十六日）参謀局各課服務概則ヲ定メラル然モ主トシテ事務ニ関スルモノノミ

【明治十年】明治十年一月官制ニ変更アリ第五第六課亦多少ノ更任ヲ来タセリト雖モ概ネ故ノ如シ（但後年ノ福島大将[16]亦十一等出仕ヲ以テ第五課ニ列セルヲ見ル）

【十年戦役参加】次テ西南ノ役起ルヤ第五課ハ急ニ「九州全図」ヲ編輯シテ軍事ニ資シタリ然レトモ此編輯図ハ未タ其詳ヲ悉サス不便少カラサルヲ以テ遽カニ同年六月第六課全員ヲ擧ケテ戦地出張ヲ命セラレ迅速測圖ニ從事シ軍用地圖数十葉（第五圖）ヲ製作シ第五課亦若干人員ヲ出シ戦地ニ於テ此等迅速測図ノ原図ヲ輯成シ轉寫石版ニ依リテ直ニ之ヲ印行シ以テ軍需ヲ缺クナカラシメタリ本年ニ於ケル第六課業務ハ上記戦地測図ノ外ニ出ツルモノ尠シト雖モ第五課ノ業務ハ尚經常的ニ經營ヲ歇メス各種ノ地図ヲ調製スルコト通計二千〇四十三葉寫真七百八十六葉ニ及ヘリ

明治十一年第六課ハ非常ナル不良ノ天候ヲ冒シ臨時配属ノ下士ヲ伴侶トシテ依然戦地附近ノ迅速測図ヲ續行シ六月帰京後、更ニ東京湾口ノ測図ニ從事シ第五課ハ上記諸図ノ輯成印刷茲ニ常務ニ従事シ以テ年末ニ至リ茲ニ編制上ノ一革新ヲ呈スルニ至レリ

（16）福島安正と考えられる。このころ参謀局で十一等出仕として在任した（アジア歴史資料センター資料、C08052119500）。

【明治十一年】　○明治十一年十二月五日陸軍省ニ於ケル参謀局ヲ廢シテ新タニ参謀本部ヲ置カルルニ當リ

【地図課測量課】　従来ノ参謀局第五第六両課ハ地図課、測量課ト改称セラレテ之ニ伴属シ地図課ハ地図文書等ノ修正復作ヲ掌リ測量課ハ軍事必要地域ノ実測ニ任シ以テ従来ノ業務ヲ紹キ茲ニ地図測量等ノ名称ヲ以テ一課ニ冠スルニ至リ我陸地測量ノ事業ハ既ニ胚子ノ域ヲ脱シテ萌芽ヲ形成セルモノト謂フヘシ而シテ本年度ニ於テ地図課ハ摸寫図伸縮図等二百四十八葉ノ地図ト西南戦役ニ関スル二千有餘ノ寫真ヲ調製シ測量課ハ西南戦役地方、馬関近傍、東京附近、東京湾口附近ニ於ケル五千分一乃至二万分一地図七十八葉ノ測図ヲ完成シタリ此等ニ従事シタル當時ノ職員ハ地図課ハ課長ヲ欠キ課員トシテ八等出仕川上寛、十二等出仕渋江信夫、十四等出仕竹林靖直、十五等出仕岸大路持慎、同岡部勤二、同冨岡判六、等外一等出仕豊室亀太郎外ニ圖工、印刷工、寫真手若干ヲ有シ又測量課ハ課長工兵少佐長嶺譲課員トシテ工兵中尉渡部當次、同早川省義、十二等出仕三原昌、同矢島守一、十三等出仕早乙女爲房、同日和佐艮平、十四等出仕古山貞、十六等出仕桑野庫三、等外一等出仕桑田立三、外ニ雇員若干ナリトス

【明治十二年】　○明治十二年地図課ニ於テハ此年四月曩ニ露國ニ在リテ斯業ヲ研究シタル大岡金太郎ヲ召シ寫真、電氣、銅版、硝子版、及光蝕版等ノ事業ヲ

創ム七月總務課副官歩兵中佐齋藤正言地図課長ヲ兼ヌ當年ニ於ケル地図課ノ成績ハ戦地實測図ノ清繪各軍管図ノ調製ヲ終リ尚模寫、伸縮編輯著色等諸種ノ地図版下百二十九枚及千三百三十三枚ノ寫真ヲ調製シタリ又測量課ニ於テハ参士第百十六號命令ニ依リ全國首要道路ノ両側一千米及其附近用兵上緊要ナル地區ノ迅速測図ニ著手（第一班工兵少尉福原信藏、十六等出仕桑野庫三、外雇二名ハ水戸街道及奥羽街道ニ第二班十三等出仕早乙女爲房、等外一等出仕桑田立三、外雇一名ハ高崎及川越街道ニ）[17]セシカ尋テ測図方針ノ変更ニ依リ實施二ヶ月ニシテ之ヲ中止セリ此年（九月及十月）測量器具ニ萬三千八百七十円許ヲ購入セリ盖シ創業以来随時近世式測量器具ヲ購入スルモノ数回（**附録第一**）**特ニ去十一年四月戦時測量費ノ残餘ニ千七百餘円ヲ以テ之カ補充ヲ図リシカ**尚常ニ不足ヲ感シ随時陸軍士官學校工兵方面教導團等ヨリ之ヲ借用シテ僅カニ其用ヲ辨セシガ茲ニ至リ大ニ其充實ヲ見ルニ至レリ其主要ナル品目ハ經緯儀拾器（一万八千フラン）、小經緯儀拾器（千八百ドル）、クラノグラフ[18]壱器（七百フラン）、ブーソルニベラン[19]参拾箇（一万三千八百フラン）、水銀晴雨計拾箇（千八百フラン）、クロノメートル[20]九箇（九千フラン）、運搬子午儀壱箇（千ドル）、基本米突尺貳本（四百フラン）、其他水準儀六分儀等十数點ニ及ヘリ、**此年七月従来各府縣ニ於テ國縣道河川橋梁等ノ新設改築等ニ関シ陸軍省ニ提出セル文書ハ之ヲ當課ニ移送セラレ以テ地図ノ調製及訂正ノ用ニ供スルコトニ定メラル**

【小菅測量課長新任】同年十一月十八日工兵少佐小菅智淵陸軍士官學校教官ニ

---

(17) 正篇では次のように書き改められている。
「一月中本邦全國ノ面積ヲ計算シテ二萬五千百三方里ト概定シテ諸計畫ノ原子ニ供シ七月從來各府縣ニ於テ國縣道河川橋梁等ノ新設改築等ニ關シ陸軍省ニ提出セル文書ハ之ヲ當課ニ移送セラレ以テ地圖ノ調製及訂正ノ用ニ供スルコトニ定メラレ九月全國主要道路ノ兩側一千米及其附近用兵上緊要ナル地區ノ迅速測圖ニ着手」

(18) chronographe（フランス語）。時間を正確に計測・記録する。

(19) boussole nivelen?（フランス語）。水準器付きコンパスか？

(20) chronomètre（フランス語）。クロノメーター。

兼ネ測量課長ノ任ニ就キ鋭意熱心測量事業ノ大成ヲ企劃シ左ノ意見ヲ稟申ス

【「全國測量一般ノ意見」】　「全國測量一般ノ意見

測量ハ兵家ノ要務ニシテ強國ノ基礎ナリ之ヲ二種ニ分ツ三角測量及細分測量之ニ因リテ成ル所ノ圖ヲ國郡図及地理図ト称ス此二者ハ軍旅ノ脉絡戦略ノ智脳ナリ苟モ之ヲ有セサレハ勇敢ナル將アリト雖モ焉ソ克ク勝ヲ千里ノ外ニ決スルヲ得ンヤ故ニ図ノ精粗ハ國ノ強弱ニ関スルコト固ヨリ言ヲ待タサルナリ寛政十二年幕府伊能忠敬ヲシテ國図ヲ製セシム忠敬命ヲ奉シ終身ニシテ日本全國沿岸ノ形状道路ノ蜒線ヲ概測ス忠敬死シテ之ヲ継クモノナク其他内地各般ノ図アリト雖モ看ルニ足ルモノナシ是兵勢ノ大ニ関スル所ニシテ皇國ノ缺典ナリ故ニ速成ノ法ヲ設ケ泰西竝立ノ図ヲ製セサルヲ得ス幸ニシテ智渕意外ノ寵眷ヲ蒙リ今此大任ヲ辱ウス焉ンソ死ヲ以テ殫サヽルヲ得ンヤ故ニ肝膽ヲ披イテ所見ヲ左ニ陳述ス

第一、測量ノ區分　測量ヲ二種ニ分ツ第一三角測量、第二細分測量トス三角測量ハ測量ノ基部タルヲ以テ細分測量ノ器械ト相反シ精密且至良ナルモノヲ要ス是精密ノ器械ヲ用レハ測量ノ誤差少クシテ其ノ成果迅速ナレバナリ故ニ其省費ハ器械高價ノ費用ニ数倍スルモノトス此施業ノ最精密ヲ要スル者ハ地図ノ良否ハ皆此基部ニ関スレハナリ而シテ器械ノ撰擇施業法ノ如キハ至良一定ノ法ヲ設立シ教法ト範則ヲ定メテ之ヲ頒與シ且教導シ然ル後實地ニ從事セシムヘシ

第二、製図ノ目的　目的ハ全國図ヲ製シ併セテ軍務ノ要件ヲ調査シ國ノ保護ヲ確實ニスルニ在リ

第三、製図ノ成期　成期ハ創業ノ日ヨリ十年トス

第四、製図ノ費用　費用ハ一千萬円ヲ要スルモノトス是三角測量ニ四百万円、細分測量ニ六百万円ト概算スレハナリ

第五、三角測量ノ區分　三角測量ノ班ヲ二十箇ト為シ全國ニ分配シ三角點ヲ定メテ測量シ永久ノ目標ヲ造ル

茀六、細分測量施業ノ區分　全國ヲ分チテ七測量區トス六管及北海道ナリ六管ヲ分チテ各四十班（四百方里）北海道ヲ分チテ六十班（六百方里）トス故ニ三百班ヲ要ス是十年ヲ以テ成期トスルカ故ナリ

第七、施業ノ人員　三角測量班ハ測手二人助手二人器械掛二人計官一人定夫五人トス細分測量班ハ測手一人助手一人定夫三人ヲ以テ一班トス

第八、人員ノ所在　三角測量班ハ測量課ヨリ派遣シ細分測量班ハ各鎮臺ニ在留シテ其臺ヨリ派遣ス北海道ノ如キ寒國ニ於テハ在留セサルモノトス

第九、施業ノ成期　三角測量班及細分測量班一連施業ヲ一年トシ一年間ノ實施業ヲ十ヶ月トス

第十、施業ノ器械及其運搬　三角測量ノ器械諸目標永久目標等ノ物料ハ定夫及雇夫ヲ以テ運搬シ或ハ其場所ニテ構造ス細分測量ノ器械ハ其班ノ定夫ヲ以テ之ヲ逓搬ス

第十一、製図ノ梯尺及等距離　三角測量図ノ梯尺ハ十万分ノ一細分測量ノ梯尺ハ二萬分一等距離ヲ十米突トス

第十二、三角測量及製図　三角測量班ハ基線ヲ撰定シテ之ヲ測量シ漸次ニ目標ヲ設立シ大小ノ三角ヲ構成シテ之ヲ測量シ其成果ヲ検シ手簿ヲ製シテ而シテ之ヲ製図シ永久目標ヲ定ム

第十三、細分測量及製図　細分測量班ハ其班長ノ指示ニ従ヒ勉メテ精密ニ測量シ素図ヲ完全ニシテ之ニ著墨シ手簿ヲ製シテ所要ノ固定目標ヲ定ム

第十四、三角測量図ノ集合　三角測量班ハ毎歳一回皆測量課ニ帰リテ十ヶ月間製スル所ノ三角測量図ヲ集合整理シ兼テ細分測量図ヲ整理ス

第十五、細分測量図ノ集合　細分測量ノ班長ハ毎月一回完成スル所ノ素図ヲ集合シ毎歳一回測量課ニ會シテ十ヶ月間製スル所ノ素図ヲ集合シテ之ヲ三角測量班ニ送付スヘシ

第十六、施業ノ報告　三角測量班ハ毎月報告後ノ成果及翌月報告前迄ノ目途及所在ノ地名ヲ測量課ニ報告ス細分測量ハ其班長ヨリ毎月一回其成果及目途等ヲ測量課ニ報告スルコト前ノ如シ

第十七、集合製図及鐫版　三角測量図及細分測量図ノ完成ニ随ヒ測量課ニ於テ之ヲ集合減縮シ瑞西國郡図ニ倣[21]ヒ直斜両光線ノ暈滃法[22]ヲ用ヒテ之ヲ製図シ逐時ニ之ヲ銅版ニ鐫ス此製図法ノ為メニ一定ノ法則ヲ制定スヘシ之カ為メニ二十名ノ製図科員ヲ要ス

---

(21)「倣」は「倣」の誤記。

(22) 地形をわかりやすく表示する技法で、想定される光線の当たりかたに応じて陰影をつける方法。「ケバ」による地形表示もこれに含まれる。

第十八、事務ノ總理　測量課ニハ人員材料ヲ置キテ諸般ノ事務ヲ総理シ器械物品ヲ處理シテ全國図ノ成果ヲ確実ニスヘシ」

参謀本部長山縣陸軍中將大ニ其主旨ヲ賛ス然レトモ經費上直チニ之カ實施ニ難ム小菅課長茲ニ於テ旨ヲ受ケ左記第二ノ意見ヲ提出シ

【全國測量ノ基礎】 十二月（十八日）**参土第二百〇八號ヲ以テ其實施下命ヲ得、**

茲ニ全國測量ノ基礎成ル

「全國図ヲ製スルハ一大事業ニシテ巨大ノ費額ヲ要ス故ニ開明ノ國ト雖モ未タ完成セサルモノアリ然リ而シテ現今之ヲ行ハンニハ極メテ費用ヲ減殺スルノ方法ヲ用ヒサルヲ得ス若シ成期ヲ十年トシ測手ノ班数ヲ三百二十箇トシ費額ヲ一千萬円トセハ其果シテ行ハレサル理数ノ然ラシムル所ナリ故ニ一種ノ順序ヲ設ケテ漸時ニ施行セサルヲ得ス其法ヲ左ニ陳ス

第一製図ノ費用　費額ヲ一ヶ年凡ソ二十万円ト定ム是三角測量ヲ五班（三角測量ヲ施行スルニ至ルマテハ此費用ヲ細分測量ニ供スルモノトス）細分測量四十八班ヲ編成スルカ故ナリ其ノ豫算表左ノ如シ

金貳拾万円

内譯

金五萬六千百四拾六円八拾銭　　俸給

金五萬七千拾九円貳拾銭　　旅費

金七萬九千四百四拾円　　諸雜費

金七千参百九拾四円　　　巡視旅費、器具修理費、臨時費

尚之ヲ細別スレハ細分測量ハ各八班ヲ六測量區へ派遣スルノ計畫ニシテ内金拾壱萬壱千六百参拾六円ヲ其費用ニ供シ三角測量ハ五班ヲ組成スルノ目的ヲ以テ金八萬九百七拾円ヲ其費額ニ充テ金七千三百九拾四円ハ前記小書ノ費用ニ充ツ

第二、製図ノ省費　省費ハ器械ヲ撰ヒ施業ヲ便ニシ及人員ヲ使用スルノ法ニアリ器械ハ其値小ニシテ之ヲ製造スルニ易ク且運搬ニ便ナルモノヲ採ルヘシ乃チ「プランシエット」[23]「アリダートニベラトリス」[24]ヲ以テ第一トス此器械ノミヲ用フル時ハ其成果稍粗ニ至ルヲ恐ル故ニ之ニ「コリマトール」[25]水準器等ヲ附加シテ平面及高低ヲ務メテ精密ニ現出スヘシ人員使用ノ為メニハ班長及之ニ属スル若干班ヲシテ各鎮台ニ在留セシメ（二年毎ニ交代ス）其鎮台ニ属スル士官下士等ノ此ノ學科ニ從事スルモノヲ撰ンテ適宜ニ使用スルニアリ

第三、測量ノ方法　測量ノ順序ハ第一ヲ三角測量トス其方法タルヤ未タ開ケス隨テ其術ニ達スルモノ稀ナリ然ルヲ強テ此順序ヲ追ハント欲スレハ遂ニ未熟ノ測手ヲシテ未開ノ法ヲ行ハシムルニ至ル徒勞濫費其事ノ擧ラサルヤ必セリ第二細分測量即チ地理図學ハ士官生徒ニ教授スル所ニシテ既ニ明瞭ナルニ至ル故ニ現今ノ急務ハ新ニ測手ノ各班ヲ編成シテ爰ニ熟練セシムルニ在リ然リ而シテ三角測量ノ爲ニハ委員二名書記一名ヲ撰定シテ之ヲ調査セシメ其範則明カナルニ至ル將ニ近キニアラントス（盖シ一年ヲ出デズ）爰ニ於テ始メ

---

(23) planchette（フランス語）。三脚付き平板（測板）。
(24) alidade nivelatrice（フランス語）。水準器付きアリダード。
(25) collimateur（フランス語）。コリメーター。

テ之ヲ實地ニ施ス時ハ三角測量及細分測量竝ヒ行ハレテ徒勞ナク其ノ成果ハ期シテ待ツヘキナリ

第四、施業ノ速法　施業ハ迅速測図及偵察測図ノ方法ヲ使用シ且本課及各鎮台ニテ成ル所ノ圖ヲ補正シ或ハ減縮シテ各班ノ「プランシヱット」上ニ附加スルニアリ

第五、施業ノ分配　測手ノ各班（班員ハ全國測量ノ意見中ニアルモノニ等シ）毎ニ方一里ヲ課シ一ヶ月ヲ以テ成期トス班長ハ副手ヲ助ケトシテ豫メ測量ヲ測リ[26]（稍精密ノ器械ヲ以テ図根ヲ製スルノ類）之ヲ各班ニ頒與シテ懇ニ施業ノ目途ヲ指示シ施行ノ精粗ヲ巡見シ或ハ之ヲ教導シテ善良ノ成果ヲ得シメ且ツ之ヲ集合スルヲ任トス

第六、成果ノ精密及明瞭　成果ノ精密ハ測手ノ熟否ト器械ノ善悪及施行ノ方法トノ一致ニ関ス故ニ測手ハ此學業ニ熟練スルヲ保證スルニ非サレハ之ヲ用フヘカラス

施業ノ一致ハ最緊要ノ事件トス若シ施業同シカラサレハ其成果随テ同シカラス之ヲ集合スルニ至ツテ合一セス不定ノ地図ヲ製スルニ至ル是特ニ図ノ精密ヲ害スルノミナラス成果ノ期ヲ失シ随テ濫費ヲ免レサルモノトス是私學者流ノ弊ナリ（高尚ノ説ヲ持シテ迂遠ノ業ヲ行ヒ眼前切要ノ範則ヲ顧ミス）故ニ範則ヲ定メ一書ヲ編集シ之ヲ各班ニ頒與シテ懇ニ教導シ之ヲ演習セシメ毫モ彼此ノ差ナク一點ノ私流ヲ挿マサルヲ見ニ然ル後實施ニ從事セシムヘシ」

(26) 草案の第一分冊では「測場」と記している。

又本年ニ於ケル成果ハ製図科ニ於テハ諸種ノ地図版下百二十九葉寫真千三百餘葉ヲ調製シ測量課ニ於テハ東京近傍、冨津沿岸琉球地方ニ於テ五百分一乃至二萬分一地図数葉ヲ完成セリ

【明治十三年「測地概則」】 ○明治十三年「測地概則小地測量ノ部」ヲ定メラル同年二月大地測量事業取調掛ヲ新設セラレ工兵大尉関定暉十一等出仕矢島守一等主トシテ之ニ鞅掌ス抑「測地概則」(27)（法規分類大全第一編兵制門）ハ前記小管課長立案ノ全國測量順序ヲ具体表顯セルモノニシテ實ニ我陸地測量最初ノ典範ナリ「第一章測地ノ目的」ニ於テ一定ノ方法ニ據リ軍事緊要ノ事物ヲ實査シ速カニ全國図ヲ完成スルヲ以テ目的トスルコトヲ明示シ「第二章測地ノ方法」ニ於テ二萬分一ノ梯尺ヲ以テ図解法ニ據リ圖根測量ヲ施シ其内部ニ就キ迅速測図法ニ據リ碎部測量ヲ施行スヘキヲ規定シ「第三章人員ノ編制」ニ於テハ図根測量ヲ分ツテ二測板トシ碎部ヲ分ツテ八測板トシ之ヲ合セテ一班トシ班長大中尉一人図根測手中少尉二人、副手曹長二人碎部測手少尉八人副手下士八人、図手下士二人、計官（會計書記）一人ヲ以テ之ヲ編成スルコトトシ「第四章施業ノ成期」ニ於テハ長サ一萬六千米廣一万米ノ地上ニ於ケル作業成期ヲ概一ヶ月トシ之ヲ一測回ト称シ十測回ヲ一測期トシ各測手ハ一測期間或ハ半測期間各地ニ派遣スルモノトシ以下第五章乃至第十章ニ於テ順次ニ班長、図根測手、図根副手、碎部測手、碎部副手、図手ノ各任務ヲ示定シ第十一章ニハ「測

---

(27) アジア歴史資料センター資料、「参謀本部歴史草案3」Ref.C15120002500に、この写しが掲載されている。

夫ノ使役」第十二章ニハ「雇夫ノ使役」ヲ規定シ第十三章「器械ノ處分」第十四章「注意」ニ於テ測量製図偵察ノ方法及器械ノ用法ハ一ニ「測量軌典」ニ據ルヘク規定シテ之ヲ終リ通計六十三條ニ及ヒ要領ヲ悉シテ洩スナシ後年各種ノ規則規程等概子皆之ニ淵源シ之カ修訂若クハ敷衍ニ外ナラサルヲ見ル

【「測量軌典」】「測量軌典」(28)ハ佛國砲工學校ニ於ケル小地図學ニ據リ之ヲ我邦ノ地形ニ験照参酌シ主トシテ関工兵大尉ノ編纂セルモノニ係リ第一編乃至第五編ヨリ成リ圖根測量、碎部測量、図繪法、集成、偵察法ヲ詳述シ實ニ當時ニ於ケル唯一ノ地形測図學教科書ニシテ併セテ地形測図ノ法式及図式ヲ兼ネ

【「十三年式」図式】「測地概則」ト共ニ所謂「十三年式」（第六図）ナル地図ノ一時代ヲ劃定シ以テ後年ニ於ケル「地形測図法式」ノ起源ヲ開キタルモノナリ

【全國測量ノ開始】茲ニ於テ測量課ハ此方針ニ基キ左ノ数班ヲ順次ニ編成シテ實地作業ヲ開始シタリ乃チ一月中ニ第一班（班長工兵大尉小宮山昌壽）ヲ東京府下ニ二月中ニ第二班（班長工兵中尉早川省義）ヲ千葉縣下ニ六月中ニ第三班（班長工兵中尉渡部當次）第四班（班長工兵中尉川村益直）ヲ埼玉、神奈川両縣下ニ派遣シタリ此等各班ハ何レモ二名ノ士官ト二名ノ助手トヲ以テ之ヲ組織シ中コロ副班長（各科士官）ヲ添加シ班長ハ官馬ニ跨リ之ヲ指揮董督セリ(29)

【最初ノ作業地巡視】此ノ間小菅課長ノ巡視アリ茲ニ随時巡視ノ成例ヲ開キ視通障害樹伐採ニ関シテハ内務省地理局ノ例ニ倣(30)ヒテ之カ實施ノ順序ヲ定メ又野業ノ素図ハ直チニ地図課ニ移送シ或ハ図手ヲ作業地ニ差遣シテ清繪(31)ニ従事セシ

---

(28)『兵要測量軌典　小地測量之部』（明治一四年刊）は、国立国会図書館デジタルコレクションで参照可能。

(29) 正篇では次のように書き改められている。「一名宛ヲ増員セリ」

(30)「倣」は「倣」の誤記。

(31) 正篇では次のように書き改められている。「集成」

ムル等作業ノ進捗ニ関シ劃策スルモノ少ナカラス

【全國測量創始時代ノ經費ノ一班】當時一箇班一ヶ月ノ經費ハ概ネ金壱千四百拾八円参拾七銭九厘（内譯金九百六拾四円貳拾五銭旅費、金百六拾七円五拾銭雇給、金弐百七拾参円六拾貳銭九厘雜費、金壱円郵便税、金拾貳円器具費）ヲ要シ

【最初ノ実施豫算】本年度ニ於テ通計金拾壱萬九千参拾円（内譯金参萬千百七拾六円俸給、金四萬貳千七百参拾九円弐拾銭旅費、金壱萬千百九円六拾銭測夫給料、金貳萬六千六百四拾円作業費、金七千参百六拾五円貳拾銭器械買入費竝ニ諸雜費）ヲ計上スルニ及ヘリ而シテ本年度ニ於ケル諸成果ハ水戸髙崎両街道及東京附近ニ於テ二萬分一測図二十三方里許其他山口島根両縣下ニ於テ一千分一乃至一萬分一ノ測図七葉ヲ完了シタリ

【測量班ノ編制改正】此年十二月（十三日）測量班ノ編成ヲ次ノ如ク改正セラル[※1]

随テ「測地概則」ニ之レニ應スル訂正ヲ加ヘ之ヲ「測地假概則」ト改称セリ同月十七日測量員志望者ニ就キ数學圖學測量ノ一斑ヲ試験シ十名ヲ採用シ必要ナル學術ノ教授ヲ開始シタリ由来測手ハ新任少尉ヨリ之ヲ採用シ（仙波太郎大谷喜久藏大久保徳明押上林藏等後年ノ諸將軍皆曽テ測手トシテ測板ヲ肩ニシタリキ）助手ハ近衛東京鎮臺教導團等ヨリ工兵下士ヲ選ミ之ニ充用セシカ常ニ其不

※1　詳細は次頁の表を参照。

区分	人員
班長	大尉一名
書記	軍曹一名
図手	曹長一名　軍曹一名
図根測量	主管中尉一名
第一測板	測手　曹長二名　副手　軍曹二名
第二測板	同右
砕部測量	主管少尉一名
同	同右
第一測板	測手軍曹一名　副手伍長一名
第二測板	測手軍曹一名　副手伍長一名
第三測板	同右
第四測板	同右
第五測板	同右
第六測板	同右
第七測板	同右
第八測板	同右
考備	當時下士官欠員ニ付之ニ代フルニ測手ハ出仕官或ハ御用掛ヲ以テシ副手ハ御用掛或ハ測量雇ヲ以テス、図根一測板ニ測夫四名ツヽ、砕部一測板ニ測夫一名ツヽ、都合十六名ヲ附属セシム

足ヲ感シ

【測手養成ノ濫觴】茲ニ測手候補者養成ノ設備見ルニ至レリ盖シ後年修技所ノ濫觴ヲ為スモノト謂フヘシ又此年ニ於テ「眼鏡アリダート」[32]（十五箇、千九百五十フラン）「デクリナワール」[33]（七十五箇、三千フラン）鋼紐尺（十箇、二百四十フラン）「アリダートニベラトリス」（六十箇、二千四百フラン）等約一萬二千五百「フラン」ノ器具ヲ補充シ且獨逸ノ測量書籍ヲ購入セルモノ少ナカラス

（32）望遠鏡で目標を視準するアリダードと思われる。

（33）正しくは「デクリナトワール」、declinatoire（フランス語）。測量用コンパス。

地図課ニ在リテハ此年二月齋藤太郎ヲ召シ寫真作業ニ從事セシム爾来大岡金太郎ト協力シテ寫真電氣銅版ノ研究ニ任シ終ニ藍色印畫寫真法、反對陰像撮影法等ヲ創意大成シテ

【寫真電氣銅版法ノ大成】茲ニ寫真電氣銅版ノ基礎ヲ確立スルニ至レリ九月齋藤歩兵中佐ノ課長兼勤ヲ解カレ工兵少佐村井寛温新タニ課長ニ任セラル作業ノ成績トシテハ「測量軌典」ノ印刷、**図手ノ測地派遣ト**諸図版下参百五十三葉石版八版寫真八百二十一枚ヲ調製セリ

【明治十四年】　**○明治十四年**測量課ノ各班ハ常務ノ外業ヲ遂行シ更ニ第五班ヲ(34)新設シ砲兵中尉中田時懋ヲ之カ班長ニ命シ工兵大尉関定暉十一等出仕矢島守一、同三原昌等特ニ之ニ参加シ

【東京湾口ノ三角測量】四月ヨリ八月ニ亘リテ東京湾口ニ稍正則ナル三角測量ヲ施行セリ**此測量ハ多大ノ意義ヲ有セルモノト謂フヘシ**

【陸軍ニ於ケル最初ノ三角測量】**何トナラハ**是我部内ニ於ケル最初ノ**測角的**三角測量ナルノミナラス既成図解的三角図根ノ精度ヲ比較検定シ同時ニ此切要ナル海門ノ関係位置ヲ精測シ兼ネテ各種測量器械ノ精度ヲ試驗スルヲ以テ其目的トセシモノナレハナリ之ヲ當時ノ報告ニ徴スルニ先ツ安房國平郡（安房郡）北條川名両村間ニ屈折シタル第一基線ヲ設ケ之ニ由リテ三四二三米二三ナル増大邊ヲ得直チニ「坂田山」「大房岬」**《第六図（原図ノ二分一）》**ノ両三角點ニ擴

(34) 正篇では次のように書き改められている。
「一月測量官吏ハ皇居及諸官廨ノ構内ト雖モ自由ニ作業スルコトヲ聽許セラレ四月會計官ヲ新設セラル又大地測量事業調査ノ結果更ニ測量課ニ」

張シ茲ニ東京湾口ヲ越ヘテ相模國三浦郡「松輪」ニ結ヒ之ヨリ順次ニ浦賀水道ヲ東西ニ縫綴シ「鋸山」「観音崎」「麻野山」「中島村」（上總）ヲ經テ其對岸「本牧岬」（武藏）ニ至ル單三角鎖（第七図）ヲ組成シ更ニ上総國周准郡（君津郡）富津篠部両村間ニ點検基線トシテ三三三四米一五ノ第二基線ヲ設ケ関係諸三角邊ヲ之ニ閉塞セシメ此等十三箇ノ三角點ニハ地中、地上ノ二標石ヲ埋定シ視準點トシテハ赤白二色ニ分彩シタル葉鐵製円筒ヲ以テシ[35]

【獨逸製經緯儀優良】試測数回其比較ニ依リ獨逸製經緯儀ノ優良ヲ認メ之ヲ用ヒテ二等及三等三角測量ノ方法ニ據リ各関係角ヲ測定シタリ而シテ其各三角形ノ角剰餘ハ五、六秒ヲ超ヘス各測站ノ閉塞差亦二、三秒ニ過キサリシヲ以テ其所要ノ精度ニ十分ナリトシテ平均計算ヲ省略シ且同一ノ意味ニ於テ球面過量ヲ不問ニ附シタリ次ニ「松輪」「鹿野山」ノ両三角點ニ於テ「タルコット」法[36]ニ依リ緯度観測ヲ施行シ「麻野山」ノ北緯三十五度十五分二十四秒五（後明治三十六年六月萬國測地學會ノ精測ニ比シ僅カニ〇秒五四三ノ過小ヲ見ルノミ以テ此作業ニ全般カ如何ニ其精密ナリシヤヲ想見スルニ足ル）「松輪」ノ北緯三十五度八分二十九秒三ヲ得更ニ周極星ノ最大離隔ニ依リテ方位角ヲ測定シタリト云フ其末文ニ曰ク

「上文ノ諸測量ヲ終リ帰京スルノ後基線測量、角測量及子午線測量ノ成算竝ニ三角形ノ計算及鎖形ノ計算ヲ行フ但シ三角形ノ邊長小ニシテ且三角鎖形大ナラサルヲ以テ邊長ノ為メニハ平三角ノ計算ヲ用ヒタリ而シテ富津基線ヨリ

---

(35) 正篇では次の文を挿入。「陸軍士官學校ヨリ借用セシ」

(36) 天頂の北と南で相次いで子午線を通過する二つの星の高度角を測定して緯度を得る方法。Andrew Talcott（一七九七～一八八三年）が考案したが、それ以前の同様の方法の考案者の姓も合わせて「ホレボー・タルコット法」ともいう（大江、一九七九）。

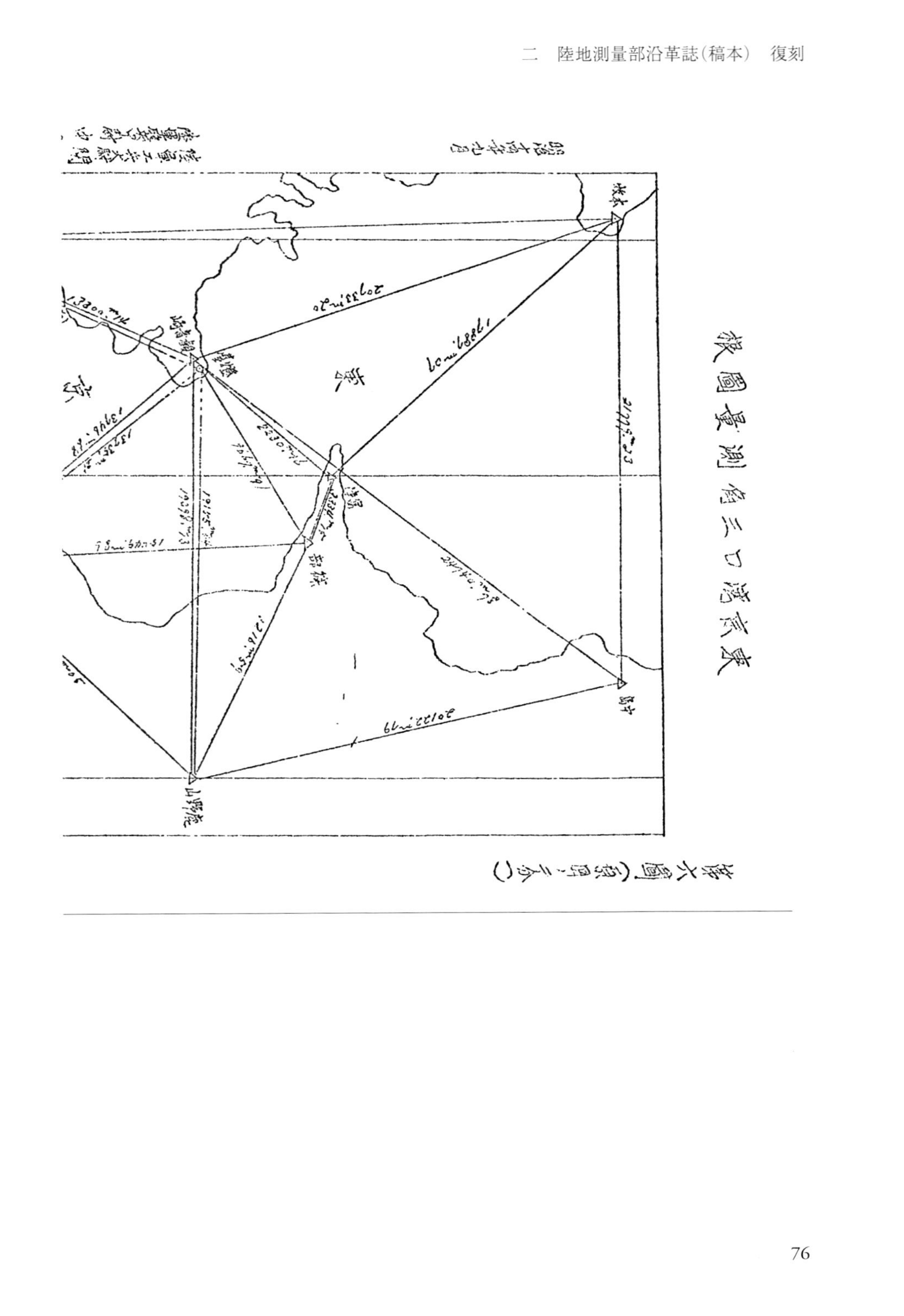

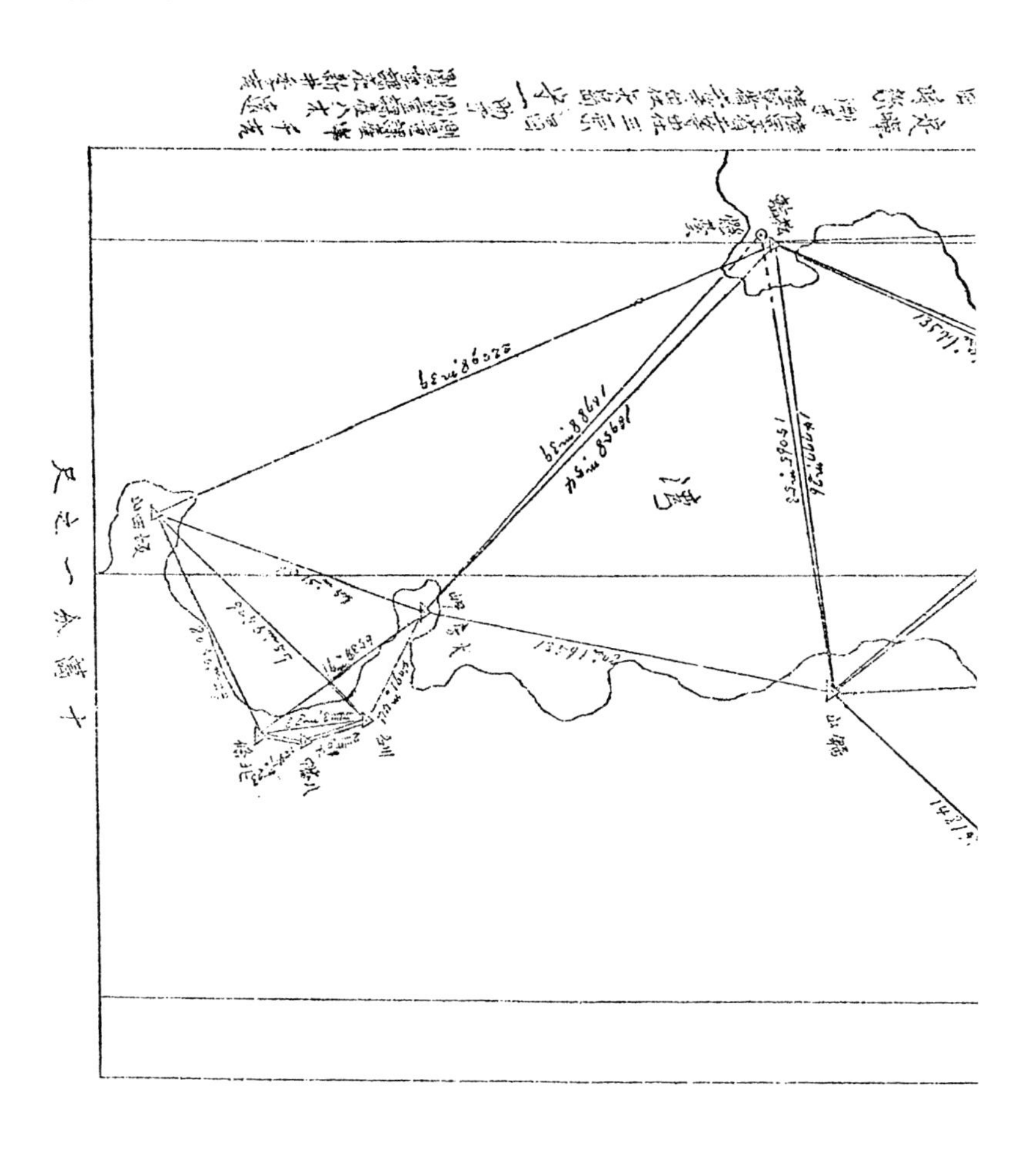

出行スル鎖形ノ計算ヲ川名ノ基線ニ於テ點検スルニ測度ト計算ニ由テ得ルモノトノ差ハ方位ニ於テ十三秒七（子午線ノ輻輳ヲ算ス）長度ニ於テ〇米三四ナルノミ但富津基線ノ方位ハ「鹿野山」ノ子午線測量ヨリ算出シ川名基線ノ方位ハ「松輪」ノ子午線測量ヨリ算出シテ之ヲ直測スルモノニ擬シタリ而シテ方位ノ差数ハ方位合一ノ計算法ニ依テ鎖形ノ總部ニ配賦平均シ長度ノ差数ハ今回測量ノ目的ノ為メニハ至少ナルヲ以テ之ヲ平均セス（下略）」

此測量ニ於テ一面ニハ三角測量ノ如何ニ精密ナル結果ヲ顕ハスカヲ明示シ一面ニハ図解三角法ノ到底大地域ニ應用スヘカラサルヲ實證**セリ茲ニ於テ**小菅課長ハ「明治十三年始メテ全國測量ノ端緒ヲ啟キシヨリ皇城ヲ中心トシ東京近傍ノ測図漸次完成シ翌十四年ニ至リテハ西ハ箱根秩父ニ及ホシ西北ハ碓氷日光ノ諸嶺ニ向ツテ進ミ其實驗ト泰西諸國ノ典式トヲ參酌シテ更ニ班ノ編成及法式ヲ改正シ作業方法ノ順序ヲ大地小地ノ二途ニ分チ大地ニ在リテハ測図ノ基準タル三角點ヲ測定シ小地ニ在リテハ此基準點ニ據リ砕部ノ測図ニ當ラシムルノ必要ナルヲ認メ既ニ前年上申スル所アリシカ事情ノ為一時此方法ヲ斟酌セル変則ニ依リ小地測量ヲ實施シタルニ測量區域ノ進ムニ從ヒ図根測量ノミニテハ砕部測図ヲ甚タ廣大ナル地域ニ擴張スルコト能ハス又地図集成ノ上ニ就キテモ一関東平野サヘ其接合ヲ完全ニスル能ハサル等其他諸方面ニ對シ困難不便ノ場合多キノミナラス多大ノ時日ヲ費シ巨額ノ經費ヲ要シ到底三角點ニ據ラサレハ完全ナル地図ヲ得ル能ハス」**ト實情ヲ具シテ課ノ編制、作業ノ方法、順序ニ改正ヲ加ヘ**

上申スル所アリ十二月二十八日之カ聴許ヲ得タリ又此年一月測量官吏ハ　皇居及諸官廨ノ構内ト雖モ自由ニ作業スルコトヲ認許セラレ四月中附属會計官ヲ新設セラレ十一月新築落成ノ参謀本部ニ移轉シ同月従来貯藏ノ不用器具ヲ會計部ニ製図器具悉皆ハ地図課ニ戻入シ更ニ大地測量用器具図書千四百餘円ノ補充購入ヲ申請シ(37)且測量助手志願者十数名ヲ採用シ須要ナル學術ヲ教授スル前年ニ於ケルカ如クシ著々大地測量ノ準備ヲ進メタリ今當時ニ於ケル經費豫算ノ一班ヲ擧クレハ金拾貳萬壱千貳百拾貳円（内金四万三千五百円俸給及諸給金六万五千七百拾弐円旅費日当金壱万弐千円諸傭給、運搬費、需用費、雑費）ニシテ其ノ實施ニ於テハ六百三十五円餘ノ超過ヲ来タセリト云フ

【最初ノ測量旅費】　此年九月一日(38)測量旅費ヲ改定セラル

従来測量旅費ハ陸軍隊外旅費ヲ支給シタリシカ其旅行ノ性質大ニ異ルモノアルヲ以テ新タニ「測量日當手當概則」(39)※2ヲ定メ作業者ノ階級ヨリハ寧ロ作業ノ難易ニ重キヲ置キ其給額ヲ規定スル次ノ如シ

測量課本年ノ成果ハ前記東京湾口三角測量ノ外武總地方ニ於テ二萬分一編成図九葉其図根九葉及二万分一素図十三葉ヲ完成セリ

【地図課服務概則制定】　地図課ニ於テハ此年四月服務概則ヲ定メラル其要「地図課ノ官僚ハ課長少佐或大尉一人課僚竝ニ書記若干人トス其掌ル所ハ地図畫図ノ製造竝ニ其上版模寫等ノ事トシ（第一條）課長ハ本部長ノ命ヲ奉シ課務ヲ整

(37) 正篇では次のように書き改められている。
「ス更ニ大地測量用器具圖書（千四百餘圓）ヲ購入シ又」

(38) 正篇では次のように書き改められている。
「十一月」

(39) 正篇では次のように書き改められている。
「定メラレシモノニシテ其ノ給額次ノ如シ」

※2　詳細は次頁の表参照。

測量日當表

職	士官	準士官	下士	諸卒	測夫
班長	弐円				
図根主管	壱円七拾五銭				
砕部主管	壱円六拾銭				
図根測手	壱円六拾銭	壱円弐拾銭	壱円		
砕部測手	壱円弐拾銭	壱円	八拾銭	六拾五銭	
図根副手			七拾銭	六拾銭	
砕部副手			六拾銭	四拾五銭	
図根測夫					四拾銭
砕部測夫					参拾弐銭
考備	文官及御用掛ヲ表面ノ職務ニ従事セシムルトキハ七等ヨリ九等迄ハ士官ニ十等ハ準士官ニ十一等以下及御用掛（参拾円以上）ハ下士ニ其以下ハ諸卒ニ準スヘシ				

理シ且技術上ノ功程ヲ監視ス（第二條）」第三條ニハ地図ノ機密ヲ戒メ第四條以下ハ課僚以下各専任ノ業務ヲ規定シ通計二十五條ニ及ヘリ（法規分類大全兵制門）又本年ノ成果ハ諸種ノ原図六百五十六枚ト銅、亜鉛、石版等ニテ数版ヲ完成シ且八百餘葉ノ寫真トヲ調製セリ

【明治十五年】　○明治十五年二月

【大地測量班ノ新設】　測量課ハ前年具申ノ趣旨ニ依リ従来ノ測量班ヲ分合シテ更ニ大地測量班一箇ヲ新設シ

【最初ノ基線測量】　工兵大尉関定暉之カ主管トナリ**専ラ基線測量及三角測量ノ計畫ニ任シ他各班ハ例年ノ如ク常務ニ就キ大地測量班ハ**先ツ豆相駿甲ニ亘ル大地測量ノ目途(40)ヲ立テタリ蓋内務省地理局ノ大三角測量ハ當時ニ於テ外業ノ進程甚タ大ナルモノアリシト雖モ其成果ハ未タ全ク精算ノ域ニ達セス随ツテ之カ利用ニ便ナラサルヲ以テ特ニ二等三角網ニ對スル基線ヲ測定シ以テ急速ニ地形測図ヲ施行スルノ素地ヲ作ラントスルニ至リシナリ関主管ガ「相豆駿甲大地測量ノ目途」ト題スル訓示ハ此消息ヲ窺フニ足ル曰ク

「相豆駿甲ノ大地測量ハ本部ニ於ケル該測量ノ開首ナリ之ヲ實行スルニ先チ本課長ノ指揮及認可ニ由テ次ノ目途ヲ定ム

内務省ニ於テ従来施行セル一等三角測量ハ野州那須野ノ基線ヨリ起リテ漸次ニ國ノ中央部ニ擴張シ角測量及天文測量ヲ終ル所ノ三角點ハ既ニ遠州ニ達シ同國三方原ノ基線測量モ亦將ニ近キニアラントス而シテ此諸測量ハ精密完全ナル結果ヲ得ヘキモノト想定スヘシ故ニ此両基線間ノ土地ニ於テ大地測量ヲ施スニ當リテハ既ニ一等諸測量ヲ完了セルモノト同視シ内務省ニ於テ決定セル三角點ニ基準シテ二等以下ノ諸測量ヲ行フヘシ（中略）

開首ノ業タルヤ前ノ約束ニ従ヒ二等三角點ハ一等三角點ニ基準シテ之ヲ撰定スルモノナリ然レトモ那須野ト三方原トノ間ニ在ル一等三角點ノ諸測量ハ之

（40）正篇では次のように書き改められている。
「方針」

ヲ完了セルニアラス三方原ノ基線測量モ亦今年ノ後ニアルヘシ而シテ那須野近傍ノ諸點ヲ除ク外未タ輿地學上ノ確定ナル位置ヲ知ル能ハス仮令之ヲ知ルモ概算ニ過キサルナリ然ラハ即チ直チニ其三角點ノ位置ニ基準シテ二等三角點ノ位置ヲ算定スルヲ得サルナリ且ツ角測量ニ依テ備フヘキ二等三角形ノ基線ノ設アラス假令之ヲ設ケントト欲スルモ一等三角測量ニ用フヘキ精度ヲ有スル器械ヲ欠ケリ此不便ノ因由ヲ避ケンニハ開首ノ業ハ權法ニ據ラサルヘカラス即チ二等三角測量ノ出行基線ヲ作リ之ヨリ出行シテ三角鎖ヲ擴張シ到著基線ヲ作リテ之ヲ閉鎖シ假令一等三角點ニ據ラサルモ此開首ノ全施業ヲ團結シ其計算ヲ爲スヲ得セシムヘシ但二等三角點ノ輿地學上ノ位置ハ一等三角點ノ位置ノ確定スルヤ直チニ之ニ據テ計算シ否ラスンハ此開首施業ヲ輿地學上ノ位置已ニ定マル他ノ點ニ連絡セシメテ之ヲ計算スヘシ

出行基線ハ相州相模野ニ撰定シ到著基線ハ富士ノ西方ニ於テ撰定スヘシ

相模野基線ヨリ出行スル二等三角鎖ノ一條ハ一等三角點ナル武州雲取山及駿州毛無山ヲ經テ冨士ノ西方ニ至ラシメ一條ハ相州丹澤山豆州天城山駿州愛鷹山及龍爪山ヲ經テ冨士ノ西方ニ導キ以テ両鎖ヲ閉鎖セシムヘシ且二等三角網ヲ用ヒテ両鎖間ノ空間ヲ填充スヘシ

開首ノ業ハ四百方里ノ地ニ於テ之ヲ行フヘシ」（後略）

此目的ヲ達センカ為メ三月十五日小菅課長ハ主管関工兵大尉副官高松工兵中尉、矢島、三原両十一等出仕等ヲ率キテ**基線選定ノ途ニ上リ**所謂相模野基線ノ位置ヲ概定シ阿夫利山、塔ノ嶽、用野山ニ登リテ基線網ノ擴張及一等三角點丹澤山ニ連絡ノ方法ヲ講シ尋テ甲州ニ入リ行々冨士北邊三角鎖組成ノ目途ヲ定メ轉シテ遠州間遠ヶ原ニ到著基線ノ位置ヲ概定シ茲ニ向後ノ方針ヲ関主管ニ指示シ高松中尉ヲ伴フテ帰京シ関主管ハ残一行ヲ率ヰテ東海道ヲ東行シツツ冨士南辺三角鎖組成ノ目途ヲ定メ三月二十九日帰京セリ此偵察旅行ハ十分ニ豫定ノ目的ヲ達成スルニ何等困難ナキヲ認メタルヲ以テ関主管ハ外國ノ典式ト從来ノ事例ニ鑑ミ之ヲ偵察ノ實況ニ照シ詳細ナル実行教法ヲ草シ之ニ據リテ基線両端點基線網諸三角點ノ決定、諸覘標ノ構造基線路ノ工事等ヲ三原十一等出仕桑野十四等出仕ニ命シ両測手ハ五月十日東京出發三原測手ハ專ラ撰点ニ任シ桑野測手ハ造標ニ任シ関主管自ラ之ヲ巡閲指導シ中コロ早乙女十二等出仕ヲ加ヘテ專ラ基線路竝ニ基線端點中間點ノ地中工事ヲ分擔セシメ七月上旬ニ到リ全ク此等作業ヲ完了セリ茲ニ於テ関主管ハ課長ノ指揮及認可ノ下ニ「相模野基線測量ノ目途」ト題シ其實行法ヲ規定シ大ハ作業ノ方針、方法、順序、人員ノ分配、交代、補充等ヨリ微ハ作業ニ関シ信號ニ要スル口語ニ至ルマテ詳細ヲ悉シテ縷々数千言洵ニ今日ニ於ケル基線測量ノ淵源ヲ窺フニ足ル其基線尺比較ニ関スル一節ニ曰ク

「A.B.Cノ三測竿ヲ一箇ノ準尺ニ比較スヘシD測竿及他ノ準尺ト此準尺トノ比較ハ今回ノ測量ニ要用ナラサルヲ以テ餘暇アルトキ後ノ参考ノ為比較シ置クヘシ」

此準尺及測竿ノ華氏験温器ノ温度三十二度ニ於ケル長サ及測竿ノ伸長係数ハ「ゼー、イー、ヒルガート」[41]氏ノ報告セシモノアリ

又勇拂、那須両基線測量前後ノ比較ノ成績ハ内務省地理局報告書中ニ在リ比較ハ殆ント同一ナル温度中ニ尺竿ヲ浸置スルコト数十分時尺竿ニ附スル験温器ノ度（改正数ヲ加減セシモノ）大氣中ニアル験温器ノ度ト同一ナルニ至リテ始ムヘシ二十度乃至三十度相異ル両温度間諸種ノ温度ニ於テ総数三十回以上ノ比較ヲ行フ又此比較ヲ行フノ際大氣中ノ験温器ト尺竿ニ附スル験温器トヲ比較シ之ニ由テ温度感染ノ遅速不等ヲ鑒シ竝ニ尺竿ニ附スル験温器ト尺竿其物ニ於ル温度ノ感覚ハ能ク比例スルヤヲ試ムヘシ

今回ノ比較計算ニ於テハ一箇ノ準尺ノ長サ及比較時ニ於ケル準尺ノ温度[42]ヲ既知トナシ測竿ノ長サ及準尺ト測竿ノ温度ニ由ル伸長係数ハ未知トナシ之ヲ行フヘシ但シ温三十二度ニ於ル各測竿ノ長サハ「ヒルガート」氏ノ報告アリト雖モ其某竿ハ嘗テ測竿接合ノ齟齬ヲ治スル為内務省ニ於テ銲端ノ装玉ヲ礪磨シタルコトアリテ其長サヲ失ヒシト聞ケバナリ又準尺及A.B両測竿ノ確実ナル伸長係数ノ報告ナケレハナリ

此計算ハ最小方数法ニ由テ施行ス即比較回数ニ應スル規約式ヲ作リ是ヨリシテ法方程式ヲ作リ消去法ヲ施シテ未知数ヲ査出シ之ヲ規約式ニ入レ追テ毎比較ノ中等誤差ヲ査出ス又未知数ノ重量ヲ求メ是ニ依テ未知数ノ中等誤差ヲ査出ス如斯シテ温三十二度ニ於ル各測竿ノ長サ及準尺ト測竿トノ伸長係数及其

（41）Julius Erasmus Hilgard、一八二五～一八九一年。

（42）正篇では次のように書き改められている。
「準尺ト測竿トノ温度及準尺ト測桿トノ比較器上ノ差數」

諒必誤差ヲ決定ス猶此長サ及係数ハ已知ノ成績（ヒルガート氏及内務省ノ報告）ト幾干ノ差違アルヲ見ルヘシ
此比較ハ測量ヲ終ルノ後再ヒ之ヲ行ヒ其成績ノ中数ヲ基線測量ノ成算ニ用フヘシ
此ノ成績ノ果シテ善良ナリシヤ否ヤヲ確定スル為本年冬日ニ至リ三十二度ニ近邇セル温ニ於テ再ヒ比較ヲ行フベシ（後略）」
其如何ニ詳細ヲ悉クセシヤ以テ其一斑ヲ想見スルニ足ルヘシ茲ニ於テ内務省所藏ノ米國製端尺式觸接滑動四米測竿ヲ借用シ上記ノ規定ニ基キ矢島十一等出仕等主トシテ測竿ノ比較其他ノ準備ヲ完ウシ

【相模野基線測量ノ実施】愈〻基線測量ヲ実施センカ為メ九月一日桑野十四等出仕先發シ同六日関主管矢島、早乙女、田浦、森本諸出仕（測夫十三名）ノ一行基線地ニ到著シ(43)同九日実測ニ著手シ此間参謀本部次長曽我陸軍中將課長小菅工兵中佐ノ巡視等アリ十月十四日五千二百米許ノ基線測量ト二三ノ研究的試測トヲ完ウシテ順次帰京ノ途ニ就ケリ其精算ノ結果ハ五二〇九米九六九六六七ニシテ其諒必誤差ハ基線全長ノ百七十万分ノ一ヲ出テス其經費ハ撰點作業ヲ通計シテ約千二百五拾円（内二百六十餘円ノ伐木及踏荒損害料ヲ含ム）ナリシト云フ今其観測諸簿（二十有六冊）ニ就テ之ヲ考査スルニ所要ノ緯度及指角ハ三角測量ニ依リテ之ヲ海軍観象臺ヨリ導キタル如キ臨機ノ好手段ト云フヘク「相関人視差比較計算簿」ノ如キ寧ロ過度ノ努力タルノ観ナキニアラスト雖、要スル

(43) 正篇では次のように書き改められている。
「關主管矢島、早乙女、桑野、田浦、森本諸出仕（測夫十三名）ニ依リ」

ニ作業計算ノ方法順序幾ント間然スル所ナク後来ノ基線測量ハ皆此ニ依遵シ漸次僅小部ノ改良進歩ヲ加ヘシニ過キサルヲ見ル又此基線ハ特ニ我部内ニ於ケル第一ノ基線タルノミナラス我帝國ニ於ル最初ノ基線ナリト稱スルヲ得ヘシ盖シ之ヨリ先キ基線トシテ工部省ノ「本所」、開拓使ノ「勇拂」、内務省ノ「那須野」等コレナキニアラスト雖モ此等皆我全國測量事業ニ對シ其功果ヲ完全ニ發揮スルコトナクシテ止ミタレハナリ此年二月會計書記一名宛ヲ各班ニ分属セシメ又今後偵察録ニ於ケル地名ニハ必ス傍訓ヲ要スルコト圖根點寫図ハ本課ニ提出スルコトヲ訓令セラル[45]五月測夫ノ日給ヲ三等ニ分チ貳拾銭乃至参拾銭以内ニ於テ之ヲ支給スヘク改定セラル尋テ十一月測量日當規則ニ改正ヲ加ヘラル八月先年末関主管ノ下ニ矢島出仕等ヲシテ擔任セシメアリタル大地測量事業取調ノ組織ヲ擴張シ更ニ十三等出仕岩永義晴御用掛中原貞三郎ヲシテ之ニ参加セシメ先ツ測手養成ノ基礎トシテ高等数學竝ニ大地測量書ノ編纂ヲ企テ

【田坂工兵大尉帰朝】　十一月工兵大尉田坂虎之助獨逸ヨリ帰朝シ**十年専攻ノ蘊蓄ヲ披イテ**之ニ参與スルニ至リ大地測量ノ事業ハ茲ニ大革新ヲ来タシ

【現制三角測量ノ端緒】　其方式ヲ全然獨逸式ニ更定シ茲ニ現今（大正四年）ニ於ケル三角測量ノ組織及方法ノ端緒ヲ開クニ至レリ即其方針ノ概略ハ

「諸般測量ノ基準ニ供センカ為全帝國ニ一方里ニ二點強ノ密度ヲ有スルニ至ルマテ置石三角點ヲ設置シ且測図ノ梯尺ニ依リテハ尚若干ノ不置石三角點ヲ添加ス之カ為メニ先ツ四吉米内外ノ實地直線ヲ實測シ之ヲ基線ト稱ス一基線

---

(44) 正篇では次のように書き改められている。
「範ヲ之ニ取リ且」

(45) 正篇では次のように書き改められている。
「シカ久カラスシテ止ム」

ニ基キ四十吉米内外ノ邊長ヲ有スヘク三角點ヲ配置シ之ヲ一等三角本點或ハ單ニ一等三角點ト稱ス此等一等三角點ノ連列ガ二百乃至二百五十吉米ニ達スルトキ更ニ一基線ヲ設ケテ之ヲ閉塞シ此両基線間ノ一等三角點ノ連列ヲ一等三角網ト稱ス一等三角網内ニ一等三角點ヲ與点トシテ二十五吉米内外ヲ一邊トスル三角點ヲ設ケテ之ヲ一等三角補點ト稱ス此等一等三角本補点ニ基キ其間ニ約八吉米ヲ一邊トスル三角點ヲ設ケ之ヲ二等三角點ト稱シ二等以上ノ三角點ニ基キ更ニ其間ニ約四吉米ヲ以テ一邊トスル三角點ヲ設ケ之ヲ三等三角點ト稱シ尚必要ナル場合ニハ此以下ニ四等三角點及特種ノ三角點ヲ設置ス此等ノ基線及各三角點ハ「ベッセル」(46)氏ノ算定セル次球体(47)ニ於ル我中等海水面上ニ存在セルモノトシ適切精良ノ手段及方法ニ依リ各関係角ヲ測定シ一等三角網ニ於テハ角方程式及邊方程式ヲ用ヒテ之ヲ平均シ一等補点以下三等點マテハ「ガウス」(48)氏相似複影法ニ依リ之ヲ平均シ次ニ此等ノ平均結果ニ依リ「シュライベル」(49)氏ノ法式ヲ用ヒテ經緯度及方位角ヲ算定シ此等三等三角點以上ニアリテハ標石ヲ埋定シテ此等ノ結果ヲ實地ニ永遠ニ保存スルモノトス又國道ノ如キ大路ニ沿ヒ略二千米ノ一定間隔ニ於テ標石ヲ埋定シ之ヲ一等水準點ト稱シ十数箇若シクハ数十箇ノ一等水準點ヲ連ネテ環線ヲ作リ之ヲ閉塞セシメ其数箇ノ環線ヲ併セテ一ノ網ヲ作ル之ヲ一等水準網ト稱ス此等ノ一等水準點ハ或中等海水面ヨリ起リテ順次ニ直接ニ幾何學的ニ嚴密ナル水準測量ヲ施シ一水準網ヲ終レハ之ヲ規約方程式ニ依リテ平均計算シ各水準點ノ真高

---

(46) Friedrich Wilhelm Bessel、一七八四～一八四六年。

(47) 一九一四年の「大地測量法式」（アジア歴史資料センター資料、C15120053100）では「似球体」と記している。

(48) Johann Friedrich Gauß、一七七七～一八五五年。

(49) Oscar Schreiber、一八二九～一九〇五年。

ヲ決定シ次ニ此等一等水準點ヲ與點トシ必要ナル地方ニ略二千米ノ間隔ヲ以テ標杭ヲ埋設シ之ヲ二等水準點ト稱ス此等二等水準點ノ連列ヲシテ與點間ヲ閉合セシメ之ヲ經線ト稱ス經線ハ[50]第二種ノ直接水準測量ヲ施行シ簡單ニ平均シテ各二等水準點ノ真高ヲ定ム次ニ一等若クハ二等水準ノ某一點ヨリ起リテ附近ノ三角點ニ第三種ノ直接水準測量ヲ施行ス之ヲ覘標水準測量ト稱ス其結果ニ據リ三角術的ニ間接ニ順次ニ各三角點ノ真高ヲ決定ス此両般ノ測量ニ依リ凡テノ三角點ノ獨立位置及各水準點ノ真高定マル

本年度ニ於テ偵察録ノ編纂ヲ参謀本部編纂課ニ移シ「測量軌典」ニ改正ヲ加ヘ

測量助手（副手ト称ス）志望者十数名ヲ試験採用シ且次ノ二會議ニ参與セリ[51]一ハ製図々式ノ統一ヲ企図スル内務省ノ製図法式會議ニハ内務省雇獨逸人「イルウヰン、クニッピング」[52]氏ノ意見ニ基キ

【米突制ノ採用】観測事業ノ尺度ニ英図式ヲ廢シ米突式ヲ採用セントスルノ提議ニシテ一ハ其功果ノ見ルヘキナシト雖モ二ハ[53]課長小菅工兵中佐陸軍委員トシテ之ニ臨ミ之ヲ可決確定セリ又本年度ニ於ル[54]測量課ノ成果ハ前記基線測量ノ外相武常總地方ニ於ル二萬分一地形原図拾参葉ト之ニ應スル図根測量ニシテ**其經費ハ六萬五千円ニ上リ之ニ俸給諸給ヲ通計スレハ拾参万八千八百拾四円餘ニ及ヘリ**

地図課ニ於テハ**引續キ図手ヲ測量課ノ作業地方ニ派遣セシ外**既成二萬分一地図拾参葉ノ集成ヲ完了セリ

（50）正篇では次のように書き改められている。
「徑線ト稱ス徑線ハ」

（51）正篇では次のように書き改められている。
「此ノ年製圖々式ノ統一ヲ企圖スル内務省ノ製図法式會議ニ参與セシモ得ルトコロナクシテ止ミ又」

（52）Erwin Rudolph Theobald Knipping、一八四四〜一九二二年。気象観測の単位としてメートル法の採用を内務省地理局長に進言（クニッピング、一八八二）。

（53）正篇では次のように書き改められている。
「會議アリ」

（54）英仏度日取調委員会（一八八二）。

【彫刻石版ノ開始】又本年十一月多湖實敏ヲ召シ創メテ地図彫刻石版ノ業ヲ起ス其第一版タル清國湖南省図ノ如キ新タニ一生面ヲ開キタルモノナリシトイフ

【明治十六年】○明治十六年二月二十八日測量課ハ愈〻十四年末認可セラレタル主旨ニ依リ

【大地測量ノ分立及編成ノ変更】其組織ヲ改正シテ大地測量、小地測量ノ二部ニ分チ同時ニ其服務假概則ヲ定メ工兵少佐関定暉小地測量長ニ轉シ工兵大尉田坂虎之助大地測量長心得ヲ命セラル其編成[※3]左ノ如シ此ノ編制中下士ハ常ニ副手ノ業ノミニ當リ又漸次（十四年以後）秀抜ナル雇員ニシテ測手ヲ命セラルルモノヲ出スニ及ヒ作業手ハ漸次文官ヲ以テ充員スルニ至レリト云フ

即チ大地測量部ハ大地測量班ノ擴張ニシテ後来三角測量課トナリ三角科トナリ小地測量部ハ後来地形測量課トナリ地形科トナルノ基礎ナリトス茲ニ於テ

大地測量部ハ田坂測量長專ラ獨逸陸地測量部ノ法式ニ準據シ自ラ三角測量ノ模範ヲ作リ併セテ測手ノ訓練ニ任セントシ先ツ所要器械器具ノ「定数表」ヲ定メ之ニ對シテ不足スル經緯儀回照器對数表等ノ補充ヲ申請シ三角點竝ニ水準點標石ノ様式ヲ制定シ之ガ製造ヲ請求シ

【最初ノ正則三角測量】次ニ左ノ「明治十六年大地測量著手順序考案」ノ認可ヲ得直ニ其ノ實施ニ著手シタリ

※3　編成の詳細は次頁以下の表を参照。

測量課		
長	中少佐	一
属員	尉官	一
	下士或文官	二
図籍器械掛	尉官	一
	下士或文官	二
會計	計官	一

	大地測量部		小地測量部		計
長及属員	少佐	一	仝	右	一二
	尉官	一	仝	右	
	下士或文官	二			
	會計書記	二			
班長	少佐或大尉	一	大中尉	五	一一
	尉官或文官	一	尉官或文官	一	
	大尉	二			
	大中尉	一			
作業手	中小尉或文官	四	中少尉	一〇	一四三
	下士或文官	三〇	下士或文官	九九	
計	四五		一二一		一六六

考備

大地測量部					
長	少佐	一			
属員	尉官	一	下士或文官	二	會計書記　二

班	班	班長	作業手	作業手	計
第一班	一等三角	少佐或大尉　一	副手中少尉或文官　一 造標下士或文官　一	測夫　一〇	一三
第二班	二等三角	大尉　一	測手中少尉或文官　三 副手下士或文官　三	仝　六	一三
第三班	三等三角	仝上　一	測手　仝　六 副手　仝　六	仝　一二	二五
第四班	水準一等	大中尉　一	測手　仝　二 副手　仝　二	仝　八	二一
	水準二等		測手　仝　二 副手　仝　二	仝　四	
第五班	集成	尉官或文官　一	集成手　仝　三 副手　仝　三		七
計		五	三四	四〇	七九

考備

第一班ノ測量ハ班長自ラ之ヲ施行スルヲ以テ別ニ其測手ヲ置カス○仝班測夫十名ノ内八名ヲ以テ照日鏡手ニ充テ二名ヲ以テ測量ノ雜役ニ充ツルモノトス○第一、第三、第四班ノ副手ハ造標手ニ兼任シ其測夫ヲ工役ニ充ツ○第五班ハ測量ノ成果ヲ検査シ之ヲ編纂整頓シ三角標及水準標ノ記録及學業上ノ記録ヲ司リ図籍ヲ管理シ時トシテハ器械ノ検査ヲ司ルモノトス

小地測量部			
長 少佐	一		
属員 尉官	一		
下士或文官	二		
會計 書記	二		

班		班長	主管	作業手		計
第一班	図根	大中尉 一		測手 下士或文官 一 副手 全 一	測夫 三	三二
	砕部		中少尉 二	全 八 全 八	八	
第二班	図根	全 一		一 一	三	三二
	砕部		中少尉 二	八 八	全 八	
第三班	図根	全 一		一 一	三	三二
	砕部		中少尉 二	八 八	全 八	
第四班	図根	全 一		一 一	三	三二
	砕部		全 二	八 八	全 八	
第五班	図根	全 一		一 一	三	三二
	砕部		全 二	八 八	全 八	
第六班	豫業及臨時務	尉官或文官 一		豫業手 全 四 測手或副手 全 五		一〇
計		六	一〇	九九	五五	一七〇

備考　第六班ノ豫業手ハ測板ノ界線及三角点ヲ計畫シ学業上ノ記録ヲ司リ図籍ヲ管理スルモノトス○大地測量未成ノ地ニ在リテ小地測量ヲ施行スル時ハ従前ノ編成ニ據ルモノトス

「四月十四日ヨリ東京周囲水準測量線路視察ヲ始メ次テ該作業豫行演習ヲ施行シ且ツ三角測量著手ノ準備ヲナス而シテ水準測量及ヒ三角測量探点ヲ兼ネ今二十日ヲ以テ再ヒ造標手ト共ニ東京ヲ發シ都築郡連光寺村ニ於テ探点シ基線第一増大「長津田村」測點ノ造標ニ著手シ該構造完了ノ後ハ一般測櫓ノ構造ヲ造標手ニ委任シ右構造中渡部工兵大尉ト共ニ該地ヲ出發シ東海道高根村浅間山ニ於テ探點シ小田原驛ヲ經過シ箱根山邊ヲ巡視ス（此所ヨリ渡部工兵大尉ヲシテ駿州吉原驛及岩渕村ニ到リ該地近傍水準線路ノ視察ヲ終ヘ同所ヨリ再ヒ連光寺村ニ帰リ覘標構造ヲ管理セシム）後再ヒ東海道ヲ經過シ横須賀ニ到リ該地ヨリ木更津ニ渡海シ鹿野山ヲ探点シ且造標ニ從事シ然ル後再ヒ東京ニ帰リ水準標柱置定ノ方法ヲ指示シ引續キ之ヲ實施セシメ五月中旬測器ヲ携ヘ三度東京ヲ發シ蓮光寺村ノ測站ニ至リ角測量ニ從事ス（此ト同時ニ二等測手ヲシテ測器ヲ携ヘ連光寺村ニ至ラシメ該所ニ於テ仝測手ニ最初ハ二等測器ノ使用法ヲ指示ス而シテ該手ハ引續キ覘標構造及角測量ニ從事ス）即チ基線第一増大ヨリ第二、第三増大ニ至ラシメ終ニ内務省地理局一等三角網ニ結合セシム該観測ハ凡ソ六月下旬ニ於テ完了スルナラン乎時恰モ梅雨ノ候ニ際スルヲ以テ専ラ内作業即チ基線網及一等三角網ノ計算ニ從事スヘシ然レトモ假令此計算ヲ完了セサルモ時期既ニ梅雨ヲ過クレハ再ヒ外作業即チ探点造標及測角ニ從事ス而シテ此外作業ハ大凡十一月終末ニ於テ完成スルナラン

本年大地測量ニ從事スル人員ハ

一等三角測量　工兵大尉　渡部當次　十等出仕　矢島守一
十四等出仕　桑野庫三
二等三角測量　十等出仕　三原　昌　十五等出仕　田浦安静
一等水準測量　十二等出仕　日和佐良平　十三等出仕　奈佐　榮」

作業ハ此ノ豫定ノ順序ヲ以テ開始シタリ然モ其進捗ハ順潮ニアラサリキ盖シ目的ノ多端ナルト各種ノ測量事業ヲ同一地方ニ同時ニ著手セルト測量ノ不充分、測夫ノ不熟練之ニ加フルニ地勢的天候ノ不良ナリシトハ其主因ナリシカ如シ即チ何レノ事業モ年、終ヲ告ケテ豫定作業ノ終ヲ告ケシモノアラス翌年二月ニ亘リシモノアリシト雖モ終ニ豆相及上總、武藏、駿河ニ跨リ一等三角ハ撰点造標観測ヲ完成スルコト約五一五方里其一部ニ於テ二等三角測量ヲ完了スル十四點（約八十一方里）[55]又特ニ「相模野」基線ノ東北方ニ於テ約十八方里ノ三等三角測量ヲ矢島十一等出仕ニ依リテ完成セラレタリ

【特種ナル三等三角測量】此特殊ナル三等三角測量ノ目的ハ明年十月一日米國華盛頓府ニ萬國普通計時報ノ標點及經度ノ零點決定等測地ニ関スル列國會議[56]開設ノ擧アリ我カ國亦之ニ参同シ測地ノ方法既成地図等ヲ提出スルノ要アリ

【三角測量ニ基キタル最初ノ地図】遽カニ在来ノ図根三角點ヲ以テ三等三角點ニ充テ此測量ニ依リテ経緯度ヲ求メ之ニ據リテ同地方仮製地形図ニ確實性ヲ與フルノ必要アリシニ依ルモノノ如シ翌年十月該委員東京大學教授菊池大麓ハ此等ノ成果ヲ携ヘテ同會議ニ列シ帝國測地事業ノ面目ヲ完フセリト云フ

---

(55) 正篇では次のように書き改められている。「一等撰點三百五十四方里同造標三百六十三方里同觀測百五十八方里二等三角測量四十六方里ニ及ヒ」

(56) 翌（一八八四）年にワシントンで開かれる予定であった、国際的に共通する本初子午線の決定をめざす国際子午線会議（万国子午線会議）をさす。

【最初ノ正則水準測量】　又水準測量ハ東京周圍ニ於テ二十五里間ノ埋石ト其約一半ノ観測トヲ完了シ此創始ノ三角測量ハ略〻其目的ヲ達成セリ

【小地測量作業ノ刷新】　小地測量部ニ於テハ先ツ「小地測量假概則」及「測量軌典」ヲ改正修補シ従来ノ大測板ニ於ケル實地測図ヲ其四分ノ一ナル小測板測図ニ改メ其清繪モ製図課図手ヲ待タスシテ微細ナル部分ハ實地ニ於テ其他ハ帰京後ノ内業ニ於テ測手自ラ之ニ當リ又図式ハ十三年以来主トシテ佛國式ニ據ル渲彩多色記號図式（附図第八）ニ換フルニ専ラ獨逸式ニ基ク一色線号図式ヲ以テシ其他會計専務書記ノ出張ヲ全廢スル等大ニ刷新ヲ加ヘ五班全部外業ニ従事シ内務省地理局三角點ヲ利用シテ相武常總ニ亘リテ二萬分一図二十六葉ヲ完成セリ

此年本課ニ於テハ一月發著簿ノ制ヲ定メテ従来ノ出發帰京ノ届書ニ代ヘ二月外業ニ於ル測夫傭夫ニ増働給ノ給與ヲ聴シ

【学事取調掛】　三月學事取調掛ヲ新設ス盖シ在来ノ大地測量事業取調掛ヲ一層擴張シテ之ヲ一般ナラシメタルモノナリ矢島十一等出仕、岩永十三等出仕、中原古家両御用掛之ニ列シ工兵中尉宇佐美宜勝、同野村内藏輔七等出仕石丸三七郎、十等出仕高橋琢也、十五等出仕出仕久重祥藏等之ニ参シ大地測量所要ノ諸常数ノ計算竝ニ測手養成ニ関スル諸調査ヲ進メ同年九月工兵大尉早川省義之カ長トナリ事業益〻其緒ニ就キ「数理提要」「大地測量學講本」「初級最小方数法」(57)等須要ナル図書ノ編纂漸次其稿ヲ脱シ且獨逸式測量諸簿ノ飜譯等又逐次ニ

(57) 正篇では次のように書き改められている。
「數理提要」「大地測量學講本」「地形學」「初級最小方數法」「標高平面幾何學」

成ル三月二十七日課長小菅工兵中佐工兵會議々員及地図課長ニ兼補セラレ関工兵大尉ハ工兵少佐ニ進ミ其他各吏員ノ昇等昇級スルモノ甚タ多シ

【水準點保護ノ申請】五月三十一日水準點設置ハ主任出張官直チニ各関係者ニ交渉シテ之ヲ遂行シ其保護ハ各地方官署之ニ任セラレンコトヲ申請シ聴許セラル而シテ本年度ノ經費ハ金参万八千四百円俸給諸給金七萬六千弐百〇六円八拾銭測量費（内金九千九百円大地測量費金五萬参千参百四拾八円八拾銭小地測量費金壱万四百五拾八円測夫給料金貳千五百円器械雑品消耗品費）即チ合計拾壱万四千六百〇六円八拾銭ナリシト云フ

【地図課編成改正】又地図課ニ於テハ二月七等出仕石丸三七郎本課ニ入リ四月編成ヲ改正シテ[※4]トナシ以テ小地測量地図ノ上版印刷ニ著手シ六月嘗テ分離シタル印刷事業ヲ回収シ八月測量課々僚早川工兵大尉地図課々僚ヲ兼ネ九月「地図課事務假條項」ヲ定ム蓋シ前ノ地図課服務概則ヲ敷衍詳述シタルモノ課務ノ分掌ヲ属員、學事取調掛、檢査掛、全國圖掛、臨時図掛、印刷掛トシ各掛ニ於テ別ニ其長ヲ定メスト雖モ其上級古参者ヲ以テ其責ニ任セシメ詳細ニ各掛ノ主務及相互ノ連絡ヲ規定セリ而シテ本年ニ於テ集合、清繪、伸縮図、木版、石版、亜鉛版、着色版等ノ版下二千〇五十七枚、石版七十四種、寫真五百餘葉ヲ完成セリ

※4　詳細は次頁の表参照。

地図課		備考
長	少佐或大尉 一	表中図手ハ下士或ハ文官ヲ以テ之ニ充テ他ハ文官ヲ以テ之ニ充ツルモノトス
属員	尉官 一	
	下士或文官 二	
	會計書記 一	

班	第一班 十万分一図	第一班 二万分一図	第二班 印刷	第二班 寫眞	第二班 電氣	第三班 修正	第三班 臨時務	計
班長	尉官或文官 一		尉官或文官 一			尉官或文官 一		三
検査手			一					一
図手	一二					二	三	一七
銅版手	二					一		三
石版手		二	一			一	一	五
電氣作業手					一			一
銅版印刷手			一					一
石版印刷手			二				一	三
写真手				一				一
校正手	二	二						四
助手			三	一			一	五
計	一六	四	八	二	一	四	六	四一
通計	二一		一二			一一		四四

【明治十七年】【内務省三角測量ノ合併】○明治十七年六月三十日山縣参謀本部長ハ大山陸軍郷(58)ヨリ左ノ通牒ニ接ス(59)

「内務省所属大三角測量事務自今参謀本部ノ管轄ニ属セラレ候條右事務仝所ヨリ可請取此旨相達候事

陸軍省」

(58)「郷」は「卿」の誤記と考えられる。

(59) 正篇では次のように書き改められている。「左ノ達アリ」

明治十七年六月二十六日

大政大臣　三條實美」

尋テ参謀本部ハ之ヲ測量課ニ移管セシム茲ニ於テ全國三角測量ノ事業ハ全ク統一ニ帰シ内務省ニ於ケル同事業ノ定額經費壱万三百餘円ヲ移入シ英製十八「インチ」經緯儀壱箇、英製十二「インチ」經緯儀貳箇、米製十二「インチ」經緯儀貳箇其他六分儀、羅針盤、望遠鏡、回照器等数十點ノ器具ヲ移管シ且ツ関係職員十一等出仕館潔彦、同関大之、十二等出仕三輪昌輔外四名ヲ轉任セシメテ之ヲ大地測量部ニ編入セリ

大地測量部ニ於テハ此年三月「大地測量各班使用器械雜具及消耗品」ヲ規定シ「周報用紙」ヲ頒布シテ後年「定数表」及「旬報用紙」ノ端ヲ開キ且ツ「諸証書雛型」ナル証書様式ヲ規定シ豆相駿遠地方ニ亘リテ各等三角測量及水準測量ヲ開始シタリ

【三角測量基本原子ノ測定】之ヨリ先キ昨冬来矢島十一等出仕カ作業中ナリシ海軍観象台（麻布飯倉今ノ天文臺）ニ於ケル其經緯度點ト我一等三角點トノ連絡竝ニ指角測定事業ハ本年二月之カ完成ヲ告ケ次ノ結果ヲ得タリ[※5]

且ツ同臺子午圈儀ノ中心ヲ通スル子午線ト輿地緯度三十六度[(60)]ノ平行圖トノ交点ヲ原點トシ似真複影法ニ依リテ平面直角座標ヲ組織シ我三角測量ノ基本原子即チ定レリ然レトモ此等ハ後年天文臺原子ノ改正及其他ノ事故ニ依リ改算セラレ

※5　**詳細は次頁の表参照。**

(60)　正篇では次のように書き改められている。
「尚ホ一等三角點ヲ通スル子午線ト「ガウス」球上緯度三十六度（輿地緯度三十六度三分三十四秒九五二二八）」

	東京（一等三角點）				
經度	139°	44'	58"	4852	E
緯度	35°	39'	17"	1738	N
鹿野山（ニ対スル方位角）（一等三角点）	156°	27'	56"	633	

タルヲ以テ要スルニ或一時期間ノ成果タルニ過キス(61)

小地測量部ハ大阪地方ニ於テ図根測量、水戸地方ニ於テ碎部測量ニ従事シ尚長崎、伊勢崎方面ニ特種測量ニ着手シ而シテ地図課亦著々其常務ヲ進行シタリ

【測量局新設ノ先聲】　八月十五日陸軍省ハ稟議シテ曰ク

「参謀本部測量ノ儀ハ従前一小地ノ測量ニ従事致居リ即條令面地形測量ノ組織ニ相成居候所追々事業相進ミ既ニ昨年来大三角測量ニ著手致シ有之且今般内務省所属三角測量事務該部へ合併ニモ相成㕁ニ付此際全國測量ノ規模ヲ相立度然ルニ従来測量課ノ組織ニテハ此擴張ノ事業擔當シ得難キ儀有之候間該部内ニ一局ヲ置キ右事務為取扱候様致度就テハ該部條例中測量ニ関スル事項其他改正ヲ要スル箇條別紙ノ通リ御改正相成度此段及上申候也

追テ本文條令改正ノ儀ハ何レモ急ヲ要シ候儀ニ有之候間至急御決定相成候様致度此段副申候也」

(61) 正篇では次のように書き改められている。「後年更ニ之ヲ改算セリ」

参事院ハ之ヲ容レテ

「別紙陸軍省上申参謀本部條例中改正ノ件審査スル處左ノ如シ

上申ノ要旨ハ測量ノ事業ヲ擴張スル為メ参謀本部内ニ測量局ヲ置キ其事務ヲ管掌セシメントス仍テ本部條例中測量ニ関スル條欵ヲ改メントスル

ニ在リ右ハ稟申ノ通裁可セラレ可然ト認ム」[62]

【測量課時代終ル】　茲ニ於テ我測量課ハ一進轉シテ次ノ測量局時代ニ入ル

（62）アジア歴史資料センター資料「参謀本部条例改正致度協議の件」Ref.C04031184600には、この文章のもとになったと推定される陸軍卿西郷従道袘の参謀本部長山縣有朋の協議書（明治十七年八月六日）がみられる。

前編　下　自明治十七年九月至明治二十一年五月測量局時代

【測量局新設】○明治十七年九月八日参謀本部條例ヲ改正シ測量課竝地圖課ヲ廢シ之ヲ併合シテ新ニ測量局ヲ設ケ「本邦ノ全國地圖及諸兵要地圖ノ編纂ヲ掌リ局ヲ分チテ三角測量、地形測量、地図ノ三課トシ尚課ヲ数班ニ分チ作業ヲ分掌（第二十二條）」セシメラレ[63]翌九日参謀本部測量局服務概則ヲ定メラル曰ク（法規分類大全兵制門）

【測量局服務概則】

第一條　測量局ノ官員ハ局長大中佐一名課長少佐三名班長大尉十三名及課僚若干名トス

第二條　局長ハ本部長ノ命ヲ奉シ局務ヲ總理シ官僚ノ勤惰ヲ視察シ業務ヲ分配シテ其進歩成績ヲ規定シ首トシテ内國図及諸兵要地図ノ調製、編纂其格護竝ニ其用ニ供スル諸器械物料ヲ管掌ス

第三條　局ヲ分チテ三角測量地形測量及地図ノ三課ト為シ更ニ課ヲ数班ニ分チ其業務ヲ分掌セシメ局内別ニ課僚及器械掛ヲ置キテ庶務ヲ整理シ器械ヲ整頓セシム

第四條　三角測量課ハ全國ニ三角及水準網ヲ敷置シテ諸地図調製ノ基礎ヲ設爲スルノ作業ヲ管掌ス

第五條　地形測量課ハ三角網内ニ於ケル地形ヲ測量シテ内國図ノ原図ヲ調製スルノ作業其他諸兵要測量ヲ管掌ス

（63）正篇では次のように書き改められている。
「本改正ハ曩ニ内務省所管ノ三角測量ヲ合併シ且全國測量事業ノ方針確立スルト同時ニ其ノ事業ノ範圍擴大シタルニ由ルモノニシテ我事業ニ一新時期ヲ劃セルモノナリ仍リテ之カ要項ヲ抄録セントス曰ク」

第六條　地図課ハ地形測量ニ依テ製出シタル原図ニ基キ内國図ノ編纂調製シ且其図ヲ格護シ其他外邦図及諸兵要地図畫図ヲ調製スルノ作業ヲ管掌ス（以下十一箇條略之）

之ニ附属シテ編制ヲ定メラルル次ノ如シ(64)※6

【各課服務概則】尋テ各課服務概則ヲ定メラル（法規分類大全兵制門）其第一章ニハ総則トシテ各課隷属ノ関係業務ノ大綱ヲ示シ第二章第三章ヲ以テ課長課僚ノ職務ヲ規定シ第四章以下ニハ三角測量課ニ在リテハ第一班乃至第四班長、一等三角測手、二等三角測手、三等及四等三角測手、一等水準測手、二等水準測手、集成手、副測手、造標手ノ各職務ヲ規定シテ通計十五章百三十六條ニ及ビ地形測量課ハ第一乃至第五班長、第六班長、第一班乃至第五班検査手、第六班検査手、第一班乃至第五班測手、臨時務測手ノ職務ヲ規定シテ通計九章百五十條ニ及ヒ地図課ニ於テハ班長、技術職員ノ職務ヲ規定シテ通計八章百三十二條ニ及ヒ皆能ク前ヲ承ケ後ヲ開キ三課鼎立、而モ首尾一貫秩然タル體制此時ニ成ルモノト謂フヘシ而シテ其總則ト稱スルモノハ各課作業ノ大綱ニシテ同時ニ測量局業務ノ大體ヲ説明セルモノニ異ラサルヲ以テ茲ニ其全文ヲ採録ス

（三角測量課服務概則）第一章　總則

第一條　三角測量課ハ測量局ニ隷シ三角測量一般ノ業務ヲ管掌スルノ所トス

第二條　業務ヲ分テ三トス三角測量、水準測量及集成是ナリ三角測量ハ三角

(64) 正篇では次のように書き改められている。「次テ局内各課ノ編制ヲ改正ス」

※6　詳細は次頁以下の表を参照。

測量局		計
長	大中佐 一	
課僚	大中尉 一 下士（文官）一	
器械掛	大中尉 一 下士（文官）四	八

課	三角測量課	地形測量課	地図課	計
長及課僚	少佐 一 中少尉 一 下士（文官）一	少佐 一 中少尉 一 下士（文官）一	少佐 一 中少尉 一 下士（文官）一	九
班長	大尉 四	大尉 六	大尉 三	一三
技術職員	大尉（相當文官）一 中少尉下士（文官）一〇 下士（文官）四四	中少尉下士（文官）二八 下士（文官）八〇	中少尉（文官）一 下士（文官）五二	二一六
計	六二	一一七	五九	二三八

備考　表中技術職員ハ事業ノ都合ニ依リ増減スルコトアルヘシ

将校下士及文官職員表

大中佐	一
少佐	三
大尉	一三
大尉（相当文官）	一
大中尉	二
中少尉	三
中少尉（相当文官）	一
中少尉下士（文官）	三八
下士（文官）	一八四
計	二四六

三角測量課	計
課長　少佐　一 課僚　中少尉　一 下士（文官）　一	三

班	業	班長	技術職員	役夫	計
第一班	一等三角	大尉　一	測手大尉（相當文官）　一 副測手中少尉下士（文官）　一 造標手下士（文官）　一	測夫　一〇	二六
	二等三角		測手中少尉（文官）　三 副測手下士（文官）　三	測夫　六	
第二班	三等及四等三角	大尉　一	測手下士（文官）　二 副測手下士（文官）　二	測夫　二四	四九
第三班	一等水準	大尉　一	測手下士（文官）　四 副測手下士（文官）　四	測夫　一六	四一
	二等水準		測手下士（文官）　四 副測手下士（文官）　四	測夫　八	
第四班	集成	大尉　一	集成手中少尉下士（文官）　六		七
計		四	五五	六四	一二三

地形測量課	計
課長　少佐　一 課僚　中少尉　一 下士（文官）　一	三

班	業務	班長	技術職員	役夫	計
第一班	内國図	大尉　一	検査手中少尉（文官）　二 測手下士（文官）　一六	測夫　一六	三五
第二班	内國図	大尉　一	検査手中少尉（文官）　二 測手下士（文官）　一六	測夫　一六	三五
第三班	内國図	大尉　一	検査手中少尉（文官）　二 測手下士（文官）　一六	測夫　一六	三五
第四班	内國図	大尉　一	検査手中少尉（文官）　二 測手下士（文官）　一六	測夫　一六	三五
第五班	内國図	大尉　一	検査手中少尉（文官）　二 測手下士（文官）　一六	測夫　一六	三五
第六班	臨時務及集成	大尉　一	検査手中少尉（文官）　二 測手中少尉下士（文官）　一二 集成手中少尉下士（文官）　四	測夫　一二	三一
計		六	一〇八	九二	二〇六

地圖課		計
課長	少佐 一	
課僚	中少尉 一	
	下士（文官） 一	
		三

班	業	班長	技術職員	役夫	計
第一班	内國図	大尉 一	校正手 下士（文官） 二 図手 下士（文官） 一四 銅版手 下士（文官） 二 石版手 下士（文官） 六		二五
第二班	修正 印刷 写真 及電氣術	大尉 一	検査手 中少尉（文官） 一 電氣術手 下士（文官） 一 寫真手 下士（文官） 三 銅版手 下士（文官） 一 石版手 下士（文官） 二 印刷手 下士（文官） 四	印刷夫 四	一七
第三班	臨時務	大尉 一	図手 下士（文官） 一六 石版手 下士（文官） 一		一八
計		三	五三	四	六〇

網ヲ全國ニ布置シテ各點ノ距離及輿地學上ノ縦横線ヲ算出シ水準測量ハ水準網ヲ全國ニ擴張シテ海水面上ニ於ル各所ノ高程ヲ確定シ集成ハ測定セシ所ノ計算ヲ検算集成シテ三角點明細表及展開図ヲ調製ス

第三條　三角測量課ヲ分テ四班トシ左ノ業務ヲ分掌セシム

第一班　一等及二等三角測量

第二班　三等及四等三角測量

第三班　一等及二等水準測量

第四班　集成

第四條　業務ノ順序ハ三角測量ヲ四次、水準測量ヲ三次ト為ス三角測量ニアリテハ一等三角ノ撰點造標測角及計算ヲ以テ一次トシ二等三角ノ作業ヲ以テ二次トシ三等四等ノ作業ヲ以テ三次トシ集成ヲ四次ト為ス水準測量ニ在テハ道線測量ヲ以テ一次トシ經線測量ヲ以テ二次トシ及覘標測量ヲ以テ三次ト為ス

第五條　作業ヲ外業及内業ノ二期ニ分ツ外業ハ撰點造標及測角ヲ實行スルモノニシテ内業ハ外業ノ成果ヲ計算シ且之ヲ集成スルモノナリ

第六條　第一、二、三班ハ内外業ヲ執リ第四班ハ専ラ内業ヲ執ルモノトス

第七條　外業期ハ第一乃至第三班ニ在テハ年々七箇月ト為シ七月ニ於テ之ヲ始メ翌年一月ニ終リ第三班ニ在テハ八箇月間トシ四月ニ於テ之ヲ始メ十一月ニ終ルモノトス

第八條　前條　外諸月之ヲ内業期ト為ス而シテ外業ノ準備及其残務ノ完結ハ此期ニ於テ豫メ刻スル日限内ニ之ヲ為サシムルモノトス

第九條　服務ノ細科ハ別ニ設クル所ノ内則ニ準據セシム

第十條　作業法ハ別ニ設クル所ノ教則ニ準據セシム

（地形測量課服務概則）第一章　總則

第一條　地形測量課ハ測量局ニ隷シ地形測量一般ノ業務ヲ管掌スルノ所トス

第二條　業務ヲ分テ三ト為ス定務臨時務及集成是ナリ定務ハ図解測法ニ據テ二萬分一内國図ノ原図ヲ製シ臨時務ハ臨時ノ指命ニ應シ地形學上諸種ノ測法ニ據テ諸種ノ軍用地図ヲ著シ或ハ在来地図ノ修正測量ヲ為シ及集成ハ定務竝ニ臨時務ノ為メ豫業ヲ行ヒ及完成諸原図ヲ校訂スルモノトス

第三條　地形測量課ヲ分チテ六測量班ト為シ第一ヨリ第五ニ至ルノ五班ヲ以テ定務ヲ掌ラシメ第六班ヲ以テ臨時務及集成ヲ掌ラシム

但シ臨時務ニ多数ノ人員ヲ要スル時ハ一時定務測量班ヲ以テ之ニ充ツルモノトス又別ニ課僚ヲ置テ庶務ヲ掌ラシム

第四條　第一ヨリ第五ニ至ル各班ハ長一名、検査手二名及測手十六名ヲ以テ編制シ第六班ハ長一名検査手二名測手及集成手十六名ヲ以テ編制ス而シテ検査手以下ノ職員之ヲ技術職員ト唱フ但シ業務ノ都合ニ依リ一時此人員ヲ変換スルコトアルヘク及第十三條ノ業務ノ為メニハ測手ノ半数ヲ以テ主任者ト為シ其他ノ半数ヲ之ニ属セシメテ其作業ヲ補助セシムルモノトス

第五條　定務ノ一連施行ヲ一年間ト為シ之ヲ外、内業ノ二期ニ分ツ外業ハ実地ニ於テ原図ノ図稿ヲ製スルモノニシテ内業ハ課内ニ於テ原図ノ図画ヲ完成スルモノナリ但シ外業部署ノ都合ニ由リ一連施行ヲ半年間ト為スコトアルヘシ又臨時務ニ在リテハ一連施行ノ時間及ヒ内外業ノ期ヲ

豫定シ難シト雖モ其時々概ネ定務ニ準シテ之ヲ定ムルモノトス此一連施行之ヲ一測面ト唱フ

第六條　外業期ハ暖國ニ於テハ九月ヨリ四月ニ至ル八箇月ト為シ寒國ニ於テハ三月ヨリ十月ニ至ル八箇月ト為スヲ常トス但シ嚴寒多雪ノ國ニ在テハ四月ヨリ九月ニ至ルノ六箇月ト為スコトアルヘシ又半年間ノ測田ニ於ル外業期ハ三月ヨリ六月ニ至リ及九月ヨリ十二月ニ至ル四箇月ト為ス

第七條　前條ノ外ノ諸月之ヲ内業期ト為ス而シテ外業ノ準備及其残務ハ此期内ニ於テ豫メ刻スル日限内ニ之ヲ為サシムルモノトス

第八條　二萬分一内國図ノ図郭ノ大サハ經度六分緯度四分ニ相應シ而シテ其原図ハ四箇小測板ニ分テ製造スルモノナリ故ニ小測板ノ大サハ經度三分緯度二分ニ相應スルモノトス

第九條　二萬分一内國図ノ影法ニハ多面體影式ヲ用ヒ而シテ其子午線ハ英國緑威観象台(65)ヨリ起算スルモノトス

第十條　二萬分一内國図ノ各葉ニハ其図葉ニ載スル著名ナル地名ニ由テ名號ヲ附シ及十萬分一内國図葉内ノ位置ニ應スル一順ノ数號ヲ附ス

第十一條　一年間ノ測回ニ於テ各測手ニ課スヘキ小測板ノ数ハ地形ノ難易及其他ノ事情ニ関シテ變化シ八測板ヨリ四測板ニ至ルモノトス

第十二条　定務ニ於テ毎歳完成セシムヘキ測量地ノ廣袤ハ四百方里ニシテ概ネ

---

(65) グリニッジ天文台。

百箇ノ図葉ニ相應スルモノトス

第十三條　未タ三角測量ヲ施行セサル土地ニ於テ定務ヲ施行スル時ハ其前ニ地形學上ノ三角測量ヲ施行ス此測量ハ図解測法ニ由テ施行シ図解直角縦横線法ニ由テ三角點ノ位置ヲ決定シ及幾何水準測量或ハ三角水準測量ニ由テ其點ノ真高ヲ決定シ以テ図根點明細表ヲ製出ス之ヲ図解図根測量ト名ク此測量ハ定務或ハ臨時務ニ於テ施行セシメ図解及水準測量ノ完成ヲ以テ外業ト為シ図根點明細表竝ニ其写表ノ製出及小測板ニ於ケル図根點ノ展開ヲ以テ内業ト爲ス然ル時一測手ニ課スヘキ大測板ノ数ハ一箇年ノ測回ニ於テ六測板ヨリ八測板ニ変化ス而シテ其大測板ノ図郭ノ大サハ其測量地ノ中等緯度ニ於ケル二萬分一内國図ノモノニ同シカラシム

第十四條　日々ノ勤務時間ハ外業ニ於テ八時間以上ト為シ内業ニ於テハ定時間ヲ以テス但シ内業日限内ニ其課業ヲ完成シ難キモノ及課務或ハ班務ノ繁多ナル時ハ此例ニ據ラス

第十五條　外業間ハ三大節及大祭日ニ於テ休業セシム

第十六條　服務ノ細科ハ別ニ設クル内則ニ準據セシム

第十七條　作業法ハ別ニ設クル所ノ教則ニ準據セシム

（地図課服務概則）第一章　總則

第一條　地図課ハ測量局ニ隷シ地図調製一般ノ業務ヲ管掌シ及内國図ヲ収藏

保護スルノ所トス

第二條　地図課ヲ分テ三班ト爲シ其業務ヲ分掌セシメ又別ニ課僚ヲ置テ庶務ヲ掌ラシム

第三條　第一班ハ二萬分一、十萬分一及二十萬分一図即チ内國図ノ製図製版ヲ掌ル

第四條　第二班ハ内國図ノ修正諸図ノ印刷竝ニ寫真及ヒ電氣術上ノ製図其他總テ印刷ニ関スル學術ノ調査ヲ掌ル

第五條　第三班ハ外邦図及ヒ臨時指命ニ應スル地図畫図ノ調製ヲ掌ル

第六條　課僚即チ庶務掛ハ課内庶務ノ整理及内國図竝ニ其諸版ノ収藏保護等ヲ掌ル

第七條　二萬分一図ノ大サハ經度六分緯度四分ニ相應スルモノニシテ其原図ハ經度三分緯度二分ニ相應スル所ノ地形測量課ニ於テ製造シタル原測図四枚ヨリナルモノトス

第八條　十萬分一図ノ大サハ經度三十分緯度二十分ニ相應ス而シテ其原図ハ前條ノ二萬分一図ヲ用フ故ニ十萬分一ノ図片ハ二萬分一図二十五片即チ二萬分一原図百枚ヲ含有スルモノトス

第九條　二萬分一図ハ兵事若クハ其他ノ所要ニ應シ本部長ノ命ニ因テ石版或ハ銅版ニ上刻シ而シテ其他ノ原測図ハ寫真ヲ以テ模範図ノミヲ製シ原測図ト異別ノ図室ニ之ヲ収藏スルヲ例トス

第十條　十萬分一図ハ即チ我國ノ兵要地図ニシテ一目地形ヲ観察セシムル為水準線[66]ヲ廢シ暈滃ヲ以テ地形ヲ現示シ夥多ノ獨立標髙ヲ記載シ銅版或ハ石版ニ上刻スルモノトス

第十一條　二萬分一図及十萬分一図ノ影法ハ多面体影式ヲ用ヒ其經度ハ英國緑威観象臺ヨリ起算スルモノトス而シテ此二種ノ図即チ地形測量課ニ於テ定式ニ據テ製造シタル原測図ヨリ成ル所ノ図ヲ正則ノモノトス

第十二條　既ニ地形測量ヲ施行スト雖モ大三角點ニ據ラス假ニ製造スル二萬分一内國図ハ地ノ弧形ヲ顧ルコトナク比較表面ヲ平面ト看做シ單ニ小地理図學ノ定法ニ基キテ製造スル者ニシテ其図郭ノ大サハ凡其地方ノ中緯度ニ於ル経度六分緯度四分ノ長ニ相當スル矩形トス而シテ其製版ハ電氣銅版或ハ轉寫石版ヲ用フルヲ一般トス

第十三條　地形測量ヲ施行スヘキ地或ハ施行セサル地ノ諸地図ヲ編纂シ以テ假ニ二十萬分一ノ兵要地図ヲ製造ス此図郭ノ大サハ經度一度緯度四十分ニ相應セシムルモノニシテ其經緯度ハ局ノ内外ヲ問ハス既測ノ度ノ最モ信憑スヘキモノニ據リ影法ハ多面体影式ヲ用フ而シテ其製版ハ電氣銅版或ハ轉寫石版ヲ用フルヲ常トス

第十四條　以上二種ノ図ヲ假内國図ト稱ス而シテ正則図ト否トニ係ラス一種図毎ニ番號ヲ附シ其図中ノ最著名ナル地區ノ名稱ヲ其図名ニ命スルモノトス

---

(66) 等高線をさす。

第十五條　二萬分一図ハ一年内ニ完成セシムル總数ヲ約二十二片トシ十萬分一図ハ四枚即チ凡ソ四百方里ノ地図ヲ完成セシメ殆ト地形測量課ニ於テ製造スル所ノ地積ニ相應セシム又二萬分一ノ假図ハ一枚二月乃至三月ニシテ成リ二十萬分一図ハ地形測量既成ノ地ニ属スルモノハ一枚凡ソ六箇月否サルモノハ凡ソ四箇月ニシテ成ルヘシ而シテ此図ヲ製出スルノ間ハ十萬分一図調製ノ数量ノ幾分ヲ減少スルモノトス

第十六條　業務極メテ繁多ナルトキハ若干ノ課員ヲシテ定刻限ノ外ニ服務セシム然ル時ハ課長ヨリ局長ニ經伺シテ其時限ヲ定ムルモノトス但職工ノ服務時限ハ常ニ八時間トス而シテ至急ヲ要スル時ハ課長ハ此時限外ニ服務セシムルコトアリ

第十七條　内國図ハ印刷ノ数ニ定限ヲ置カスト雖モ製版成ルノ時之ヲ印刷ニ附スヘキ数ハ凡ソ一部一千枚トス但假図ハ此限ニアラス

第十八條　外邦図ノ製造法ハ別ニ定式ノ設アリト雖モ概シテ内國ノ假図即チ二十萬分一図ニ準シテ製造スルヲ常トス

第十九條　臨時ノ指命ニ從テ製造スル地図畫図ノ製造法ノ如キハ其時ニ際シ評議決定スルモノナルヲ以テ一定ノ式ナシト雖モ図ノ體裁符號ノ描法ノ如キハ強メテ内國図ノ式ニ準據セシムルモノトス

【測量局長以下任命】　此編制更新ト同時ニ舊測量課長小菅工兵中佐ハ測量局長ニ進ミ舊大地測量部長心得田坂工兵大尉ハ三角測量課長心得ニ舊ハ地測量部長

関工兵少佐ハ地形測量課長ニ早川工兵大尉ハ地図課長心得ニ補セラレ爾餘士官八名准奏任御用掛二名七等出仕一名ハ孰レモ班長若クハ班長心得ヲ命セラレ其他作業員皆新編制ニ基キ各命課ヲ受ケ且ツ職員ノ補充セラレタルモノ少カラス此年末ニ至リテハ士官二十一名（内兼任二名）准士官及下士六名准奏任御用掛一名出仕三十五名（内兼任一名）准判任御用掛五十九名雇八十二名其他通計二百十一名ヲ計上セリ

茲ニ於テ三角測量課ハ既定ノ方法ニ依リ孜々トシテ施業ニ盡瘁スト雖モ此基本的作業ニハ自ラ順序アリ遽ニ地形測図ノ爲メニ三角點ヲ供與スル能ハス已ムヲ得ス最初ノ一等三角網タル武遠三角網ヲ分割シテ武相地方ニ特ニ一小三角網ヲ形成セシメ隨テ観測スレハ隨テ計算ヲ進メ尋テ其内部ニ二等三角測量ヲ施行シ次テ直ニ三四等三角測量ヲ施行セシメタリト雖尚本年末ニ於テ百四十二方里ノ外業ヲ完成シ得タルニ過キス隨テ未タ正式測図ヲ實行ス能ハサルヲ以テ地形測量課ハ假ニ從前ノ図解図根ヲ以テ三角點ニ代ヘ一色線號式二萬分一梯尺ヲ以テ大阪水戸足利地方ニ測図ヲ進メ本年ニ於テ約百七十方里許（外ニ東京市街五千分一図二方里、豊前地方二二萬分一図約十六方里）ヲ完成シ之ヲ「准正式地形図」ト稱シ之ニ對シ從来ノ諸測図ヲ「迅速測図」[67]ト稱シ此等ノ製版セラレタルモノヲ一般ニ「假製地形図」ト稱セリ地図課ハ早川課長先ツ伊能図ヲ基礎トシ各府縣ヨリ凡テノ地図ヲ參酌校訂シ梯尺二十萬分一一色線號式ノ全國地図ヲ作リ一般ニ便センコトヲ[68]發議シ其聴サルルヤ直チニ早乙女十一等出仕等ヲシテ

(67) 正篇では次のように書き改められている。
「本年ノ成果ハ一等撰點千二百八十四方里同造標千四十六方里同観測二百五十七方里二等三角測量二百四十一方里三等三角測量百四十方里並ニ一等水準測量九十五里ヲ完成セリ状況前述ノ如キヲ以テ地形測量ノ大部ハ從前ノ圖解圖根ヲ以テ三角點ニ代ヘ一色線號式二万分一梯尺ヲ以テ大阪地方ニ測圖ヲ進メ之ヲ「准正式地形圖」ト稱シ（後年之ヲ假製地形圖ト稱ス）之ニ對シ從來ノ諸測圖ヲ「迅速測圖」ト稱ス」

(68) 正篇では次のように書き改められている。
「圖リ」

図稿ヲ起サシメ之ヲ前年来（岡部出仕等）研究改良ノ轉寫石版ニ（尋テ寫真電氣銅版ニ）依リテ迅速ニ發行シ数年ナラスシテ幾ント全國ヲ大成セリ[69]

【輯成二十萬分一図】所謂「輯成二十萬分一地図」ナルモノ即是ナリ此地図ヤ固ヨリ精密ヲ以テ目スヘキニアラスト雖編纂図トシテ其致ヲ極メ能ク當時ノ需用ニ適シ後年頒布ノ大ナル年々ノ拂下ケ平均十万ヲ越エ實ニ我國地図ヲ代表スルノ観アルニ至レリ又褐色印畫法（齋藤太郎等）ノ研究ヲ完成シ以テ地形原図ニ代ヘ彫刻ノ模範ニ供スルヲ得セシメ堀健吉ヲシテ銅版彫刻ヲ開始セシメ又轉寫石版ヲ以テ迅速測図ヲ製版印行スル等本年ノ成績トシテ諸種ノ製図二百六十種製版四十九種印刷九千百二十五枚ヲ擧示シ[70]

【地形図ノ最初ノ石版彫刻】尚課員多湖実敏ハ始メテ二萬分一迅速測図「関戸村」ヲ石版ニ彫刻シ以テ地形図彫刻製版ノ創始ヲナセリ

【原始子午線ノ公認】此年（西暦千八百八十四年）十月十三日米國華盛頓府[72]ニ於ケル萬國子午線會議ハ英國緑威子午線ヲ以テ本初子午線[71]トシテ採用スヘク議決シ本邦参列員菊池大學教授ヨリ其公報ニ接セリ[73]然レトモ我測量ハ最初ヨリ上記ノ組織ニ適合セシメタリシヲ以テ唯之ヲ公認セルノミ何等影響スルトコロナカリキ又本年ニ於テ「各班使用器械雜具及消耗品」ヲ規定シ又「周報用紙」ノ端ヲ開キ且ツ「諸証書雛形」「測量局會計事務條項」「測量班出張旅費概則」等順次規定セラレ大ニ會計事務ノ簡捷ト統一トヲ資ケタリ

（69）正篇では次のように書き改められている。「製版セシメタリ」

（70）正篇では次のように書き改められている。「完成シ」

（71）本初子午線をさす。

（72）ワシントン。

（73）正篇では次のように書き改められている。「報告アリタリ」

【明治十八年】　○明治十八年七月二十二日参謀本部條例ヲ改正セラル然レトモ我測量局ニ関シテハ「局長各兵大中佐一人」ノ各兵ノ上ニ「参謀或」ノ三字ヲ加ヘラレシノミ毫モ変化ナシ

三角測量課ニ於テハ此年四月二日課長心得田坂工兵大尉工兵少佐ニ進ミ三角測量課長ニ補セラル

【饗庭野基線測量】同月十二日ヨリ班長心得二見御用掛矢島、館、岩永、田浦ノ諸出仕、江州「饗庭野」ノ基線測量ヲ實施ス其方法順序所要測器等略ホ前年「相模野」基線ニ於ルカ如シ但シ「測桿ノ比較」ヲ東京出發前、基線測量著手前、同終了後、東京帰著後ノ四回ニ實施シテ之ヲ叮重ニシタルト「自中間點至西端點」ニ於ル傾斜地ノ結果ニ違常ノ誤差ヲ来シ驗測数次其原因ノ「傾斜測定器」ニ存スルヲ發見シタルヲ以テ既測ノ結果ヲ全廢シ更ニ「西中間點」ヲ増設シ土工ヲ加フル等ノ手段ニ依リ最少ノ傾斜ヲ有タシメ之ヲ改測シタル事故アリシ等ノ記スヘキアルノミ六月八日終ニ外業ヲ完成シタリ其結果ハ三〇六五米七二三九其諒必誤差〇米〇〇〇七七ナリトス此計算ニハ特ニ先年大阪天保山砲臺ニ於ケル内務省土木局水準原點ヨリ發起シテ施行シタル水準測量ノ結果ヲ用ヒテ基線各部ノ真高ヲ定メ太陽高度ヲ測リテ緯度ヲ求メ極星ノ最大離隔観測ニ依リテ基線ノ方位ヲ定メ以テ基線全長ヲ中等海水面ニ投影セリ是我國ニ於ケル第二回ノ基線測量ニシテ其作業法式ハ略ホ此時ニ於テ一定シ明治ノ末年ニ及フマテ数回ノ基線測量ハ一ニ此範疇ニ據リシモノノ如シ但緯度ヲ測定スルニ或ハ極

(74) 正篇では次のように書き改められている。
「ヘ更ニ之ヲ改測シタルトハ將來ノ參考タリシモノトス」

星ノ單高度法ニ據リ或ハ「タルコット」法ニ據ル等僅少ナル変革ヲ見シノミ其他常務ハ一等三角ニ於テ撰点ハ畿内ニ進ミ造標亦粗々之ニ追随シ測角ハ三尾江濃ニ及ヒ二等三角ハ駿遠甲相地方ニ於テ五百方里、

【最初ノ三四等三角ノ成果】三四等三角ハ豆駿地方ニ於テ約二百方里ヲ完成セリ(75)

【十八年式図式】　地形測量課ハ先年来採用ノ一色線號ヲ以テ成ル圖式ヲ大成シ之ヲ「十八年式」（第九図）ト命名シ且ツ「地形測量教則」ヲ定メテ之カ運用ヲ示教セリ又此線號図式ノ實施ハ實ニ地形測図ニ於ケル一新紀元ニシテ從来ノ多色渲彩式ニ於ケル不便晦渋ヲ擺脱シ能ク簡明ニ地図ノ要領ヲ發揮シ而モ作業ヲシテ快速ナラシムル尠少ナラス後来測図ノ進歩ハ一ニ此擧ニ淵源セルモノト謂フヘシ又「二萬分一経緯線表」ヲ作リ以テ三角點ノ展開ニ便シ且ツ「水準差数表」「配賦差数表」ヲ編成シ作業ノ簡便ヲ資ケタリ

【最初ノ正式地形測図】　此年秋季ニ至リ箱根地方一小部分ニ於テ初メテ正式測図ヲ實施セリ其三角點位置ノ精嚴ナル随テ測図ヲ明確ナラシメ作業ヲ簡捷ナラシメタル固ヨリ図根點ニ於ケルノ比ニアラサリシナリ而モ此正式測図地域ハ甚タ狭小ナリシヲ以テ他大部ノ職員ハ依然トシテ准正式測図ニ從ヒ約子左ノ成果ヲ得タリ

第一及第四軍管地方　二萬分一　約百九十二方里(76)

北海道　一千分一乃至一萬分一　約　十一方里

---

(75) 正篇では次のように書き改められている。
「此ノ年七月曩ニ内務省ニ於テ英國製測桿ヲ用ヒテ測定シタル三方原（遠州）基線ヲ本局基線ニ充用センカ為先ツ前記測桿ヲ本局用米國測桿ニ比較シ之ニ依リテ三方原基線ヲ改算シ全長一〇八三九米九五八〇〇九諒必誤差〇米〇〇二四六ヲ得之ヲ採用セリ其ノ他常務ハ一等三角ニ於テ撰點ハ畿内ニ進ミ造標亦粗々之ニ追随シ測角ハ三尾江濃ニ及ヒタリ其ノ成果ハ一等三角撰點九百五十五方里同造標四百四十四方里同観測五百七十三方里二等三角測量四百九十八方里三等三角測量百八十九方里竝ニ一等水準埋石百四十五同観測百二十四里ヲ完成セリ」

(76) 正篇では次のように書き改められている。
「約百九十九方里」

對馬　　　　五萬分一　約　四十六方里

【最初ノ地形模型】　地図課ハ本年一月本室ノ新築成リ二月筑波山模型ノ製作竣功ス之ヲ地形図ヲ以テスル模型製作ノ嚆矢トス又先年来研究ノ銅版竝ニ石版彫刻ヲ以テスル地図製版ノ業着々其緒ニ就ケリ

【寫真電氣銅版法ノ研究】　ト雖由来彫刻ハ其技術ニ熟練ヲ要シ随テ多大ノ時日ト費用トヲ要スルヲ憾ミ更ニ製版法調査委員ヲ設ケ七等出仕石丸三七郎雇大岡金太郎等諸種ノ製版法ヲ比較研究シ終ニ寫真電氣銅版法ヲ採用スルノ利益ヲ認メ先ツ電池式ニ依テ之ヲ試験シ**稍其緒ヲ得タリシカ**近時欧洲ニ於テ「ダイナモ」式電氣鍍金法ノ行ハルルヲ知リ更ニ之ヲ利用スルコトトナシ砲兵工廠ノ器械ヲ用ヒ鋭意之カ試験ヲ重ネ漸クニシテ希望ノ結果ニ近ツクヲ得タリ此法タルヤ亜鉛ノ消費ヲ節シ有毒瓦斯ノ發生ヲ絶チ電池式電氣製版法ニ對シ約十分一ノ日子ヲ以テ同時ニ数面ノ製版ヲ完成スルヲ得ルノ大利益ヲ有スルモノナリ茲ニ於テ**附属舎ノ一部ニ汽罐室ヲ設ケ恰モ**今春来企劃セシ汽力印刷機(77)ノ設備成ルヤ一面該印刷ノ動力ニ供シ一面之ヲ電氣鍍銅法ニ利用シ本年既ニ或図畫四面ノ電氣銅版ヲ製出セリ**此成績ハ當時欧洲ニ對シ尚誇稱スルニ足ルモノナリシト云フ**

其他本年度ニ於ケル成績ハ編纂縮図等ノ製図二百種四百十四枚石版銅版等ノ製版四十二種五千七百四十枚ヲ製作セリ

【明治十九年】【東京天文台經度ノ測定】　○明治十九年二月二十五日海軍水路

---

(77) 正篇では次のように書き改められている。「機関」

局長柳海軍少將ハ其所管海軍観象台ノ経度東経百三十九度四十四分五十七秒ヲ精測ノ結果ニ依リ東經百三十九度四十四分三十秒三ト改正シ之ヲ官報第七百九十二號ヲ以テ發表セリ由リテ三月六日本局作業亦之ニ準據スヘク規定セラル同月十八日参謀本部條例改正セラル然レトモ我測量局ノ関係竝ニ組織ニ変化スルコトナシ三月二十九日三角測量課長田坂工兵少佐ハ陸軍部ヲ代表シテ萬國千[78]午線竝ニ計時法審査委員ヲ命セラル四月二十三日局長小菅工兵中佐、工兵大佐ニ任セラル

【編成ノ一時的縮小】　五月二十日少シク各課ノ編成ヲ縮小ス即チ三角測量課ハ第四班ヲ廢シテ之ヲ第三班ニ併合シ地形測量課ハ第五、六両班ヲ廢シテ第一及第四班ニ併合シタリ而シテ地図課ハ毫モ変動ナシ蓋シ當初毎一年完成面積四百方里ヲ標準トシ其組織ヲ編成セシカ經費ハ常ニ拾壱萬円内外ニ止マリ増額ノ途ナキヲ以テ一時此編成縮小ヲ見ルニ至リシナリ然レトモ各課皆未タ充員ニ達セサリシヲ以テ各職員ニハ毫モ変動ナカリキ[79]

【技術官任命】　五月二十二日是ヨリ先キ勅令第三十八號ヲ以テ技術官官等俸給令ノ公布アリ之ニ由リテ二見御用掛中原、石丸両出仕ハ五等技師ニ矢島、三原両出仕ハ六等技師ニ其他（五月二十日）出仕或ハ御用掛百四十八名ハ五等乃至十等技手ニ任セラレ外ニ陸軍属ニ任セラレタルモノ三名非職四名雇二名通計百五十六名ノ任命ヲ見タリ

【三角測量記載例ノ大成】　三角測量課ニ於テハ二月二十七日髙程化数、一二三等

(78)「千」は誤り。草案・正篇では「子」。

(79) 正篇では次のように書き改められている。
「各職員ハ彼是轉屬セシノミ」

高程、四等高程等ノ計算用紙竝ニ三四等三角點ノ記、水準點ノ記一二三等覘標高程手簿、経緯度縱横線及高程表、成果表等ノ諸用紙ヲ制定シ後四月二日更ニ二等三角平均ニ於ケル法方程式答解用紙ヲ印刷頒布シ大ニ計算ニ便ニシ且之ヲ統一セリ**従来観測手簿ノ如キハ最初ヨリ其他諸簿用紙ハ必要ニ際シ主トシテ獨逸陸地測量部ノ様式ニ準シ順次ニ之ヲ制定シ以テ其用ニ充テタリシカ此ニ至リ略ホ三角測量観測計算ニ関スル諸用紙ヲ統一シ**随テ計算法式モ亦一定セラルルニ至レリ爾来多少ノ修正刪補ヲ加ヘサルニ非スト雖實ニ現今ニ於ケル記載例ノ基礎ハ此時ニ於テ大成セシモノト謂フヘシ**但シ帰心化数計算用紙ハ未タコレヲ欠キ「點ノ記」用紙ハ一定セサリキ而シテ**本年ニ於ケル常務ノ成績ハ一等三角ハ中國四國ノ一部ニ及ホシ(80)二等三角ハ駿遠三尾ヨリ伊勢ノ一部ニ達シ三四等三角ハ豆相駿遠地方ニ於テ約二百二十三方里ヲ完成シ一等水準測量ハ大阪ヨリ起リ濃尾地方ニ及ホシ約百四十二里ヲ(81)完成シ又阿波西林ニ基線ヲ撰定シ

【最初ノ渡海水準測量】紀淡藝豫ノ両海峡ニ初メテ三角測量ト水準測量トヲ併用シテ渡海水準測量ヲ施行セリ

【地形測量補助諸表ノ頒布】　地形測量課ハ「水準差数表」「図畫表（現今ノ図式）改正及其増補」「教則抄録」等ヲ印刷シテ各員ニ頒布シ以テ作業ノ簡捷ヲ図リタリ此「教則抄録」ニ於テ示誤三角差消除ノ方法ヲ指示シ

【交會図根法】之ヨリ地形図根點ノ決定ニ交會法ノ利用ヲ盛ナラシメ従来専ラ道線図根ヲノミ偏用セシニ對シテ爾後ハ主トシテ此交會法図根ニ依ルニ至レリ

---

(80) 正篇では次のように書き改められている。
「本年ニ於ケル成績ハ一等三角ハ中國四國ノ一部ニ及ホシ一等撰點六百八十一方里同造標五百五十八方里同觀測五百七方里ヲ」

(81) 正篇では次のように書き改められている。
「約百十六里」

蓋シ図根測量法ニ於ケル一進歩ニシテ随テ「幾何寫図」ノ一新時期ヲ劃セルモノト謂フヘシ又従来「主管」（現今ノ檢査掛）ハ専ラ將校ヲ以テ之ニ充テシカ本年初メテ七等技手二名八等技手五名檢査掛代理ヲ命セラレタリ常務ハ箱根地方ニ於テ正式二萬分一地形図約六十五方里竝ニ神戸、和歌山地方ニ於テ准正式二萬分一地形図、約百二十六方里ヲ完成シ臨時務トシテ防豫海峡ニ准正式一萬分一測図約二十七方里竝ニ肥前五島地方ニ於テ准正式五萬分一測図約四十八方里ヲ完了セリ**此年宮田（義敬）齋藤（敬義）両技手外拾名ハ地図課ニ轉シ又第一班長工兵大尉大久保徳明ハ工兵第一大隊中隊長ニ轉出セリ**(82)

地図課ハ此年第四班ヲ置キ臨時務及外邦図ノ調製ニ任セシム而シテ前年来大岡技手等ノ寫真電氣銅版ノ研究著々成功ノ域ニ近ツクト雖**地図製版ノ如キ大規模ナル作業ニ関シテハ其設備充分ナラス其方法モ又其詳ヲ悉スニ至ラサリシカ**十一月寫真所ノ新築成ルヤ階下ノ一部ヲ電槽室ニ充テ又曩ニ逓信省製機課ヘ依嘱セシ發電機ノ成ルアリ之ニ加フルニ更ニ十二馬力蒸汽罐ヲ整置シ百方之カ完全ヲ得ルニ努メ

【製版方針】　**終ニ本年末ニ至リ其成功ヲ確メ**茲ニ製版方針ヲ確立シ「帝國図」ハ依然彫刻銅版ニ依リテ其精美ヲ發揮セシメ「地形図」ハ専ラ寫真電氣銅版ニ依リテ其完成ヲ迅速ナラシムルコトトシ

【最初ノ寫真電氣銅版ノ地図】　此新組織ヲ以テ第一著手トシテ神戸地方ニ於ケル「准正式地図」ヲ此寫真電氣銅版法ニ依リ製版スルヲ得タリ而シテ六年ノ成

---

(82) 正篇では次のように書き改められている。「神戸、和歌山、水戸地方ニ於テ准正式二万分一地形圖約百五十三方里ヲ完成シ臨時務トシテ防豫海峡ニ准正式一万分一測圖約十六方里」

績ハ十萬分一及二萬分一地図ヲ調製或ハ修正スルモノ三百二十四種、銅版石版ノ調製百拾種其他寫眞電胎版等ノ業ニ従事シ且九萬二千三百十五枚[83]ノ諸地図ヲ印刷セリ

【明治二十年】【関係職員最初ノ留学】　○明治二十年一月七日地図課第二班検査掛代理五等技手多湖實敏休職トナリ獨逸ニ自費留學ス本局ハ之ニ製版法ノ調査ヲ囑託セリ是ヲ関係職員洋行ノ嚆矢トス三月七日地図課ニ宿直ヲ置ク従来退廳後事務ノ處理竝ニ一般警戒ノ爲メ各課ヲ通シテ本局ニ宿直ヲ置キ之ニ任セシカ地図課ノ廳舎漸次ニ増大セシヲ以テ別ニ其宿直ヲ特置スルニ至レリ同月十日地図課附日給技手以下ノ「増給給與假概則」ヲ定ム此規則ハ後来製図科ニ於ケル増給規程ノ起源ニシテ由来製図事業ハ雇員ヲ使用スルコト多ク且ツ長時間ノ作業ヲ利トスルヲ以テ此等雇員ニ對シ定時限以外ノ版業ニ對シ増給ヲ要シ之カ監督上終ニ一般ニ俸給定額内ヲ以テ増給制ヲ採ルニ至リ（其増給額ハ定時間外一時間以上一時間毎ニ日給技手ニハ日給十分ノ一ヲ公暇日ニハ二十分ノ一ヲ増給シ其他技生雇等ニハ夜間ニ於テハ日給十分ノ一ヲ午後十時ヨリ午前四時迄ハ日給二十分ノ三ヲ公暇日ニハ日給十六分ノ一ヲ増給セリ）四月一日以後之ヲ實施セリ

【地図拂下ケノ實施】　四月三十日地図印刷資金トシテ金三千円ヲ下附セラレ以テ拂下用本局地図印刷ノ資金ニ供シ同時ニ火藥拂下ノ例ニ準シ「地図拂下規

---

(83) 正篇では次のように書き改められている。
「九萬三千三百十五枚」

則」竝ニ「地図拂下代取扱手續」ヲ定メ之ニ據リ内外兵事新聞社長宇津木信夫外二名ヲシテ之ヲ發賣セシム之ヨリ先キ海軍省水路局、農商務省地質調査所、内務省土木局等陸軍以外ノ官廳其他ヨリ本局地図ノ交付或ハ謄寫ヲ請求スルモノ逐年其繁ヲ加ヘ地図ノ需用愈〻急ナルヲ以テ本局ハ客年七月機密図以外ノ地図ヲ一般公衆ノ利用ニ供スルハ國家経営上必要ノ國務ナルコトヲ稟議シ其聴許ヲ得茲ニ本局地図拂下ノ端ヲ開キ其実施サルルヤ忽チニシテ七萬七千七百五十葉（本年末迄ニ）ノ多数ヲ拂下クルノ盛況ニ達シ六月別ニ印刷部ヲ設ケ特ニ之カ管理者ヲ置クニ至レリ爾来年々本局地図ノ拂下ケラルルモノ十数萬乃至数十萬ニ及ヒ民間亦之ニ依據シ我版権ヲ冒サヽル範囲ニ於テ之カ複製ヲ試ルモノ簇出シ相待テ地図ノ供給全國ニ洽ク公私ニ裨益シテ遺憾ナキニ至レリ同月児玉歩兵大佐西林基線測量ヲ巡視シ帰来測量標ノ保護、測量官ノ服制及外業中ノ宿泊ニ関シ参謀本部長ニ稟申セラルル所アリ前者ハ本局カ前後数回ノ稟議ヲ助ケテ實ニ後年陸地測量標條例ノ胚子ヲ成セシモノト謂フヘク後者ハ爾来幾回カ議ニ上リシト雖終ニ決スル所ナカリキ此月獨逸公使ハ孤度測量協會(84)ニ本邦ノ加入センコトヲ慫慂シ就テ本局ニ下問セラル本局ハ之ニ應シテ其加入ノ有利ナルヲ答申セリ(85)蓋シ後年ノ測地學委員會茲ニ萌芽セルモノト謂フヘシ十月（日欠）局長小菅工兵大佐年齢満限ニ達ス特ニ二十一年十月迄留任仰付ラル

【陸軍大臣ノ本局視察】同月二十四日大山陸軍大臣、榎本逓信大臣、小澤参謀本部次長、桂陸軍次官ノ諸官本局各課ノ作業ヲ視察セラレ翌二十五日黒川、山

---

(84) ドイツが主導して結成された測地学の国際組織で、一時期 Mitteleuropäische Gradmessungs と称していたのでこのような訳語となったと思われる。一八八六年以後の英語名は、International Geodetic Association（Torge, 2005）。一八八九年にパリで開かれた会議に、寺尾寿東京大学教授が出席した（中村、二〇〇三）。

(85) 正篇では次のように書き改められている。「セラレ測量標保護ノ必要及事業ノ大要等ヲ實査セラル、ヲ得タリ是レ實ニ後年陸地測量標條例ノ胚子ヲ成セシモノト謂フヘシ又同月獨逸公使ノ慫慂ニ依リ孤度測量協會ニ加入ス」

地、佐久間ノ諸中將亦来局縦覧セラルルコト前ノ如シ蓋シ本局ノ事業略ホ整頓ノ域ニ達セシヲ以テナリ同月二十四日「測量旅費概則」竝ニ「測量人夫給料内則」ヲ定メラル蓋シ前年五月一日官名更正以後假ニ「測量日當」ナル給額ヲ定メテ之ヲ準用セシガ此ニ至リ此改定ヲ見ルニ至リ十一月一日ヨリ之ヲ實施ス其大要左ノ如シ※7

又此年ヲ以テ二萬円ノ臨時増額ヲ得歳額通計拾参萬五千円トナレリ

【水準測量諸用紙ノ大成】　三角測量課ハ三角測量諸用紙ニ續テ水準測量諸簿用紙ヲ創定或ハ改定シ本年二月之ヲ大成シ同月二十日西林（阿波）基線測量ヲ開始シ四月十三日之ヲ完了ス全長三八三二米二一二四其諒必誤差ハ〇、〇〇一六九其方法順序一ニ前例ノ如シ其他常務ニ於テ一等三角測量ノ撰点ハ山陰、山陽両道ノ中部ニ及ヒ尚伯耆國天神野ニ基線ヲ撰定シ測角ハ畿内ニ進ミ二等三角測量ハ三尾勢濃ヨリ近江ニ達シ三四等三角竝ニ二等水準測量ハ参遠尾勢ニ跨リテ約二百方里ヲ完成シ一等水準測量ハ東京附近竝ニ因但地方ニ於テ約百里ヲ完成セリ(86)

【日蝕皆既】　八月十九日日蝕皆既ス米國博士ダビット・ピ・トッドー氏(87)ノ一行特ニ来朝シ福島縣白河舊城内ニ之カ観測及經緯度測量ヲ施行ス矢島六等技師及宮田九等技手命ニ依リ之ヲ見學ス(88)日蝕ハ雷雨ノ爲メ観測十分ナラス經緯度測量モ特ニ記スヘキノ成果ナカリシモノノ如シ

※7　この測量旅費概則の詳細は次頁の表に示す。

(86) 正篇では次のように書き改められている。
「其ノ他常務ニ於テ一等三角測量ノ撰點ハ山陰、山陽兩道ノ中部ニ及ヒ撰點千八十一方里同造標千二百八十五方里同觀測六百二十二方里二等三角測量ハ三尾勢濃ヨリ近江ニ達シテ四百二十方里三四等三角ハ二百十六方里ヲ完成シ一等水準測量ハ東京附近竝ニ因但地方ニ於テ埋石二百七里觀測百五十里ヲ完成セリ尚伯耆國天神野ニ基線ヲ撰定シ且之ヲ測定セリ」

(87) David Peck Todd、一八五五～一九三九。

(88) 正篇では次のように書き改められている。
「之ニ参加ス」

測量日當表

		班長	検査掛 上	検査掛 下	撰點掛	測量掛 上	測量掛 下	造標掛
大尉或ハ四等技師	甲	金弐円拾五戔						
	乙	金弐円						
中少尉或ハ五六等技師	甲		金弐円拾五戔	金弐円拾五戔	金弐円拾五戔	金弐円拾五戔	金弐円拾五戔	
	乙		金壱円八拾戔	金壱円七拾戔	金壱円八拾戔	金壱円六拾戔	金壱円五拾戔	
准士官或ハ四等以上技手	甲					金壱円四拾戔	金壱円四拾戔	金壱円四拾戔
	乙					金壱円弐拾戔	金壱円拾戔	金壱円弐拾戔
下士或ハ五等技手以下及月俸拾円以上傭	甲					金壱円拾戔	金壱円拾戔	金壱円拾戔
	乙					金九拾戔	金八拾戔	金九拾戔
月俸拾円未満雇員	甲					金八拾五戔	金八拾五戔	金八拾五戔
	乙					金六拾戔	金五拾戔	金六拾戔

地形測量課ハ常務トシテ韮山冨士地方ニ於テ正式二萬分一地形図約百五十七方里(89)竝ニ奈良地方ニ於テ准正式二萬分一測図約六十九方里ヲ完成シ

【別途經費ノ測図】尚臨時務トシテ参謀本部(90)別途經費三千五百餘円ヲ以テ小倉地方ニ准正式五萬分一測図約百五十二方里ヲ完了セリ

(89) 正篇では次のように書き改められている。
「約百六十五方里」
(90) 正篇では次のように書き改められている。
「依田歩兵中尉班長心得ノ下ニ參謀演習ノ爲」

地図課ハ輯成二十萬分一図ヲ清繪スル二十五葉各種ノ版下其他七百餘枚ヲ製図シ褐色焼藍色焼二倍藍色焼等各種ノ寫真約九百葉ヲ調製シ鐫蝕銅版十一版電胎銅版十四版彫刻亜鉛版九版彫刻石版轉寫石版百四十版寫真石版二百二十一版ヲ製版シ各種ノ地図ヲ印刷スルコト二十六萬六千二百三十六枚ニ及ヒ而シテ其一半ハ輯成二十萬分一地図ニ係ル又此年地形図ニ依リテ冨士山模型ヲ作リ完成セリ

【明治二十一年】【第一期修技所生徒入學】○**明治二十一年一月四日中島可友外三十四名ニ修技生ヲ命ス之ヨリ先キ**測量製図ノ事業タル一種ノ専門學ニ属シ其人ヲ得ル容易ナラス従来数回多少斯業ニ素(91)アルモノヲ召募シ之ヲ教養シテ漸次補缺ノ急ニ應シタリト雖未タ以テ十分ナル能ハス特ニ業務大擴張ノ曙光ハ目睫ノ間ニアリ此ニ於テ本局ハ新タニ之カ教育機関ヲ起シ一般人民ヨリ其志願者ヲ募集シ以テ技術官補充ニ遺憾ナカラシメンコトヲ期シ**案ヲ具シテ稟議スル所アリ遂ニ**昨二十年九月十三日陸軍省告示第五號ヲ以テ修技生二十名（追加十五名）ヲ東京府下ニ於テ一般ヨリ参謀本部陸軍部測量局修技生検査格例（五條ヨリ成リ其大意ハ満十五年以上二十三年以下體格強壮ナル者ニ就キ讀書、作文、算學、図畫、（何レモ略ホ中學卒業程度）及ヒ測量初歩ヲ試験ス尚希望者ニ限リ高等数學、外國語學ヲ受験スルヲ得）同修業課目（三項ヨリ成ル其大意ハ三角測量科ニ在リテハ数學（高等代数學ヨリ微積分學ノ大要、最小方数法）物理

(91) 正篇では次のように書き改められている。「素地」

學、化學、地文學ノ概要、図畫學、地形測量及ヒ製図ノ概要、三角測量トシ地形測量科ニ在リテハ三角測量科ニ比シテ数學ヲ稍簡單ナラシメ之ニ換ヘテ地質學ヲ加ヘ三角測量及製図ノ概要、地形測量トシ製図學科ニ在リテハ数學ヲ地形測量科ヨリ尚簡單ナラシメ物理化學ニ重キヲ置キ三角測量及地形測量ノ概要、製図トス）同志願心得（十二條ヨリ成ル其大意ハ修技生ハ測量局ニ於テ教育ヲ施シ内國地図及兵要地図製造ニ従事スルヲ目的トシ華士族平民中ノ公権ヲ有スルモノ郷党ニ指斥セラレサル者ヨリ之ヲ採用ス修業期間ハ約三年トシ修業中ハ手当トシテ日々金弐拾四戔ヲ給ス等）ニ據リ召募セラル之ニ應スルモノ百四十五名本局ハ佐川、武内、野村各工兵大尉ニ見五等技師ヲ検査委員ニ久重六等技手外五名ヲ検査掛ニ命シ十一月十四日ヨリ同二十五日ニ亘リテ學術科ノ試験ヲ施行シ合格採用スルモノ三十五名茲ニ至リ早川工兵大尉修技所提理ヲ兼ネ之ヲ構内附属舎ニ収容シテ教育ヲ開始ス尋テ二月二十四日参謀本部條例第二十三條中ニ「修技所ヲ置キ技手ヲ養成ス而シテ」ノ十五字、第二十六條中ニ「及修技所幹事」ノ七字ヲ追加セラレ定員表中「幹事大尉一人」ヲ加ヘラル同時ニ修技生ハ修技所生徒ト改稱シ之ヲ第一期修技所生徒トナス三月十四日歩兵中尉中島康直修技所幹事心得仰付ラレ又局内官僚若干名修技所助教ヲ命セラレ著々トシテ教育ノ歩ヲ進メ技術官補充ノ途茲ニ成ル二月八日陸軍大臣ノ移牒ニ由リ六等技師早乙女為房ヲ日本地理辞書編輯質問委員ニ擧ク蓋シ本邦駐箚米國公使館譯官「ウヰリス、ノルトン、ウヰツ、ニー」氏カ日本地理辞書編輯ニ便宜ヲ與ヘ

---

(92) 正篇では次のように書き改められている。
「參謀本部陸軍部測量局修技生検査格例、同修業課目同志願心得ヲ定メ生徒三十五名募集ス」

(93) 正篇では次のように書き改められている。
「合格者中島可友外三十四名ヲ採用ス」

(94) 正篇では次のように書き改められている。
「二月四日六等技師早乙女為房ヲ日本地理辭書編輯質問委員ニ命シ」

(95) Willis Norton Whitney、一八五五・一九一八年。

ンカ為メナリ

【地方長官招請】二月二十三日及二十四日**小管局長ハ山縣参謀本部長ヲ介シテ當時地方官**會議ノ為メ上京中ナル各地方長官ヲ招請シ本局作業ヲ観覧セシメ測量事業ヲ説明シ兼テ出張測量官ノ為メ便宜ヲ請フトコロアリタリ

【参謀本部長ノ本局巡視】尋テ三月一日有栖川参謀本部長官**以下各官**本局各課ヲ巡覧セラル

【官林内並ニ行道樹ニ関スル測量作業ノ協定】三月二十九日従来官林内へ測量標ヲ建設シ及ヒ視通障害樹ヲ伐除セントスルニ際シテハ大林區署ニ之ヲ照會シ其回答ヲ待ツヲ要セシカ其間徒ラニ時日ヲ費シ作業ノ進捗ヲ阻害スル少ナカラサルヲ以テ爾後ハ測量始業ニ先チ其地方官廳ニ之ヲ通報シ別ニ林區署ニ照會スルコトナク先ツ測量標ヲ建設シ及伐木ヲ實施シ然ル後該箇所及其樹種員数等ヲ林區署ニ報告スルニ改メ以テ作業ヲ敏活ナラシメンコトヲ本省ニ申請シ本省ハ之ヲ農商務省ニ交渉セシニ茲ニ至リ農商務省ハ(96)「境界ヲ表彰スル樹木、社寺ノ風致ニ関係アルモノ、土地ノ保安ニ必要アルモノ、稀有ノ大樹等ヲ除ク外」我要求ヲ承認セリ尋テ此等伐木ニ関スル損害補償ハ此等伐木ヲ林區署ニ於テ賣却シ其収入カ豫算額ニ對シ不足ヲ生スルトキ之ヲ測量局ニ於テ補償スヘク**四月二十六日農商務省山林局**ト協定ヲ了セリ四月製図ノ臨時事業頗ル多端ナルニ由リ(97)**聴許ヲ得テ**臨時技生二十名ヲ試験ノ上傭入セリ**由来製図ノ事業ハ特種ノ技工トシ多年ノ熟練トヲ要スルヲ以テ修技所創立前ハ勿論創立後ト雖見習生、技生等ノ**

(96) 正篇では次のように書き改められている。
「改メンコトヲ農商務省ニ交渉ノ結果」

(97) 正篇では次のように書き改められている。
「増加セシヲ以テ」

名目ヲ以テ常ニ實地的技工ノ養成ヲ絶タス

【測量局時代ノ概括】　茲ニ測量局時代終ヲ告ケ次ノ陸地測量部時代ニ移ラントス顧ミテ創業以来ノ変遷ヲ概観スレハ明治四年参謀局間諜隊ニ於テ測量ノ任務ヲ執リ六年第六局廢セラレテ更ニ参謀局ヲ置カルルニ當リ地図政誌課ト竝立シテ測量課トナリ漸ク面目ヲ一新シ課長長嶺工兵少佐以下百方新式測図ノ事項ヲ研究シ或ハ東京附近或ハ各首要街道ノ實測等ヲ施行セリト雖要スルニ零碎ナル小地一局部ノ図繪ニ過キス十年西南戦役起ルヤ課長以下全員ヲ擧ケテ之ニ赴キ其迅速測図ハ大ニ軍ノ行動ヲ裨益シタリ十一年参謀局廢セラレ参謀本部ヲ新設セラルルニ當リ測量課ハ地図課ト共ニ其隷属一課トシテ各兵要地区ノ測図ニ従事シタリ十二年工兵少佐小菅智淵測量課長ニ任セラレ多年ノ蘊蓄ヲ披キ熱烈ナル誠意ヲ以テ斯業ヲ献替振作シ扶掖指導スルニ及ンテ業務ハ日ニ進ミ月ニ就リ十三年新ニ全國測量ノ計畫成リ之ニ應シテ直チニ大地測量ノ攻究ヲ進メ十五年初メテ三角測量ヲ開始シ十六年末田坂工兵大尉獨逸留學ヲ卒ヘテ本課ニ入ルアリ又課ヲ分テ大地測量、小地測量ノ二部ト為シ茲ニ三角科、地形科ノ端ヲ開キ十七年六月内務省所管ノ大三角測量ヲ本課ニ併合シテ全國測量ヲ統一シ同年九月地図課ヲ併合シテ測量局トナリ局ヲ分チテ三角測量、地形測量、地図ノ三課トナシ以テ前業ヲ紹キ小菅工兵中佐進ミテ測量局長ニ補セラル十八年初メテ三角點ニ基ク地形測量ヲ開始シ爾来著々發展息マス以テ陸地測量部時代ヲ推開セ

リ

今創業以来主トシテ明治十三年以降ノ作業成績ヲ擧クレハ概ネ次ノ如ク終末三角測量ノ完成面積ハ全國ノ略百分ノ三、基本測図ノ完成面積ハ全國ノ略ホ百分ノ一ニ達セリ※8

※8　詳細は次頁以降の表を参照。

三角測量課			
三角測量	基線測量	四ケ所	相模野、三方原（内務省実測）、饗庭野
三角測量	經緯度及指角測量(98)	一回	東京天文臺
三角測量	一等三角	三四九三、〇〇方里(99)	東京ヨリ西、東海道、畿内ヲ終リ尚撰点造標ハ中國ニ及ヘリ
三角測量	二等三角	一三八七、一三(100)	東京ヨリ西、東海道ヲ近江ニ至ル
三角測量	三四等三角	七五六、〇〇(101)	東京ヨリ西、東海道ヲ伊勢ニ至ル
水準測量	一等水準	約六二九、二四里(102)	
水準測量	二等水準		常ニ三等三角ニ併行追随セリ

(98) 正篇では次のように書き改められている。
「方位角測量」

(99) 正篇では次のように書き改められている。
「二八九五、〇」

(100) 正篇では次のように書き改められている。
「一八四七、二」

(101) 正篇では次のように書き改められている。
「一〇四五、五」

(102) 正篇では次のように書き改められている。
「約六二一、七」

地形測量課			
基本測図	二万分一	二三〇、〇〇方里	箱根、冨士、韮山地方
精測図	五千分一	三、三四	東京
精測図	一万分一	一五、六九	防豫海峡
精測図	二万分一	二四九、〇六	大阪、神戸、奈良、京都地方
簡測図	二万分一	九九九、〇〇	関東平野
簡測図	五万分一	二四五、五三	對馬、五島、小倉、名古屋、福山、宇都宮、福岡地方

地図課		
製図	八六七三枚	実測図、編纂図ノ清繪、諸版下描画及諸図ノ模写着色等
製版	八〇一枚	彫刻石版、仝銅版、仝亜鉛版、写真石版、轉写石版、仝亜鉛版、電胎版
寫真	九七八九枚	電胎版下、藍色焼、褐色焼図其他
印刷	三七九四一二枚	諸版ノ印刷

尚ホ此前篇ニ於ケル沿革ヲ概括シテ陸地測量部系譜(103)(第一表)ヲ作ル次ノ如シ

(103) 正篇では次のように書き改められている。
「測量部成立ニ至ル沿革ヲ一覧ニ便センカ爲メ」

目次

後編　第一

目次

後編　第二

陸地測量部沿革誌（稿本）

後編　第一

【明治二十一年】【陸地測量部新設】　○明治二十一年五月十二日勅令第二十五號ヲ以テ陸地測量部條例ヲ公布セラル是従来ノ測量局ノ擴張[104]セラレタルモノニシテ我測量部ノ現制ハ實ニ此ノ日ヲ以テ成立セシナリ其全文左ノ如シ

【陸地測量部條例[105]】　「陸地測量部條例

第一條　陸地測量部ハ陸地測量ヲ施行シテ兵要及一般ノ國用ニ充ツヘキ内國圖ヲ製造スル所トス

第二條　陸地測量部ニ三角科地形科及製図科ヲ置キ各科ヲ数班ニ分チ又別ニ修技所ヲ置ク

第三條　陸地測量部ニ左ノ職員ヲ置ク

部　長	各兵大佐	一人
科　長	各兵中少佐	三人
班　長	各兵大尉或相當技術官	十人
班　員	各兵中少尉或相當技術官	若干人
	准士官下士或相當技術官	若干人
副　官	各兵大尉	一人

---

(104) 正篇では次のように書き改められている。「參謀本部ノ一局タリシ測量局ヲ分離シ參謀本部長隷下ノ獨立官衙ト」

(105) 正篇では附表第一の最上段に表示。正篇巻末の附圖、附表の二三頁。

材料主管　各兵科大中尉　一人
計　官　軍吏　一人
科　僚　各兵中少尉　三人
修技所幹事　各兵大尉　一人
修技所教官　各兵士官或相當技術官　若干人
修技所助教　准士官下士或相當技術官　若干人

第四條　部長ハ陸軍参謀本部長ニ隷シ部事ヲ整理シ其責ニ任ス
第五條　部長ハ懲罰權竝部内官僚ノ休暇附與權ヲ有スルコト聯隊長ニ同シ
第六條　三角科ハ三角測量ヲ施行シテ地図製造ノ基礎ヲ設置シ地形科ハ地形測量ヲ施行シテ原図ヲ製造シ製図科ハ原図ニ由リ諸地図ヲ製造シテ之ヲ製版スルコトヲ掌リ及班ハ科内ノ業務ヲ分掌ス
第七條　科長ハ各其科ノ事業ヲ管理ス
第八條　班長ハ各其班ノ業務ヲ管理ス
第九條　班員ハ諸掛ニ分チ各其業務ヲ掌ル
第十條　副官ハ部内ノ庶務ヲ掌ル
第十一條　材料主管ハ材料及図籍ノ保管出納ヲ掌ル
第十二條　計官ハ測量費ノ會計ヲ掌ル
第十三條　科僚ハ科内ノ庶務ヲ掌ル
第十四條　科長ハ技術官ヲ以テ之ニ充ツルニトヲ得

第十五條　修技所ハ陸地測量ノ業務ニ充ツヘキ技術官ヲ養成スルノ所ニシテ若干ノ生徒ヲ置ク
第十六條　修技所幹事ハ生徒ノ養成ニ任シ所内ノ庶務ヲ掌ル
第十七條　修技所教官及助教ハ教授ヲ掌ル
第十八條　修技所教官及助教ハ各科ノ官僚ニ於テ兼勤ス
第十九條　第三條ニ掲クル職員ノ外下士或陸軍属ヲ置ク」
尋テ編制ヲ定メラルル次ノ如シ[※9]

此ニ於テ五月十四日局長小菅大佐ハ陸地測量部長ニ三角測量課長田坂工兵少佐ハ三角科長ニ地形測量課長関工兵少佐ハ地形科長ニ地圖課長早川工兵大尉ハ製図科長心得ニ補セラレ以下各員ハ陸地測量部班長或ハ班員或ハ各科班員ヲ命セラル同月十七日内務省所管ノ沿道樹木ニ測量標ヲ結著シ或ハ視通障害樹ノ伐除ニ関シ此年三月農商務省所管ニ於ケルカ如ク處置スルノ協定成ル又此月従来ノ「日給技手以下増給給與概則」ニ改正（日給技手ノ病暇ニ半日給ヲ給シ日給雇ノ四時間未満ニシテ事故退出者ノ日給ヲ止メ公暇日ヲ明示スル等）ヲ加ヘ之ヲ「陸地測量部日給技手及雇増給給與概則」ト改称ス

【将校ノ略装】六月九日将校ノ測量地作業間服装ヲ便宜ニスルノ件聴許セラル従来部員将校ノ測量作業ニ従事スルヤ常ニ正規ノ服装ヲ以テセリ然ルニ山河榛莽ノ跋渉ニ際シ其甚タ不便ナルト帯剣ノ磁石ニ影響スル少カラサルモノアルヲ

※9　詳細は次頁以下の表を参照。

陸地測量部		
長	各兵大佐	一
副官	各兵大尉	一
材料主管	各兵大中尉	一
計官	軍吏	一
書記	下士或属	五
	一二三等書記	三
計		一二

科	長及科僚	班長	班員	計
三角	長 各兵中少佐 一 科僚 各兵中少尉 一	各兵大尉或相當技師 三	各兵中少尉或相当技師 八 准士官下士或技手 三八	五一
地形	長 各兵中少佐 一 科僚 各兵中少尉 一	各兵大尉或相當技師 四	各兵中少尉或相当技師 一三 准士官下士或技手 八四	一〇三
製図	長 各兵中少佐 一 科僚 各兵中少尉 一	各兵大尉或相當技師 三	五六等技師 五 技手 五九	六九
計	六	一〇	二〇七	二二三
總計				二三七

修技所		
幹事	各兵大尉	一
教官	各兵中少尉或相當技師	若干
助教	下士或技手	若干
書記	下士或属	一

考備
本表中修技所教官及助教ハ各科ノ官僚ニ於テ兼務スルモノトス故ニ人員計中ニ算入セス
本表中班員ノ人員ハ事業ノ都合ニ依リ増減スルコトアルヘシ

三角科		計
科長　各兵中少佐　一 科僚　各兵中少尉　一		二

班	業	班長	掛	班員	計
第一	一二等三角	各兵大尉或相當技師　一	測量	各兵中少尉或相當技師　三 准士官下士或技手　四	一四
	撰点造標		撰点造標	各兵少尉或相當技師　二 准士官下士或技手　四	
第二	三四等三角	仝前　一	檢查	各兵中少尉或相當技師　二	二四
	二等水準		測量	准士官下士或技手　一二	
第三	一等水準	仝前　一	測量	准士官下士或技手　四	一一
	集成		集成	各兵中少尉或相當技師　一 准士官下士或技手　五	
計		三		四六	四九

地形科		計
科長 各兵中少佐	一	
科僚 各兵中少尉	一	二

班	第一	第二	第三	第四		計
業	地形測量			集成	臨時務	
班長	各兵大尉或相當技師 一	仝前 一	仝前 一	仝前 一		四
掛	検査 / 測量	検査 / 測量	検査 / 測量	集成	検査 / 測量	
班員	各兵中少尉或相當技師 二 准士官下士或技手 二四	各兵中少尉或相當技師 二 准士官下士或技手 二四	各兵中少尉或相當技師 二 准士官下士或技手 二四	各兵中少尉或相當技師 二 准士官下士或技手 四	各兵中少尉或相當技師 一 各兵中少尉或相當技師 四 准士官下士或技手 八	九七
計	二七	二七	二七	二〇		一〇一

製図科		計
長	各兵中少佐 一	
科僚	各兵中少尉 一	二

班	業	班長	掛	班員	計
第一	製圖：地形図、帝國図	各兵大尉或相當技師 一	検査	五六等技師 一	
			製図	技手 二六	二八
第二	製版：寫真、電氣、彫刻（銅版、石版）、印刷	仝前 一	検査	五六等技師 二	
			製版	技手 二四	二七
第三	集成及臨時務	仝前 一	集成	五六等技師 二	
			集成	技手 三	
			製図	技手 四	
			製版	技手 二	一二
計		三		六四	六七

以テナリ同月三十日本部及各科ノ服務概則ヲ改定ス**是測量局ヲ廃シ陸地測量部ヲ新設セラレシニ由ルモノニシテ其大綱ニ於テ変更アルコトナシ**

【支拂證書ノ認許】七月二日測夫ノ汽船車賃ニシテ發著急遽ノ際正當受領證ヲ徴シ能ハサルモノハ支拂證書ヲ以テ之ニ代フルコトヲ認許セリ**是レ「測量人夫**

給料内則」第二條ニ一特例ヲ開キシモノニ過キスト雖後来作業上ノ敏活ヲ助クルコト實ニ多大ナルモノナリトス

【測量標規則】同月二十四日勅令第五十八號ヲ以テ「測量標規則」ヲ公布セラル是次年ノ測量標條例ノ前身ニシテ海軍水路部ノ測量標ヲ併記セルハ特異ノ点ナリトス其第一條ニ曰ク[106]

「陸地測量部及水路部ニ於テ測量標設置ノ為敷地ヲ要スルトキハ官有地第三種第一項ノ土地ニ在テハ其所轄廳ニ通知スヘシ宅地ニ非サル民有地ニ在テハ之ヲ買上ケ又ハ相當ノ借地料ヲ給シ一時之ヲ借入ルヘシ其所有者ハ之ヲ拒ムコトヲ得ス又測量標敷地ヲ買上ケントスルニ當リ其所有者借地料ヲ要セス永遠貸地ト為サンコトヲ望ムトキハ格別トス」

第二條ニハ測量主任官ハ其証票ヲ携帯シ測量ノ為官民有地ニ拘ラス牆垣籬柵内ニ立入リ得ルコト第三條ニハ視通障害ノ竹木ハ相當ノ補償ヲ以テ之ヲ伐除シ得ルコト第四條以下第七條迄測量標ノ保護及違反者ノ罰則ヲ規定セリ尋テ第二條ニ規定セラレタル証票ノ様式ヲ定ム

【陸地測量證】即チ篆體ヲ以テ「陸地測量部」ト漉込シタル縦五珊米六、横五珊ノ鳥ノ子紙ノ表面ニ「陸地測量證」ト記シ割印ヲ施シ右肩ニ番號ヲ記入シ裏面ニハ「陸地測量部科職官姓名」ヲ記入セリ法令トシテ固ヨリ之ナカルヘカラスト雖事實ニ於テハ如何ナル場合ニ於テモ未タ此陸地測量證ノ提示ヲ要メラレタルコトナキナリ

---

(106) 正篇では次のように書き改められている。
「其ノ要旨次ノ如シ、第一條ニハ」

【第二期修技所生徒及修技所ノ移轉】 十月十三日修技所ヲ和田倉門内旧衛戍本部跡ニ移ス之ヨリ先キ職員ノ填補ヲ要スルモノ愈々多キヲ以テ本年二月及七月陸軍省告示ヲ以テ修技所生徒ヲ召募シ八月及十月ノ二回ニ之カ入學試験ヲ施行シ（竹内、野村両工兵大尉ニ見、中原両陸軍技師外十名之カ委員タリ）第一回二十二名、第二回十三名合計三十五名ヲ第二期修技所生徒トシテ採用セリ之ヲ第一期生徒ト通計スレハ七十名ノ多数ニ及ヒ到底従前ノ如ク陸軍省内旧軍醫學舎跡ニ之ヲ収容教育シ能ハサルヲ以テ此移轉ヲ要スルニ至リシナリ又従来修技所生徒手當ハ傭員俸給ヨリ之ヲ支給セシカ十一月一日經費中特ニ「修技所生徒」[107]ナル一節ヲ設ケ且病罰事故不参ノ日ハ之ヲ給與セサルコトニ改定セリ

【小菅部長卒ス】 十二月十八日部長小菅工兵大佐名古屋陸軍病院ニ卒ス**特旨ヲ以テ正五位ニ陞叙セラル**大佐ハ静岡縣ノ人沼津兵學校[108]ニ學ヒ小壯既ニ開成所ニ出仕シ講武所ニ轉スルニ及ヒ幕府工兵隊ノ創設ニ努メ後更ニ教導團ニ出仕シ工兵隊教育ニ盡瘁シ明治五年陸軍築造局ニ出仕シ傍ラ陸軍測量ノ事ニ関與シ研鑽多年**尋テ陸軍工兵少佐ニ任セラレ**陸軍士官學校教官ニ轉シ更ニ明治十二年十一月我測量課長トシテ就任セラレテヨリ平素ノ抱負ト満腔ノ熱誠トヲ以テ拮据經營夜ヲ日ニ継キ上ニ献替シ下ヲ扶掖スル實ニ十年其ノ間全國測量ノ方針ヲ立テ先ツ内務省地理局大三角測量事業ヲ併セ以テ全國測量事業ヲ統一シ次テ地図課ヲ合セ測量課ヲ進メテ測量局ヲ成シ更ニ之ヲ擴張シテ陸地測量部ノ今日アルニ至ラシム時運ノ然ラシムルトコロト謂フト雖抑亦大佐努力ノ効果ナラスンハア

---

(107) 正篇では次のように書き改められている。
「二月及七月ノ二回ニ亘リ修技所生徒ヲ募集シ合計三十五名採用セリ十月十三日修技所ヲ和田倉門内舊衛戍本部跡ニ移ス是レ生徒數ノ増加シタル爲メ陸軍省内舊軍醫學舎跡ニ之ヲ収容教育シ能ハサルヲ以テナリ」

(108) 小菅智淵が沼津兵学校で学んだとするのは誤りで、早川省義の経歴と混同されていると考えられる（解説を参照）。

ラス今ヤ編制更新大佐宿昔ノ企図略ホ實現シ將ニ大ニ發展セントスルモノアラントスルニ際シ作業巡視ノ途ニ於テ時疫ノ冒ストコロトナリ終ニ起タス訃到ル部員皆黯然聲ヲ飲ム後年ニ至リ同人(109)相醵金シ一基ノ銅像ヲ芝公園円山山下ニ建テ永ク高風ヲ膽仰シテ止マス

【山内部長新任】同月二十八日陸軍工兵大佐山内通義陸軍教導團ヨリ轉シテ陸地測量部長ニ補セラル

【各科ノ業績】　三角科ニ於ケル本年ノ業務成績ハ一等三角測量ニ於テ撰点ハ塩野原（羽前）久留米（筑後）ノ両基線ヲ撰定シ且奥羽地方竝中國ヨリ九州ニ亘リテ千八百七十三方里ヲ造標ハ之ニ追隨シテ八百七十一方里ヲ観測ハ中國竝四國地方ニ於テ九百四十六方里ヲ完成シ二等三角測量ハ近畿地方ニ於テ四百二十方里ヲ三四等三角及二等水準測量ハ尾濃地方ニ於テ二百七十九方里(110)ヲ完成シ一等水準測量ハ近畿竝中國地方ニ於テ百九十一里ヲ完成シタリ又此年天神野（伯耆）基線測量ヲ施行シ尋テ其計算ヲ完了セリ全長三三〇一米(111)八〇五一其諒必誤差ハ〇、〇〇〇八九其方法順序一ニ前回ニ於ケルカ如シ但シ基線場ノ地質稍不適當ニシテ作業ヲ遅滞ナラシメ約六十日ノ長時日ヲ要セリト云フ今此新編成ノ期ニ於ケル三角竝水準測量ノ進程ヲ概示スレハ左ノ如シ※10但シ三角測量ニ在リテハ帝國全面積（北海道ヲ除キ）約一萬八千五百四十方里ヲ百位トシ一等水準測量ニ在リテハ豫定道線距離七千八百里ヲ以テ百位トス

---

(109) 正篇では次のように書き改められている。「有志」

(110) 正篇では次のように書き改められている。「千三百十二方里ヲ撰點シ造標ハ之ニ追隨シテ千四十六方里ヲ觀測ハ中國竝四國地方ニ於テ七百七十八方里ヲ完成シ二等三角測量ハ近畿地方ニ於テ四百二十六方里ヲ三四等三角ハ尾濃地方ニ於テ二百七十七方里」

(111) 正篇では次のように書き改められている。「本」

※10 詳細は次頁の表を参照。

作業＼完成	一等三角測量 撰点	一等三角測量 造標	一等三角測量 観測	一等三角測量 計算	二等三角測量	三四等三角測量	一等水準測量
創業以来前年迄	二九、五	二三、八	一八、九	一〇、八	五、〇	二、九	五、〇
本年	一〇、一	四、七	五、一	八、一	一、九	一、一	二、〇
合計	三九、六	二八、五	二四、〇	一八、九	六、九	四、〇	七、〇
所残	六〇、四	七一、五	七六、〇	八一、一	九三、一	九六、〇	九三、〇

地形科ニ在リテハ修技所生徒用トシテ「地形測量説約」「地形學」ヲ編纂シ竝「地形測量教則」及「地形測量図式」ノ改訂ニ著手シタリ而シテ本年ノ成績トシテハ甲府、郡内、竝大島（伊豆）大磯地方ニ於テ正式二萬分一地図四十六面百八十三方里ト京都附近ニ於ケル准正式測図四十九方里餘ヲ完成セリ

製図科ニ在リテハ主トシテ輯成二十萬分一図ノ調整ニ従事シ尚従来迅速測図及輯成二十萬分一図等ハ轉寫石板ヲ用キテ(112)之ヲ製版セシメ之ヲ寫真電氣銅版ニ改正センカ為此年七月ニ至リ新ニ臨時雇二十名ヲ召募シテ之ヲ擴張シ又帝國図ニ在テハ神子元島号ノ製図竝製版ヲ完成シ尚小田原、大島沼津號ニ著手シ製版ハ通計九十七版ヲ完成シ印刷ハ十一萬四千四百餘枚ノ多キニ上リ寫真ハ四千四

(112) 正篇八九頁では「用ヒテ」。

百餘枚ヲ調製セリ此ノ年初メテ獨逸ノ製版方法ニ倣ヒ打印器ヲ創製シ打刻法ヲ始メタリ蓋従来ノ彫刻銅版ニアリテハ一切ノ地形地物各地種ノ記號等皆直刻ニ依リシカ此ニ至リ獨立一定セル各地種ノ記號ハ一ニ打印器ヲ用キテ之ヲ打刻スルニ至リ且透刻用トシテ銅版ニ貼布シタル原畫亜膠紙ヲ廢シ直接ニ銅版面ニ原図ヲ寫真轉寫シ得ルニ至リ其ノ時間ノ省約成果ノ整美ナル實ニ彫刻製版法ニ一生面ヲ開キタルモノト謂フヘシ又此年末ニ於テ日給技手ノ大半ヲ月給制ニ改メタリ

茲ニ此ノ過渡時代ニ於ケル當年ノ經費ヲ掲ケ以テ當時業務概況ノ考察ニ供スル左ノ如シ[※11]

【明治二十二年】　○明治二十二年三月七日勅令第二十八號ヲ以テ陸地測量部條例中第四條「陸軍参謀本部長」ヲ「参謀總長」ニ改メラル同月十四日勅令第三十四號ヲ以テ陸地測量官官制ヲ發布セラル其ノ全文左ノ如シ

【陸地測量官々制及其任用令】

「

陸地測量官官制

第一條　陸地測量ノ業務ニ従事セシムル為メ陸地測量官ヲ置ク

第二條　陸地測量官ハ陸軍大臣ノ管轄ニ属シ其業務ニ関シテハ陸地測量部長ノ指揮監督ヲ承ク

第三條　陸地測量官ヲ分テ陸地測量師及陸地測量手トス

※11　詳細は次頁の表を参照。

費目＼区分	豫算高		實費支拂高		残高	
上長官及士官俸給	一三、一八四	〇〇〇	一三、〇六四	七三八	一一九	二六二
下士卒俸給	七九九	五三一	七七二	三三四	二七	一九七
奏任俸給	五、八五〇	〇〇〇	五、八四四	八九二	五	一〇八
判任俸給	三八、九〇一	二五〇	三八、八〇二	二三三	九九	〇一七
傭員俸給	四、二〇五	〇八六	四、一七〇	五〇一	三四	五八五
諸手當	六、一七八	三二七	六、〇八五	九三八	九二	三八九
雇人料	三五、二三九	五五〇	三五、一二六	九八〇	一一二	五七〇
惠與	三九	〇〇〇	九	〇〇〇	三〇	〇〇〇
器具及器械費	四、六七〇	九一二	四、六六五	一四二	五	七七〇
図書及印刷費	二、二〇〇	五〇〇	二、一八六	九〇一	一三	五九九
筆紙墨文具費	二、八六七	〇〇〇	二、八五五	八二〇	一一	一八〇
消耗品	二、八七二	五〇〇	二、八七一	二一三	一	二八七
通信運搬費	三、六一〇	〇〇〇	三、一七八	一〇五	四三一	八九五
雜費	七、六九四	八四四	七、五七九	九二二	一一四	九二二
内國旅費	二五、六八七	五〇〇	二五、五二四	七二八	一六二	七七二
計	一五四、〇〇〇	〇〇〇	一五二、七三八	四四七	一、二六一	五五三

第四條　陸地測量師ハ奏任トシ陸地測量手ハ判任トス」

此官制ノ創定ハ小菅前部長ノ深意ノ存スル所ナリシト云フ蓋欧米ニ於ケル測手ハ皆將校ニシテ然ラサルモ多ク將校ヲ以テ遇セラレ我邦ニ於ケル海軍水路部ノ測手ハ少クモ上等技工ト称シ准士官ヲ以テ待遇セラルルヲ以テ我測量部ニ於テモ先ツ特殊官制ヲ定メ一般技術官ヨリ分離シ次テ陸地測量手ノ待遇ヲ准士官ニ進メント計畫シタルモノノ如シ一半既ニ成レリ斯人逝ケリ後半終ニ成ラス同日勅令第三十五號ヲ以テ陸地測量官任用規則ヲ發布セラル即チ

「　陸地測量官任用規則

第一條　陸地測量師ハ陸地測量手中其任ニ適スル者ヲ選ミ陸地測量部修技所ニ於テ二箇年以上高等ノ學科ヲ修業セシメ卒業シタル者ヲ以テ之ニ任ス

第二條　陸地測量手ハ陸地測量部修技所生徒ノ卒業シタル者ヲ以テ之ニ任ス」

而シテ第三條ニ於テハ他ノ技術官ニ轉任ノ場合第四條ニ於テハ特別任用ノ場合第五條ニ於テハ従来在職者ニ関スル特例ヲ規定セラレシカ後三十年五月勅令第百四十八號ヲ以テ此等ヲ删除セラレ第三條トシテ次ノ一項ヲ加ヘラル

「第三條　本則第一條第二條ニ掲クル者ノ外陸地測量部ニ須要ナル學術技藝ヲ有スルモノ又ハ陸地測量部修技所卒業者ニ等シキ學術ヲ有スル者ハ陸地測量部ニ於テ實地試業ノ上適當ト認ムルトキハ陸地測量官ニ轉任セシメ若シ

クハ任用スルコトヲ得」

又同日勅令第三十六號ヲ以テ「陸地測量官ノ官等俸給ハ明治十九年勅令第三十八號技術官官等俸給令ニ依ル」ヘク公付セラル同月二十三日修技所生徒外業旅費ヲ測量旅費概則中月給十円未満傭員ニ準スルコトニ定ム又是ヨリ先二月十一日法律第四號ヲ以テ會計法ノ公布セラルルヤ従来當部出版地図拂下ノ別途經濟ナルモノハ宜シク同法ニ依リ特別會計ヲ設定セサルヘカラス然レトモ其改廢容易ナラサルヲ以テ陸軍省副官部ハ此際地図拂下ノ方法ヲ変更シ拂下ヲ要スルモノニ限リ原版ヲ印刷請負人ニ貸與シ之ヲ印刷發行セシムルヲ以テ最モ簡易方法ナリト認メ之ヲ當部ニ照會セリ當部ハ其原版ノ保護印刷ノ困難ニ懸念スルトコロアリ寧ロ一般會計法ニ依リ拂下地図代價ハ之ヲ歳入トシテ國庫ニ戻入シ之ニ對シ經費定額ニ相當ノ増額アランコトヲ望ミ三月二十五日之ヲ上申シテ聴許セラレ

【拂下地図費ノ歳額】二十三年度以降印刷資金トシテ歳額金七千五百円ヲ増加セラル又此月二十九日陸軍省達ニ由リ文具支給額區分〔本部及三角科（一等水準測量掛一等三角造標掛ハ二等）ハ一等修技所幹事計官ハ二等部科長及製版掛ハ三等〕ヲ規定シタリ然モ當部ニ在リテハ職務上特種ノ文具ヲ要スルモノ少カラサルヲ以テ五月二十二日更ニ職員ノ大部ニ對シテハ特ニ従前ノ如ク現品ヲ支給シ或ハ貸與セリ

【職員ノ更任】四月十三日勅令第四十五號ヲ以テ陸地測量部條例中ニ於ケル

---

(113) 正篇では次のように書き改められている。「スルノ議アリシモ」

(114) 正篇では次のように書き改められている。「セラルノヲ便トシ」

「相當技術官」ヲ皆「陸地測量師」若ハ「陸地測量手」ニ改メラル茲ニ於テ四月十九日五等技師石丸三七郎、中原貞三郎、六等技師矢島守一、三原昌、関大之、館潔彦、岩永義晴、早乙女為房、中野鉄太郎ハ何レモ陸地測量師ニ任セラレ五等技手多湖實敏外百四十三名陸地測量手ニ任セラル又此月三十日三角科長田坂工兵少佐萬國測地學協會[115]委員仰付ラル即チ後ノ測地學委員會委員ナリ[116]之ヨリ先キ二十一年五月萬國測地學協會加盟ノ議我政府ノ容ルル所トナリ此年二月二十五日大山（兼任）文部大臣ハ関係各大臣ニ其委員選定ヲ協議シ大山陸軍大臣ハ其協議ヲ當部ニ移牒セリ之ニ對シ三月十三日山内當部長ハ現時ノ經費ヲ以テシテハ別ニ委員ヲ常設スルノ要ナカルヘキヲ回答セシカ三月二十九日榎本文部大臣ハ再ヒ之カ常設ヲ提議シ終ニ田坂科長之カ選任ヲ受クルニ至リ後當部長及其他二三ノ測量官之ニ参加スルニ至レリ

（115）一八八七（明治二〇）年に加入が有利と答申した「弧度測量協会」。
（116）正篇では次のように書き改められている。
「之レ政府ノ二十一年五月萬國測地學協會ニ加盟シタルニ依ル」

後編　第二

【明治二十二年】　○明治二十二年六月三日部長山内工兵大佐砲工學校長ニ轉シ

【藤井部長新任】　陸軍工兵中佐藤井包總陸軍士官學校ヨリ轉シテ陸地測量部長心得仰付ラル此機會ニ於テ曩ニ官制更新ニ際シ新任セラレタル全職員ヲ表示スル次表ノ如シ(117)※12

【第一期高等學生】　七月十五日久重、揖江、杉山、三輪、藤本、春山、原、小熊、小池ノ九測量手高等學生ヲ命セラル之ヨリ先六月十九日陸地測量官任用規則第一條ニ基キ修技所高等学生授業概則（二箇年間論理學、心理學、物理學、化學、高等数學、最小方数法、地學、天文學、氣象學及各科専門學ヲ自修或ハ聴講セシム）ヲ定メ以テ陸地測量師補充ノ端ヲ啓キ茲ニ第一期學生トシテ上記ノ選命ヲ見ルニ至レリ

【測量費ヲ継續費ト定メラル】　七月二十五日測量費ヲ會計法第七章第二十二條ニ據リ継續費ニ改定セラレンコトヲ上申ス從来我陸軍測量ノ經費ハ參謀本部經費中ニ包含セラレシカ陸地測量部成立以後陸軍省經常部ニ測量費ナル獨立ノ一項ヲ成シ金拾五萬四千円ヲ計上スルニ至リタリ然ルニ全國測量ノ事業ハ向後約金壹千参百五拾萬円ヲ要スル大事業ニシテ其完成年限ノ遲速ハ主トシテ年定額ノ多少ニ由ルト雖(118)作業ノ性質上天候地形ノ影響ヲ受クルコト甚シク普通會計法

---

(117) 正篇では次のように書き改められている。「當時ニ於ケル當部ノ職員左ノ如シ」

※12　表は次頁以下の表を参照。

(118) 正篇では次のように書き改められている。「今後數十年ニ亘リテ實施セサルヘカラサル事業ナルト同時ニ」

陸地測量部長心得
工兵中佐　藤井包總
副官
歩兵大尉　須藤貞穀
書記
歩兵曹長　根来盛明
修技所助教兼務
(兼)　陸地測量師　岩永義晴
(〃)　陸地測量手　宇田川準一
(〃)　〃　杉山正治
(〃)　〃　大野茂英
(〃)　〃　佐藤静
(〃)　〃　小池鈔五郎
(〃)　〃　長谷川吉次郎
(〃)　〃　小瀬佳太郎
(〃)　〃　宮田義敬
(〃)　〃　石原白道
(〃)　〃　浅岡誠
(〃)　〃　村山維精
材料主管
工兵大尉　竹内鉸次郎
書記
属　岸大路持慎
参謀本部雇　北脇豊寛
〃　福原徳兵衛

書記
歩兵曹長　岩田光耀
属　伴千吉
(兼)
陸地測量手　千勝正司
参謀本部雇　那須昌一
計官
二等軍吏　上野師須
書記
一等書記　石川務
同　矢口知久也
二等書記　福井冨太郎

三角科

科長
工兵少佐　田坂虎之助
班長心得
砲兵中尉　宮沢吉文
陸地測量師　中原貞三郎
班員
歩兵中尉　成相武治
陸地測量師　矢島守一

修技所
修技所幹事心得
歩兵中尉　中島康直
書記
歩兵曹長　山崎銈太郎
班員
陸地測量師　三原昌
〃　関大之
〃　館潔彦
〃　岩永義晴
工兵曹長　髙井鷹三
砲兵曹長　三沢助次郎
工兵一等軍曹　須藤兼吉
陸地測量手　杉山正治
〃　三輪昌輔
〃　桒野庫三
〃　木村世徳
〃　田浦安静
〃　市川芳徹
〃　堀江當三
〃　奈佐栄
〃　水野秋尾
〃　河野剛

班員 陸地測量手	古家政茂
〃	内藤勉一
〃	浅田世良
〃	正木照信
〃	真田義啓
〃	森本義倶
〃	横山蕃安
〃	柳瀬信誠
〃	津村福光
〃	出島吉五郎
〃	桑田立三
〃	八木遠
〃	野村貫
〃	松永譲
〃	上野芳太郎
〃	高野良哉
参謀本部雇	菊池鍬吉郎
班員 陸地測量手	神代源次郎
〃	志和地善助
〃	若松光藏
〃	吉田耕作
〃	粟屋篤藏
〃	田中高

参謀本部雇	高関八百千郎
〃	川又藤四郎
〃	古田盛作
〃	鳥居會二
〃	大河内亀松
〃	山田德廣
〃	平川杵三郎
〃	山木菊次郎
〃	津村熊太郎
〃	伊藤祐中

地形科

科長 工兵少佐	関定暉
班長 工兵大尉	佐川耕作
陸地測量手	鈴木金次郎
〃	小瀬佳太郎
〃	久間金五郎
〃	沼関次
〃	佐藤幸太郎
〃	山村藤吉

班長心得 歩兵中尉	若林太三
〃	依田正忠
〃	服部直彦
班員 歩兵中尉	粟屋信雄
〃	勝田敏郎
科僚 工兵少尉	金子昌明
班員 陸地測量手	久重祥藏
〃	楫江順
〃	藤本新一
〃	春山清寧
〃	原忠貞
〃	真坂忍
〃	大野茂英
〃	佐藤静
陸地測量手	松田甲
〃	谷武松
〃	青山良敬
〃	諏訪鋭之助
〃	吉田氏義
〃	秩父一郎
〃	馬場内政

〃　朝比奈信夫
〃　石川利政
〃　松井利行
〃　市川元作
〃　芳野捨吉
〃　原重治
〃　永持多忠
〃　松井哲次郎
〃　堤慶藏
〃　細見兵太郎
〃　大島金三郎

班員
陸地測量手　松崎時雄
〃　清水兵次郎
〃　武島恒太郎
参謀本部雇　矢田敬三郎
〃　関壮太郎
〃　岡田扇太郎
〃　北川益深
〃　鈴木敏
〃　小原乙二郎

〃　岡本泉吉郎
〃　萩原太郎
〃　長谷川吉次郎
〃　吉村宗新
〃　永吉光吉郎
〃　岡田直記
〃　佐多猛
〃　池田活之助
〃　新井季吉
〃　鳥越民吉
〃　藤田五郎太
〃　加藤恒藏

班長
工兵大尉　野村内藏輔
班長心得
陸地測量師　石丸三七郎
科僚
工兵中尉　大日方紀
班員
陸地測量師　早乙女爲房
〃　中野鐵太郎
工兵上等監護　佐多雄吉
陸地測量手　宇田川準一
〃　岡部勤二
〃　岩橋章山

〃　志田梅太郎
〃　川村七次
〃　近藤正愿
〃　山田有慶
〃　中村祐敦
〃　中田三郎
〃　赤崎俊規
〃　中島道知
〃　西田八郎
〃　小川昌行
〃　原久之助

陸地測量手　小池鈔五郎
〃　石川元輝
〃　宮田義敬
〃　齋藤敬義
〃　浅井銀次郎
〃　吉田昜三
〃　堀健吉
〃　富岡秀太郎
〃　石原白道
〃　永田直芳
〃　下妻政孟
〃　関口録重郎
〃　齋藤太郎

製圖科

科長心得　工兵大尉　早川省義
班長　工兵大尉　宇佐美宣勝
班員　陸地測量手　大場國介
〃　小林眞鉄
〃　稲垣金太郎
〃　松本安四郎
〃　福島市太郎
〃　千野忠秀
〃　山際市松
〃　小池淑
〃　齋藤文三
〃　小田貞雅
〃　千勝正司
〃　松本新太郎
〃　都筑秀士
〃　朝倉寛
〃　小熊満三
〃　大岡金太郎
〃　片山直英
陸地測量手　大島愼徳
〃　高橋啓
〃　初芝昇
〃　内田勝之進
〃　浅岡誠
〃　今藏熊太郎
〃　村山維精
〃　加藤財三郎
〃　谷貝太郎作
〃　間宮義風
〃　横尾久之丞
〃　堀越恒四郎
〃　稲川武三郎
〃　森太郎
〃　高橋鉦治郎
〃　玉井禎藏
〃　結城朝明
〃　長瀬正行

本部直轄

休職　陸地測量手　多湖實敏
〃　〃　平田久太郎

計　貳百四名

ヲ以テシテハ其經理上不便尠カラサルヲ以テ此上申ヲ要スルニ至リシナリ尋テ之ヲ採用セラレ明二十三年度以降測量費ヲ以テ會計法上繼續費ト定メラル九月二十日部長心得藤井工兵中佐工兵大佐ニ進ミ陸地測量部長ニ補セラレ同日早川工兵大尉工兵少佐ニ任セラレ製図科長ニ補セラル

【物品經理ノ一新】 九月二十日物品會計規程説明及物品受授規則ヲ定メ之ニ由リ直接ニ作業ニ関セサル物品ヲ甲種トシ直接作業ニ要スル物品ヲ乙種トシ甲種物品會計官吏ヲ計官ニ乙種物品會計官吏ヲ材料主管ニ命セリ之ヨリ先物品會計規則及陸軍物品會計規程ノ發布アリタルニ由ル十月十一日當部計官不在ニ際シテハ副官ヲシテ其ノ職務ヲ辨理及監守セシム十一月二日関地形科長田坂三角科長共ニ工兵中佐ニ進ム

【地図印刷資金ノ繰リ上ケ使用】 十二月三日地図印刷資金参千円ノ繰リ上ケ使用ヲ聽許セラル元来拂下地図印刷資金ハ参千五百五拾五円許ノ定額ナルニ對シ(120)本年ノ如キ既ニ拂下地図六萬九千餘枚收入金参千七百六拾餘円ニ上リ向後年度末マテ必要ナル地図ノ拂下ヲ停止セサルヘカラサルニ際シタレハナリ

【富士山模型ノ天覧】 此年第三回内國勸業博覧會ヲ東京ニ開設セラレ當部ハ之カ出品トシテ富士山模型ノ製作ヲ企テ業既ニ成ル事　叡聞ニ達シ四月二十四日特ニ宮城ニ於テ　覧ヲ賜フ(121)

【第一期修技所生徒ノ卒業】 同月二十七日第一期修技所生徒卒業式ヲ擧ク有栖川宮參謀總長並川上參謀次長參謀本部各局長及陸軍大學校長等臨場セラル此日

(119) 正篇では次のように書き改められている。「キカ故ニ毎年必シモ豫定ノ事業ヲ遂行スルコト保シ難キヲ以テ」

(120) 正篇では次のように書き改められている。「増額」

(121) 正篇では次のように書き改められている。「天覽アラセラル」

卒業スルモノ三十四名即日陸地測量手ニ任セラレ古田和三郎外四名ハ三角科班員ヲ蜂屋三千三外二十二名ハ地形科班員ヲ諏訪良平外五名ハ製図科班員ヲ命セラル爾後陸地測量手ノ任命時ニ特種ノ出身ナキニアラスト雖概ネ皆修技所出身ニ係ル本年ニ於ル(122)全職員ハ部長以下（佐官三名士官十八名測量師九名測量手百九十四名修技所生徒六十九名雇六十名給仕用使等十三名）三百六十六名ニシテ

又其經費ノ概況ハ次ノ如クナリキ※13

【各科ノ業績】　三角科ニ於テ一等三角観測ハ近畿及四國ニ九百六十七方里ヲ完成シ尚笠野原（大隅）基線ヲ撰定シ二等三角測量ハ近畿地方ニ約二百六十九方里ヲ三四等三角竝二等水準測量ハ近江伊勢地方ニ二百八十七方里ヲ完成シ一等水準測量ハ甲駿、近畿、中國ニ亘リ約百八十五里ヲ完成セリ(123)此年七月八日三等經緯度計算表ヲ印刷頒布シ計算用ノ諸表亦漸次ニ具備スルニ至レリ

地形科ニ於テハ島田、濱松、静岡、豊橋地方ノ正式測図約百二十五方里ト尚前橋、名古屋、京都地方ニ各種ノ準正式測図約三百七十四方里ヲ完成シ(124)其他「線號尺」「等線字例」等ヲ創定シ且「地形測量教則地形原図描畫ノ部」及「地形原図々式」ヲ頒布シテ地形描畫法ヲ改正セリ

製図科ハ常務ニ於テ正式地形図ノ製版二十九版（**七十三方里**）準正式地形図ノ製版十七版（**六十一方里**）ニ及ヒ帝國図ハ大島號ノ製図ヲ終リ小田原號沼津號ニ著手シ臨時務ニ在リテハ輯製（従来ノ輯成ヲ爾後輯製ニ改ム）二十萬分一

---

(122) 正篇では次のように書き改められている。
「古田和三郎外三十四名即日陸地測量手ニ任セラル茲ニ於テ」

※13 **詳細は次頁の表を参照。**

(123) 正篇では次のように書き改められている。
「三角科ニ於テハ一等三角測量ハ撰點九百八十七方里造標九百三十方里觀測五百五十四方里ヲ完成シ二等三角測量ハ近畿地方ニ約二百八十四方里ヲ三四等三角ハ近江伊勢地方ニ二百七十八方里ヲ完成シ一等水準測量ハ甲、駿、近、畿、中國ニ亘リ埋石百五十一里觀測二百二十四里ヲ完成セリ此ノ年久留米（筑後）基線三、一六一米ノ測量ヲ施行ス」

(124) 正篇では次のように書き改められている。
「准正式測圖約二百七十三方里ヲ完成シタリ其ノ名古屋地方ニ關スルモノハ廣袤八十餘方里ヲ包有シ我邦最初ノ大演習ニ供セラレシモノナリ」

費目＼区分	豫算高		実費支拂高		残高	
奏任俸給	一九、八三九	三二二	一九、八一二	〇八二	二七	二三九
判任俸給	四三、七二一	六四四	四三、六四五	三七四	七六	一七〇
傭員俸給	三、四九八	六〇四	三、四八八	六〇四	一〇	〇〇〇
技術官休職俸給	三八七	九四七	三八七	九四七	〇	
文官非職俸給	六〇	二〇三	六〇	二〇三	〇	
死亡賜金	三〇六	〇〇〇	三〇六	〇〇〇	〇	
諸手當	八、七五五	二五〇	八、七四二	二一〇	一三	〇四〇
雇人料	三〇、六九三	七七〇	三〇、六八一	〇一八	一二	七五二
恵與	〇		〇		〇	
器具器械費	六、六二五	五二四	六、六一八	九五〇	六	五七四
図書及印刷費	一、五一二	〇〇〇	一、五〇七	三九七	四	六〇三
筆紙墨文具	一、五九五	〇〇〇	一、五九一	八七六	三	一二四
文具料	二三七	八四〇	二三〇	七五五	七	〇八五
消耗品	三、六二〇	〇〇〇	三、六一六	九七四	三	〇二六
通信運搬費	三、一九四	五二九	三、一八三	七六〇	一〇	七六九
雑費	五、五六六	五七四	五、五五一	五二九	一五	〇四五
馬匹費	二〇	〇〇〇	二〇	〇〇〇	〇	
内國旅費	二八、三四四	六六九	二八、一七二	三五五	一七二	三一四
被服費	二五一	〇〇〇	二四二	九二八	八	〇七二
計	一五八、二三〇	八七六	一五七、八六〇	九六三	三六九	九一三

図四十六版（七千九百餘方里）又従来轉寫石版ヲ以テセシ諸地図ヲ寫真電氣銅版ヲ以テ再版スルモノ十三版ニ及ヒ成果ノ数ニ於テ敢テ前年ニ大差ナシト雖技術職員ノ熟練ト新調ノ發電機及蒸汽機関等設備ノ完成ト相待チテ其成績ハ大ニ見ルヘキモノアリ乃チ經費ヲ増加セスシテ製版数ヲ増加シ且之ヲ完美ナラシムルヲ得本科作業ニ一進歩ヲ呈セリ

【明治二十三年】【基線尺ノ譲受ケ不用測器ノ分配】○明治二十三年二月十八日米製基線尺二組同準尺二箇六吋經緯儀三箇ヲ内務省ヨリ交付ヲ受ク[125]此月當部ニ於テ不用測量諸器械数十點ヲ陸軍士官學校同砲工學校其他各要塞幹部[126]竝文部省農商務省等ニ分配交付セリ蓋シ皆物品會計法ノ実施ニ伴フ整理ニ外ナラサルナリ

【寫真場及機関室落成】同月二十八日客年来新築ノ寫真場及蒸汽機関室竣工シ製図作業ノ便一層ヲ加フ

【内國勧業博覧會出品】三月七日早川製図科長外三名第三回内國勧業博覧會出品事務委員ヲ命セラレ大日本地形図壹面（小田原号縦九尺七寸五分横一丈一尺二寸三分）集合地形図壱面（沼津及下田号縦一丈四尺二寸横九尺二寸六分）富士山象形図壱基（縦五尺八寸六分横六尺六寸六分高四尺二寸五分）富士山地形原図寫圖壱面（縦六尺九寸五分横七尺八寸一分）輯製二十萬分一圖貳軸（縦一丈七尺二寸九分横一丈一尺八寸八分）ヲ同會第五部第一類ニ大日本帝國圖額入

---

(125) 正篇では次のように書き改められている。「保管轉換」
(126) 正篇では次のように書き改められている。「要塞幹部練習所」

壱面（大島号彫刻銅版印刷縦二尺一寸七分横二尺四寸）大阪近傍図額入壱面（彫刻石版印刷縦六尺六寸五分横九尺六寸六分）[127]ヲ第二部第五類ニ出品セリ

【大演習随員】三月陸海軍聯合大演習ノ擧行セラルルヤ當部ヨリ寫真手及亜鉛版印刷手若干名ヲ派シ大本営ニ附属セシメラル之ヲ部員大演習参加ノ最初トス

【陸地測量標條例】同月二十六日法律第二十三號ヲ以テ陸地測量標條例ヲ公布セラル其全文左ノ如シ

「　　陸地測量標條例

第一條　本條例中測量標ト稱スルモノハ三角點標石、水準點標石覘標、標杭、測旗、假杭トス

第二條　陸地測量部ニ於テ宅地ニアラサル民有地ニ測量標ヲ設置スル為メ敷地ヲ要スルトキハ所有者之ヲ拒ムコトヲ得ス又官有地第三種第一項第五項第六項第七項第八項ノ土地ニ在テハ所管廳ニ通知シテ之ヲ使用スルコトヲ得

官有地第二種第三種第二項第三項第四項第四種ノ土地及ヒ民有宅地内ト雖モ已ムヲ得サル場合ニ於テハ測旗假杭ニ限リ前項ニ準シテ之ヲ設置スルコトヲ得

第三條　民有地ニ標石ヲ設置スルトキハ其敷地ヲ買上クヘシ但所有者ニ於テ其土地ヲ寄附シ又ハ借地料ヲ要セス永遠貸地トナサンコトヲ望ムトキハ格別トス

---

(127) 正篇では次のように書き改められている。「大阪近傍圖（彫刻銅版）額入壹面ヲ」

第四條　民有地ニ覘標及ヒ標杭ヲ設置シタルトキハ宅地ニ在テハ相當ノ借地料ヲ給シ田畑、塩田、鑛泉地ニ在テハ一箇年一坪ニ付金三戔其他ニ在テハ同金一戔ノ割ヲ以テ借地料ヲ給ス但所有者ニ於テ其土地ヲ寄附シ又ハ借地料ヲ要セス貸地トナサンコトヲ望ムトキハ格別トス

第五條　測量主任官測量ノ為メ官有地茀二種、茀三種茀二項茀三項茀四項茀四種ノ土地及ヒ民有宅地内若シクハ牆垣、籬柵内ニ立入ラントスルトキハ先ツ其ノ所管廳又ハ所有者ニ通知スヘシ但官有地茀三種茀一項茀五項茀六項茀七項茀八項ノ土地竝宅地ニアラサル民有地及ヒ所有者又ハ管理人ノ所在遠隔スル田畑等ノ垣柵内ニ在テハ直チニ立入ルコトヲ得此場合ニ於テハ主任官タルノ證票ヲ携帯スヘシ

第六條　官有地茀三種茀一項ノ土地及ヒ宅地ニアラサル民有地内ニ於テ測量施行ノ為メ障碍トナル竹木ハ已ムヲ得サルモノニ限リ之ヲ伐除シ又樹上ニ覘標ヲ設置スルコトヲ得此場合ニ於テハ相當ノ補償ヲナスヘシ

第七條　測量施行ノ爲メ牆垣籬柵等又ハ植物ヲ毀損シタルトキハ相當ノ補償ヲナスヘシ

第八條　第三條ノ敷地買上料第四條ノ宅地借地料及ヒ茀六條第七條ノ補償金額ニ付所有者ト協議調ハサルトキハ市町村長ヲシテ之ヲ評定セシム市町村長ノ評定ニ服セサルモノハ其評定ノ通知ヲ受ケタル日ヨリ一箇月以内ニ裁判所ニ出訴スルコトヲ得

第九條　標石ハ諸測量ノ基準點トシテ官民共ニ使用スルコトヲ得

第十條　標石ヲ移轉シ若シクハ毀損シタルモノハ一月以上一年以下ノ重禁錮ニ處シ又ハ五円以上五十円以下ノ罰金ニ處ス

第十一條　覘標及ヒ標杭ヲ移轉シ若シクハ毀壊シタル者ハ五円以上五十円以下ノ罰金ニ處ス

第十二條　測旗及假杭ヲ移轉シ若シクハ毀壊シタル者ハ二円以上二十円以下ノ罰金ニ處ス

第十三條　過誤ニ由リ測量標ヲ毀壊シ又ハ之ニ瓦礫其他ノ雜物ヲ擲チ獣類ヲ繫キ繩索ノ類ヲ懸ケ或ハ貼紙シ或ハ戯書シ其他悪戯ヲ為シタル者ハ五戔以上壱円九拾五戔以下ノ科料ニ處ス

第十四條　本條例施行ノ細則ハ陸軍大臣之ヲ定ム

附則

第十五條　本條例中市制町村制ノ實施ニ至ラサル地方ニ在テハ市町村長ノ職務ハ區戸長ヲシテ之ヲ行ハシム

」

【最初ノ公布豫算】　此月二十三年度歳計總豫算ノ公布アリ

【測量費増額】　我測量費ハ貳拾萬弐千九百餘円ニシテ之ヲ前年度ニ比スレハ實ニ四萬七千四百餘円ヲ増加セラレタリ是當部事業ノ擴張ト地図拂下ケ収入ノ普通會計歳入ニ對スル當部經費ノ増加等ニ由ルト雖之ヲ舊記ニ徵スルニ交涉申請幾回ナルヲ知ラス其最後ノ申請ニハ「若シ此増額ヲ聽サレスレハ多年ノ計畫準

備皆水泡ニ帰シ昨年卒業ノ修技所生徒竝ニ現ニ在學ノ修技所生徒等八十餘名ヲ解放セサルヘカラス是尚ホ忍フヘシ特タ陸軍省告示ノ信ヲ奈何ニセン」ノ語アルヲ見ルニ至リテハ當時當局ノ苦心ヲ偲ハシムルモノアルナリ尋テ五月八日ニ至リ曩ニ交附セラレタル拂下地図印刷資金参千円ヲ國庫ニ還納セリ此等ノ經費増額竝ニ整理ト曩ニ聴許セラレタル前年度支出残ヲ後年度ニ繰越使用シ得ル經理法ハ大ニ當部ノ事業ヲ進捗セシメタリ茲ニ本年度末ニ於ケル經理ノ状況ヲ擧クレハ左ノ如シ(128)※14

【陸地測量標條例施行細則】尋テ四月十七日陸軍省令第十二號ヲ以テ陸地測量標條例施行細則ヲ發布セラル其全文左ノ如シ

陸地測量標條例施行細則（附図略）(129)

「第一條　陸地測量ハ三角測量及ヒ地形測量ノ二次ニ分チテ施行ス

第二條　標石ハ永遠ニ保存シ諸測量ノ基準點ニ供用ス其種類左ノ如シ

一等三角點標石（第一図）

二等三等三角點標石（第二図）

水準點標石（第三図）

第三條　覘標及ヒ標杭ハ地形測量ヲ終ルノ時ニ至ルマテ假杭ハ三角點覘標及ヒ水準點標石ヲ設置スルノ時ニ至ルマテ保存スルモノニシ其種類左ノ如シ

---

(128) 正篇では次のように書き改められている。
「左ニ當時ニ於ケル費目分類及其ノ収支ヲ表示シ以テ實況ヲ明ニセントス」

※14 詳細は次頁の表を参照。

(129) 正篇では附表第一の四段目以下に収録。

費目＼區別	豫算高		支拂高		残高	
奏任俸給	二〇、七〇〇	〇〇〇	二〇、六九二	二七八	七	七二二
判任俸給	五五、三一四	八六三	五五、三一〇	七四八	四	一一五
傭員俸給	二、七七二	〇〇〇	二、七六八	〇三三	三	九六七
技術官休職俸給	一五〇	二五〇	一五〇	二五〇	〇	
文官非職俸給	四〇一	〇七一	四〇一	〇七一	〇	
死亡賜金	一六五	〇〇〇	一六五	〇〇〇	〇	
諸手當	六、〇六六	〇二四	六、〇五六	九〇三	九	一二一
傭人料	三〇、五八三	九〇〇	二七、二六三	五七二	三、三二〇	三二八
死傷手當	一〇	〇〇〇	一	八〇〇	八	二〇〇
備品費	一四、九二〇	一〇〇	一四、二五〇	四八三	六六九	六一七
図書及印刷費	七〇二	五〇〇	六三二	八四七	六九	六五三
筆紙墨文具	四、三五九	八四六	四、二七六	三八五	八三	四六一
文具料	二六八	二〇〇	二六六(130)	九八〇	一	二二〇
消耗品	三、八二〇	五〇四	三、八〇四	四九〇	一六	〇一四
通信運搬費	四、八一三	四八四	四、一八〇	六五九	六三三	八二五
雜費	一一、三三二	九四二	七、六一九	九三六	三、七一三	〇〇六
馬匹費	二〇	〇〇〇	二〇	〇〇〇	〇	
内國旅費	四六、一七七	〇〇〇	三九、三九四	六九六	六、七八二	三〇四
被服費	三九三	一九〇	三五八	八七〇	三四	三二〇
計	二〇二、九七〇	八七四	一八七、六一五	〇〇一	一五、三五五	八七三

(130) 正篇では次のように書き改められている。
「二六八」

三角點ノ覘標（第四、第五、第六、第七、第八図）
地形図根點ノ覘標（第八図ニ同シ）
四等三角點ノ標杭及ヒ傍示杭（第九図）
三角（一等水準）點假杭（第十図）
二等水準點標杭及ヒ傍示杭（第十一図）
地形図根點ノ標杭（第十二図）
地形水準點ノ標杭（第十三図）

第四條　標石敷地ハ方形ニシテ標石ヲ以テ其中心ヲ領セシムルモノニシテ其大サ左ノ如シ但地形ニ依リ本條ニ據ル可カラサル時ハ格別トス

三角點標石敷地一坪
水準點標石敷地半坪

第五條　測量標ヲ建設シタルトキ測量主任官ハ建設ノ位置、標ノ種類地坪及買上ケ若クハ借リ入レ等ノ要件ヲ記載シ最近ノ市役所又ハ町村役場ニ通知スヘシ

第六條　市役所町村役場前條ノ通知ヲ受ケタルトキハ其地ノ國郡町村名字番號及官有ニ係ルモノハ所管ノ廳名、民有ニ係ルモノハ所有者ノ姓名等詳細取調測量主任官ニ報告ス可シ但民有ニ係ルモノハ所有者ヨリ受書ヲ取リ同時ニ送致スルモノトス

第七條　測量主任官前條ノ報告ヲ受ケタルトキハ第五條ノ要件ヲ記載シタ

ル書面ニ此報告書ヲ併セテ其地所轄ノ道廳府縣廳ニ送致スヘシ

第八條　道廳府縣廳前條ノ書類ヲ受ケタルトキ測量標建設地ノ官有ニ係ルモノハ之ヲ其所管廳ニ通知シ民有ニ係ルモノハ其所有者ニ對シ買上ケ若クハ借リ入レノ處分ヲ為スヘシ

第九條　本條例第三條ノ敷地買上代同第四條ノ借地料ハ本人ヨリ其地所轄ノ道廳府縣廳ニ申出該廳ハ陸地測量部ニ其金額ヲ請求シテ之ヲ本人ニ支給ス可シ

第十條　本條例第五條ノ證票ハ左図ノ如シ

表面

裏面

第十一條　本條例第六條官有ニ係ル竹木ヲ伐除シタルトキハ測量主任官其竹木ノ明細書ヲ作リ所管廳ニ報告シ所管廳補償ヲ要スルトキハ相當ノ額ヲ定メ陸地測量部ニ請求スヘシ

第十二條　本條例第六條第七條人民ニ對スル補償金ノ支拂ハ出張測量主任官ニ於テ之ヲ取扱フモノトス

第十三條　本條例第九條ニ依リ標石ヲ使用セントスル者ハ豫メ使用ノ日数及

其事由ヲ詳記シ其地所轄ノ道廳府縣廳ニ申請シテ許可ヲ請フヘシ

第十四條　一地区ノ三角測量及ヒ地形測量ニ著手スル毎ニ陸地測量部ハ前以テ其旨ヲ該地区ノ道廳府縣廳ニ通知シ該廳ハ其地區ニ達スヘシ

第十五條　一地區ノ地形測量ヲ完成スル毎ニ陸地測量部ハ其旨ヲ該地區ノ道廳府縣廳ニ通知シ該廳ハ之ヲ其地區ニ達スヘシ

第十六條　標石ヲ設置シ又ハ標杭覘標ヲ建設シタルトキハ陸地測量部ハ其旨ヲ其地所轄ノ道廳府縣廳及ヒ同警察本署ニ通知スヘシ

第十七條　天災地変其他ノ原因ニヨリ標石覘標々杭ノ毀損変位等ノ事アルトキハ郡市役所及ヒ警察署ハ其旨ヲ所轄道廳府縣廳ニ届出ツヘシ

第十八條　道廳府縣廳前條ノ届出ヲ受ケタルトキハ陸地測量部ニ通知シ同部ニ於テ修理又ハ改造ヲ執行シ更ニ其旨ヲ道廳府縣廳ニ通知シ該廳ハ之ヲ警察署及ヒ郡市役所ニ通知スヘシ

第十九條　標石標杭覘標ヲ移轉セサル可カラサルノ事由アルトキ其公事ニ係ルモノハ主務廳ヨリ私事ニ係ルモノハ本人ヨリ其旨ヲ道廳府縣廳ニ請求又ハ出願スヘシ該廳ニ於テハ之ヲ審査シ其移轉ノ必要ヲ認ムルトキハ陸地測量部ニ申牒ス可シ但シ移轉ノ為メニ要スル費用ハ其移轉要求ノ廳若クハ出願者ヨリ支辦セシム

第二十條　前條ノ申牒ヲ受ケタルトキハ陸地測量部ニ於テ移轉ヲ執行シ更ニ其旨ヲ道廳府縣廳ニ通知スヘシ

第二十一條　標旗或ハ假杭ヲ移轉セサル可ラサルノ事由アルトキハ主務廳若クハ本人ヨリ出張測量主任官ニ請求又ハ出願シテ承認ヲ經可シ
但出張測量官居合セサル場合ニ在テハ第十九條ニ準ス
第二十二條　測量施行ニ當リ之ヲ要スルトキハ陸地測量部ハ道廳府縣廳若クハ郡市役所ニ照會シ諸般ノ取調ヲ求ムルコトヲ得但事柄ニ依リ出張測量主任官ヲシテ直チニ之ヲ爲サシムルコトアル可シ

附則

第二十三條　本則中市制町村制ノ實施ニ至ラサル地方ニ在テハ市役所ハ區役所町村役場ハ戸長役場トス
」

之ヨリ先キ測量課及測量局時代ニ於テ測量ヲ施行シ測量標ヲ設置スルヤ毎ニ參謀本部ヲ介シテ各主管廳ニ交渉ヲ重ネ或ハ其保護ヲ托スル等極メテ煩雜ナル處置ヲ要シ其間二三ノ便宜法例ヘハ二十年四月官有林ニ於ケル建標及伐木ニ関スル山林局トノ協定二十一年四月沿道樹ニ覘標ノ建設及伐木ニ関スル内務省トノ協定アリ且二十一年八月測量標規則ノ公布セラルルアリ測量標ノ保護(131)漸次ニ深重ヲ加ヘ作業上ノ處置亦多少簡易ヲ得サリシニアラスト雖未タ全ク不備不便ヲ感セサルニアラサリシカ曩ニ陸地測量標條例ノ公布アリ今此陸地測量標條例施行細則ノ公布アリ(132)測量標ノ設置、測量ノ施行、測量標ノ保護ニ関シ其權義ヲ明確ナラシムルニ至リ我測量事業ノ基礎全ク茲ニ確立セリ

【修技所生徒採用規則】二五月陸軍省令第十三號ヲ以テ修技所生徒採用規則ヲ發

---

(131) 正篇では次のように書き改められている。「保護法」
(132) 正篇では次のように書き改められている。「茲ニ陸地測量標條例同施行細則ノ制定アリ」

布セラレ修技所生徒ハ爾今（製図科ヲ除クノ外）満期下士ノ志願者ニ就キ約中學卒業程度ノ試験ニ合格セル者ヲ採用スルコトトナレリ蓋シ職員漸ク充實シタルヲ以テ一時ニ多数ノ生徒ヲ要セサルニ至リシト下士優遇ノ一端タラシメシカ為ナリ

【陸軍給與令及其細則】同月三十日「測夫給與内則」ヲ定ム之ヨリ先キ本年三月陸軍給與令ノ公布アリ其第九章第八十五條ニ於テ陸地測量ニ関スル旅費ハ之ヲ特定スヘク規定セラレ尋テ四月陸軍省令第十號陸軍給與令細則第十八條ニ於テ陸地測量旅費ヲ規定セラル其大要從前ニ異ルモノナシ然レトモ同時ニ從来ノ「測量旅費概則」「測量人夫給料内則」ハ一併シテ之ヲ廢止セラレタルヲ以テ四月一日「測量傭夫給料内則」ヲ定メ

【測夫給與内則】更ニ之ヲ改定シテ此ノ「測夫給與内則」ト成リ直チニ之ヲ実施ス五月十一日測量費中ニ測量標敷地買收ノ一節ヲ設ケラル蓋シ法律第二十三號ニ依リ該敷地買收ノ場合アルニ由ル

【地図拂下ケ方法ノ改正】六月二十一日當部發行地図ハ府下確實ナル商人ニ相當ノ抵當(133)ヲ提供セシメタル上之ニ委托シテ賣捌カシムルコトニ改定セリ是本年度ヨリ會計法實施ノ為メ從来ノ拂下ケ方法ニ依ルヲ得ス然モ一般物品ノ拂下ケト大ニ其性質ヲ異ニスルモノアレハナリ同月二十四日修技所生徒學修用ノ印刷物ヲ物品會計規程以外ニ置クコトヲ聴許セラル八月十四日實地經歴書記載例ヲ特定セラレ且測量地往復里数ハ其直上長官之ヲ考査證明シテ以テ陸軍給與令同

(133) 正篇では次のように書き改められている。「擔保」

細則ニ於ケル地方公署ノ證明ニ代ヘンコトヲ禀申シ聴許セラル[134]八月二十五日第三回内國勧業博覧會ヘ**當部ヨリ**出品シタルモノノ内大日本地形図、大日本帝國図、集合地形図、大阪近傍図ノ四面ヲ帝國博物館ニ寄贈ス此月**参謀本部**ハ各府縣ニ照會シテ各府縣カ地図調製其他土木工事等ノ為施行シタル測量事業ニ関シ

一、地形測量ニ就テ使用ノ器械及其方法梯尺

一、製図製版ノ方法

一、測量及製図ノ為メ一ヶ年ニ費スヘキ經費大約

一、測量事業ノ為メ従来費シタル總經費大約

ノ報告ヲ求メ**各其回答ヲ得タリ九月三日副官工兵大尉亀岡為定着任ス**仝日桂陸軍次官ノ移問[135]ニ對シ當部測量事業ノ起因竝將来計畫ノ要略ヲ回答スル次ノ如シ

【「當部測量事業ノ起因竝將来計畫ノ要略」】「地図ハ國家經營ノ要具ニシテ獨リ陸軍一部ノ用ニ偏スルモノニアラス之ヲ本省ニ於テ掌ルモノハ地理ノ兵要ニ関スル最緊要アルヲ以テナリ夫レ軍事ニ在テハ國防ノ計畫出師ノ準備ヨリ日常練兵ノ事ニ至ルマテ皆地図ニ據ラサルハナシ又民事ニ在テハ地方ノ區域ヲ定メ境界ヲ匡シ道路ノ交通河海ノ運輸治水開拓ノ事ヲ始メ教育ニ税務ニ鑛業ニ林務ニ土木ニ商業ニ地図ヲ要セサルハナシ陸地ヲ測量シテ地図ヲ製スルノ必要斯ノ如シ曩ニ明治十三年ニ於テ此事業ヲ創始シ爾来三角測量地形測量及製図ノ三科著々歩ヲ進メ又明治十七年ニ於テ内務省ノ所管タリシ三角測量ノ業務ヲ移シテ合併シ現今ノ陸地測量部ヲ置カル、ニ

---

(134) 正篇一〇三～一〇四頁では、この削除部分以下に、作製予定の地図の縮尺の変更を示すが、稿本では一三三～一三四頁に示す。

(135) 正篇では次のように書き改められている。「照會」

至レリ而シテ測地製図ノ事業タル本邦未曾有ノ業務ニシテ爲メニ要スル技術官ノ如キハ修技所ヲ設ケテ之ヲ養成シ將来其ノ補充ヲ欠クコトナカラシメンコトヲ期シテ計畫シタリ然レトモ國庫限リアルノ經濟ニ對シ事業モ亦之ニ伴ハサルヲ得サルヲ以テ暫ク本年度以降毎年測量ニ充ツル費額ヲ貳拾萬貳千八百五円餘ト為シ其事業ヲ約三百五十方里（二萬分一梯尺）ニ限ラントス果シテ然ルトキハ其完成ノ期ハ今後尚ホ七十年ノ後ニ在ルモノト豫定スヘキナリ而シテ其完成ノ後ト雖モ常ニ地図[136]ノ效用ヲ完カラシメン爲メニハ毎年各地ニ就キ修正ヲ加ヘ凡ソ十年ニ全国一回ノ修正ヲ終ラサル可カラス故ニ七十年以後ニ於テ之レニ充ツルノ費額年々尚貳拾萬弐千八百円餘ヲ要スルノ推算ナリ」

【地図修正要件ノ徴集】之ヨリ先キ郡市町村名ノ変更竝郡市役所町村役場位置ノ変更新設等ハ地図修正上必要ノ條件ナルニ依リ其都度地方廳ヨリ之ヲ當部ニ通牒セラレンコトヲ申請シ九月十八日之ヲ聽許セラル十一月相前後シテ甲乙兩物品會計官吏ノ更任アリ當時ニ於ケル各保管物品價格ハ甲種金八百八拾九円参拾八銭四厘乙種金六拾八萬五千参百七拾円五拾七銭八厘ナリキ同月勅令第三百六十七号ヲ以テ陸軍定員令ヲ公布セラレ其第六條第三項特務部ニ於テ當部ノ定員ヲ規定セラレ若干ノ増員ヲ見タリ

【地図天覧】十一月二十八日東駕参謀本部ニ幸セラルルヤ[137]當部調製ノ地図若干特ニ覧ヲ賜フ[138]

---

(136) 正篇一〇六頁では「凡ソ」。

(137) 正篇では次のように書き改められている。「行幸アラサラレ」

(138) 正篇では次のように書き改められている。「展覧アラセラル」

【第二期修技所生徒卒業】同月二十日第二期修技所生徒三十五名業ヲ卒ヘ陸地測量手ニ任セラレ山本三郎外十二名ハ三角科班員ニ笠原嘉市外十五名ハ地形科班員ニ佐藤清之助外五名ハ製図科班員ヲ命セラル(139)

【器械庫及印刷所ノ落成】同月二十五日器械庫及印刷所落成ス初メ測量器具ハ本部四階ニ収納シ其出納ノ不便ト保護ノ危険トハ実ニ寒心スヘキモノアリ又印刷所ハ粗造狭隘到底作業ノ敏活ヲ期シ難キヲ以テ曩ニ此等ノ新築ヲ申請シ茲ニ其落成ト同時ニ之ヲ受領セリ(140)

【測図梯尺ノ更定】八月十六日参謀本部會議ハ當部ノ申請ヲ容レ地形図ノ梯尺ヲ一般ニ五萬分一トシ必要アル地域ニ限リ特ニ二萬分一梯尺ヲ用ヒ測図スルコトニ更定セラレ(141)同時ニ帝國図ノ梯尺ヲ二十萬分一ニ更定セラレ二十五年度以降之ヲ実施ス蓋シ測量事業ノ前途廣大ナルニ比シ經費ハ之ニ伴隨セスシテ完成期ノ遼遠ナル國家ノ情勢ニ適セサルモノアランヲ虞レ此更定ヲ見ルニ至リシナリ此梯尺更定ハ実ニ時宜ニ適シ我測量事業ノ一新時期ヲ開キタルモノニシテ爾来作業ノ速度ハ従来ニ比シ二倍乃至三倍(142)スルニ至レリ當時之ニ関シテ提出セル理由書左ノ如シ

「本邦地區ハ二萬分一ヲ以テ地形原図トシ十萬分一図ヲ帝國図トシ他ニ輿地図ヲ製スルノ計畫ナリシモ本邦全土ノ地形ハ東西ニ延長シ其中央ニ「シベリア」山脈ト支那山脈ヲ通シ其周圍ノ漸ク流レテ小山地丘陵地ヲ形成シ原野田畑其間ニ在テ都府村落ノ存在スルモ重ニ周圍ニアリ山間ノ村落ハ小山地以下ニ盛ナリ

---

(139) 正篇では次のように書き改められている。
「山本三郎外三十四名業ヲ卒ヘ即日陸地測量手ニ任セラル」

(140) 正篇では次のように書き改められている。
「之カ爲メ従來ノ本部四階ニ収納セシ測量器具出納ノ不便ト保護ノ危険トヲ醫シ竝ニ印刷作業ノ敏活ヲ期シ得ルニ至レリ」

(141) 正篇一〇三頁では次のように書き改められている。
「特定地域ニ限リ二万分一梯尺ニ依リ他ハ一般ニ五万分一梯尺ヲ以テ測圖スルコト、シ」

(142) 正篇一〇三頁では次のように書き改められている。
「幾ント二倍」

百般ノ事業皆此地區ニ在リ故ニ軍事上ニ在テハ勿論一般ノ事業上ニ在テモ周圍小山地以下ニ多端ニシテ山地ハ林務鑛業等ヲ經營スルニ過キサルモノノ如シ此事業上ト地形ニ就テ考フレハ全土ノ地形図ヲ五萬分一トシ尚五萬分一ニテ其地形ヲ現ハシ難ク且ツ將来事業繁多ナルヘキ小山地以下ノ地區ヲ特ニ二萬分一トシ遺憾ナカルヘシ又山地ニ在テハ譬ヘ二萬分一測量法ノ精密ヲ施サントスルモ懸巖絶壁大樹繁茂シ僅ニ渓流ト山頂ヲ行クノ他踏路ナキ所多シ又地形細少ナルモ山ト渓谷ト徒渉徑ノ外ナシ之レ二萬分一梯尺ヲ用フルモ其精度ニ依リ測図スル能ハスシテ單ニ縮尺ノ大ナルニ過キス然ラハ山地ヲ二萬分一ニ測図スルハ徒ラニ費用ト日数ノ嵩ムニ過キサルナリ」

【各科ノ業績】　三角科ニ於テ一等三角観測ハ中國山陰ニ於テ約八百九十三方里ヲ完成シ尚内務省舊一等三角観測ノ改測ニ從事シ撰點ハ九州南端及附近諸島ニ及ヒ造標之ニ追随シ二等三角測量ハ中國東部ニ於テ約三百九十二方里三四等三角及二等水準測量ハ若狭両丹地方ニ於テ三百七十七方里ヲ完成シ一等水準測量ハ中國地方ニ於テ約二百六十七里ヲ完成セリ(143)

【三角科第四班ノ新設】　此年十二月二十二日第四班ヲ増設ス又本年度ニ於テ帰心計算簿用紙一定セラレ諸計算用紙全部具全セリ

【水野測量手殉職】　又此年十一月六日陸地測量手水野秋尾岡山縣倉敷地方ニ等三角測量作業中虎列刺病傳染シテ終ニ職務ニ斃レ遺族扶助料年金六拾円ヲ下附セラル蓋シ當部ニ於ル最初ノ殉職者トス

(143) 正篇一〇七頁では次のように書き改められている。
「撰點九百八十四方里造標七百四十三方里観測六百二十九方里ヲ完成シ尚内務省舊一等三角観測ノ改測ニ從事シ二等三角測量ハ中國東部ニ於テ三百七十六方里三等三角測量ハ若狭兩丹地方ニ於テ四百二十九方里ヲ完成シ一等水準測量ハ中國地方ニ於テ埋石二百二十三里観測二百三十八里ヲ完成セリ」

地形科ニ於テハ濱松豊橋四日市岡崎地方ニ於テ正式二萬分一測図二百四十三方里ヲ完成シ且大垣名古屋地方ニ著手シ尚呉軍港ノ二萬分一迅速測図ニ著手セリ

【地形科第五班ノ新設】此年十二月更ニ第五班ヲ新設ス

【請願作業ノ一例】又此年測量手四名ヲ特派シ東京市民田中長兵衛所有ノ陸中釜石鑛山ヲ中心トシ約三方里ニ亘リ特ニ一萬分一迅速測図ヲ施行ス之ヨリ先キ三月十四日田中長兵衛ハ該鑛區附近ノ地図ナキニ苦ミ測量ニ関スル諸費用全部ヲ提供シテ特ニ該測量ヲ施行セラレンコトヲ大山陸軍大臣ニ出願シ同大臣ハ該鑛山カ現ニ兵器製作上ニ貢献スル少カラサルヲ以テ之ヲ認許シ之ヲ我測量部ニ移牒セラレタルニ由ル

製図科ニ於テハ常務ニ於テ正式地形図二十四版竝准正式測図九版及ヒ帝國図三版ヲ完成シ臨時務ニ於テハ寫真電氣銅版ニ依ル改版二十五版輯製二十萬分一図二十四版（三千〇八十五方里）ヲ完成セリ今ヤ幾ント一新シタル本科ノ作業設備ヲ以テシテ其成績ノ前年ニ比シテ出色ナキ所以ノモノハ兼勤及病患轉免等ノ事由ニ依リ通計ニ於テ十餘名ノ職員ヲ減シタルト天候ノ寫真作業ヲ妨ケタルト會計年度ニ應シ一順ノ作業ヲ完結セシメント企図セシニ由ルモノニシテ後来飛躍ノ素地ハ此間ニ漸次ニ構成セラレタリ

【炭素印畫法】即チ電槽液ノ攪拌装置、炭素印畫法、轉寫亜鉛製版法ノ研究等皆本年ニ於テ其要領ヲ得ルニ至シノ印刷ハ十二萬一千四百餘枚ノ多数ニ及ヒ寫

真八一千二百六十八枚ヲ調製セリ

【多湖測量手帰朝】(144) 此年六月(145)休職陸地測量手多湖實敏獨逸留學ヲ卒エテ帰朝シ**七月二十一日復職ス**

【明治二十四年】 ○明治二十四年一月印行所ハ新築屋舎ニ移轉シ六月地形科ハ霞ヶ関近衛歩兵營跡ニ移轉ス

【物品受授規則改正】 五月陸軍省達第七十二號ヲ以テ陸軍物品會計規程ヲ改定セラル茲ニ於テ**當部「物品受授規則」ヲ改正ス其大綱ニ於テ前規程ニ異ル所ナシト雖**傳票用紙ノ種類様式ヲ一定シ**其功用ヲ擴張シタルト**又物品ノ毀損若ハ紛失ニ際シ其ノ辨償ヲ現品ヲ以テセスシテ相當代價ヲ以テ其責ニ任セシメ得ル等實務ニ便スル少カラス(146)

【物品處理内規】 同時ニ新タニ「物品處理内規」ヲ定メ需用物品ノ定期（毎三ヶ月）臨時ノ買収及廢品拂下ケ（**毎年一回**）地図拂下ケ（**依托拂下ケ**）ニ関スル事務ヲ規定**シ之カ為ニ委員ニ名助手六名ヲ命課**セリ七月三日修技所學生修學内規ヲ改定ス**略ホ前内規ニ等シク**唯修學期間ヲ四ヶ年ニ延長シ(147)以テ實務ヲ阻害スルナカラシメタリ

【第一期修技所學生ノ卒業及任官】 同月二十四日杉山（正治）、三輪（昌輔）、久重（祥藏）、春山（清寧）、原（忠貞）、楫江（順）、藤本（新一）、小池（鈔五郎）、小熊（滿三）ノ九測量手修技所學生ノ業ヲ卒ヘ八月二十七日前記九測

---

(144) 正篇ではこの段落を六月二十一日の記事につづいて挿入している（一〇三頁）。

(145) 正篇では次のように書き改められている。
「七月」

(146) 正篇では次のように書き改められている。
「スルコトニ改メ」

(147) 正篇では次のように書き改められている。
「物理化學等ノ如キ自修ニ任シ難キ科目ノ他ハ自修セシメ且各本科ノ實務ニ從事セシメテ術科ノ實地修業ヲナサシメ」

量手竝多湖測量手、陸地測量師ニ任セラル

【第二期修技所學生入學】七月二十五日木村、桑野、田浦、河野、古家、内藤、大野、佐藤、若松、宇田川、宮田ノ十一測量手修技所學生ヲ命セラル八月一日勅令第百六十五號ヲ以テ陸軍給與令中ニ改正ヲ加ヘラル即チ第八十五條第三ヲ「陸地測量ノ爲メ出張スル者及陸地測量部修技所生徒実地測量修業ノ爲メ旅行スル者」トシ先ニ規定セラレタルノ修技所生徒實修旅費[148]ヲ給與令中ニ明示シ又第四表中同生徒手当月額金六円ヲ金拾円ニ改メラル蓋シ昨年五月ノ修技所生徒採用規則ニ依リ生徒ノ資格ノ從前ト異ルモノアルニ由リテナリ

【陸地測量部條例改正】同月勅令第百七十五號ヲ以テ陸地測量部條例ヲ改正セラル之ヲ前條例ニ比スレハ第三條ニ於テ副官大尉ヲ「事務官少佐及尉官」計官ヲ「軍吏一（二）等」ニ班長ニ於テ「相當技術官」ヲ除キ材料主管大中尉ヲ「大尉」ニ修技所助教ニ於ケル「准士官下士」ヲ除キ第八條ニ於ケル三角科ハ「三角測量ヲ施行シテ地図製造ノ基礎ヲ設爲シ」ヲ「量地ノ事ヲ管シ三角測量及水準測量ヲ施行シ諸測量ノ基點ヲ設為シ」ニ地形科ハ地形測量ヲ施行シテ「原図ヲ製造シ」ヲ「原図ヲ製造修正シ」ニ製図科ハ原図ニ依リ「該地図ヲ製造シ之ヲ製版スルコトヲ掌ル」ヲ「該地図ヲ製造シテ製版スルコトヲ掌ル」ニ改定セラレタル等其主要ナルモノニシテ要スルニ三職員ノ階級ヲ高メ各職務ヲ一層明晰ニシ定員ヲ本條例中ニ省キ之ヲ陸軍定員令ニ帰セシメタルニ在リ

【陸軍給與令細則ノ改正】十二月陸軍省令第九號ヲ以テ陸軍給與令細則[149]ヲ改正

---

(148) 正篇では次のように書き改められている。
「修技所生徒實地測量修業ノ爲メ旅行スル者ノ修學旅費」

(149) 正篇では次のように書き改められている。
「左記ノ如ク測量旅費」

セラレ第十六條陸地測量ノ下ニ「及修技所生徒測量修業」ノ十字ヲ加ヘ以テ本年八月ニ於ケル本令改正ニ適應セシメ更ニ第七トシテ「陸地測量ノ爲メ傭夫ヲ出張セシムルトキハ出發當日ヨリ帰京當日マテ日数ニ應シ旅費ヲ給ス其甲額ノ等級及區分ハ事業上奔走ノ多少ニ依リ測量部長之ヲ定ム若シ舟車馬ニテ旅行ヲ命シタルトキハ其實費ヲ支給ス但作業又ハ陸路二里以上ノ旅行ヲナササルトキ竝ニ傷痍疾病又ハ船待川留雪支等ニ依リ滯在スルトキハ乙額ヲ給ス」ト規定セリ是従来唯「測夫給與内則」ニ據リ支給シタル測夫旅費ヲ始メテ法文上ニ明示シタルモノナリ又乙表即チ測量旅費額ヲ改正セラルル左ノ如シ※15

本年末ニ於ケル職員總数ハ二百八十五名（高等官四十三名判任官二百二十三名雇員十九名）而シテ此年進級セルモノ七十二名ニ及ヘリ此年九月副官金田（醇雄）歩兵大尉ハ高級事務官心得ニ進ミ十一月三角科科僚辻村（楠造）歩兵中尉經理學校監督學生ニ轉シ林田（游亀）歩兵少尉新ニ之ニ代リ地形科班長若林（太三）歩兵大尉休職トナリ菊池（和太郎）歩兵大尉之ニ代リ

【武官ノ測量官轉任】又同月宇佐美（宣勝）工兵大尉後備役ニ入リ尋テ陸地測量師ニ任セラル是ヲ武官ヨリ測量官轉任ノ嚆矢トス

【各科ノ業績】三角科本年ニ於ケル業積ハ関東竝九州南部ニ於テ一等三角點ノ撰點竝造標ヲ施行シテ約千三百餘方里ヲ包容シ一等三角観測モ同地方竝中國地方ニ於テ約一千方里ヲ完成シ二等三角測量ハ中國東部地方ニ於テ約五百方里三

※15　詳細は次頁の表を参照。

名稱		班長	検査掛 等一	検査掛 等二	撰點掛	測量掛 等一	測量掛 等二	造標掛
少佐或陸地測量師 年俸千四百円以上	甲額	二円						
	乙額	一円九十戔						
	丙額	一円五十戔						
大尉或陸地測量師 年俸千四百円未満	甲額	一円八十戔	一円八十戔	一円八十戔	一円八十戔	一円八十戔	一円八十戔	
	乙額	一円七十戔	一円七十戔	一円七十戔	一円七十戔	一円七十戔	一円七十戔	
	丙額	一円二十戔	一円二十戔	一円二十戔	一円二十戔	一円二十戔	一円二十戔	
中少尉或陸地測量師 年俸千円未満	甲額		一円八十戔	一円八十戔	一円八十戔	一円八十戔	一円八十戔	
	乙額		一円五十戔	一円四十戔	一円五十戔	一円三十戔	一円二十戔	
	丙額		一円十戔	一円十戔	一円十戔	一円十戔	一円十戔	
準士官下士及陸地測量手竝月給十二円以上傭員	甲額					一円	一円	一円
	乙額					五十七戔	五十六戔	五十七戔
	丙額					十五戔	十五戔	十五戔
月俸十二円未満傭員	甲額					十八戔	十八戔	十八戔
	乙額					十五戔	十四戔	十五戔
	丙額					十三戔	十三戔	十三戔
修技所生徒	甲額	十六戔	十六戔	十六戔	十六戔	十六戔	十六戔	十六戔
	乙額	十四戔	十四戔	十四戔	十四戔	十四戔	十四戔	十四戔
	丙額	十三戔	十三戔	十三戔	十三戔	十三戔	十三戔	十三戔
測量傭夫	甲額	一等 三十戔　二等 二十五戔						
	乙額	十五戔	十五戔	十五戔	十五戔	十五戔	十五戔	十五戔

一、心得勤ノ者及班長代理ノ者乙額ハ其當職ノ金額ヲ給ス
二、検査掛代理ノ者乙額一等ハ壱円弐拾戔二等ハ壱円拾戔又撰点掛代理ノ乙額ハ壱円弐十戔ヲ給ス
三、修技所教官及助教ハ官等或ハ俸給ニ應シ班長又ハ測量掛ノ金額ヲ給ス
四、要塞砲壘砲臺ニ関シ測量ノ為メ出張スル者ニハ其官等ニ應シ測量掛ノ金額ヲ給ス但一二等アルモノハ二等ノ金額ヲ給ス

等三角竝二等水準測量ハ両丹近畿ニ於テ三百八十方里ヲ完成シ一等水準測量ハ中國竝九州ノ一部ニ於テ約百四十五里ヲ完成セリ(150)

【六驗潮場開始】 此年三月二十六日串本（紀伊）驗潮場ノ新築竝設備完成シ直ニ開場ス次ニ高神（五月二十五日下總）深堀（六月一日肥前）外浦（七月十六日石見）輪島（七月十六日能登）鮎川（十月二十五日陸前）ノ五驗潮場ノ新築設備順次ニ完成シタルヲ以テ何レモ新ニ驗潮場監守ヲ任命シ相尋テ開場セリ

【「水準原點」落成】 又此年五月「水準原點」落成ス本原點ハ昨二十三年十二月工ヲ起シ先ツ本部前庭ニ位置ヲ定メ直徑八尺ノ円筒形ニ地ヲ掘下スルコト三十四尺茲ニ堅牢ナル地層ニ達シ之ヨリ混凝土ヲ積ムコト四尺之ヲ基底トシテ外直徑五尺内直徑二尺八寸高サ三十尺ノ煉瓦円筒ヲ築キ地面ニ達スルニ及ンテ外直徑ヲ七尺擴大シテ高二尺五寸ニ及ハシメ之ニ小豆島産花崗石ノ正八角形盤石（一辺二尺九寸厚一尺四寸）ヲ固定シ更ニ長八尺九寸厚一尺五寸小豆島産花崗石ヨリ成ル舟形石ヲ其上ニ固定シ其ノ舳端ニ水晶柱（長〇米二五〇幅〇米〇五五厚〇米〇六〇）ヲ緊密ニ嵌装セリ其零位直下二十四米五〇〇〇ハ帝國基本水準面ノ一點ヲ標示シ實ニ帝國諸測量ノ底基タリ尋テ「點驗室」亦竣工シ後（二十七年四月十八日）何レモ皆三角科ノ所管トナレリ

地形科ハ尾張地方ニ於テ二萬分一正式地形測図二百六十九方里呉、佐世保及藝豫海峡二万分一准正式測図四十方里福山地方ニ於テ五萬分一迅速測図三十二方里ヲ完成セリ

---

(150) 正篇では次のように書き改められている。
「三角科本年ニ於テ一等三角測量ハ關東竝九州南部ニ於テ撰點千五百七十八方里造標千七百六方里ヲ施行シ觀測ハ同地方竝中國地方ニ於テ約一千三百八十九方里ヲ完成シ二等三角測量ハ中國東部地方ニ於テ五百十二方里三等三角測量ハ両丹近畿ニ於テ三百九十五方里ヲ完成シ一等水準測量ハ中國竝九州ノ一部ニ於テ埋石三百八十三里觀測二百五十八里ヲ完成セリ」

製図科ハ帝國図ノ著手セシモノ少カラスト雖其完成セルモノハ「天龍河口」ノ一版約二方里ニ過キス二萬分一正式地形図ハ五十七版二百三十四方里假製二万分一地形図ハ二十四版九十四方里ヲ完成シ二十万分一輯成図ハ製版ノ完成セシモノ十三版三百二十七方里ニ過キスト雖製図ハ幾ント帝國全部ヲ完了シ製版亦將ニ明年ヲ以テ大成ヲ告ケントスルニ至レリ其他諸兵要図ヲ製版スルコト二十餘版ニシテ諸印刷ハ十七萬八千五百枚ニ及ヘリ此間亜鉛版印刷法、寫眞紙版法、寫眞電氣銅版、轉寫紙版、耐水地図紙ノ研究改良就中寫眞亜鉛版製版法ハ最初多湖測量師カ獨逸ニ於テ習得セシ方法ニ據リシモノナリト雖氣象其他彼是相等シカラス直ニ之ヲ應用スル能ハサルヲ以テ同測量師ハ村山（維精）測量手ヲ助手トシ原紙ノ撰擇「デキストリン」成層法其他多大ノ研究改良ヲ加ヘ茲ニ漸ク成功ノ域ニ進ミタリ此年十一月二日第一期補充生七名ヲ採用セリ蓋シ図繪彫刻印刷等ハ特種ノ技術ヲ要シ其補充容易ナラサルヲ以テ本年九月雇員補充生養成概則ヲ定メ之ニ據リ此ノ第一期補充生採用ヲ見ルニ至リ爾後此ノ制度ヲ連續シテ以テ雇員補充ニ欠クルナカラシメタリ又此年石膏ヲ用ヒ富士山模型ノ精密ナル製作ヲ試ミ工竣リ後之ヲ露國皇太子ニ進献セリ

【明治二十五年】　○明治二十五年三月陸軍省令第四號ヲ以テ陸地測量部修技所生徒採用規則ヲ改正セラル大綱從前ニ異ルナシト雖受驗者ノ資格、試驗期日竝問題ノ一定、召募告達時期ノ明記等本則ノ施行ヲシテ愈々確實ナラシメタリ四

月一日大日方工兵中尉石丸、早乙女両測量師外三名ヲ米國「シカゴ」閣龍世界博覧會ノ當部出品委員ニ命シ大日本地形図（沼津號）大日本帝國図（沼津號）参考図（在来ノ諸地図ヲ蒐輯シ其沿革ヲ示シタルモノ）ヲ三箇ノ額面ニ製シ

【閣龍博覧會出品】二十六年二月之ヲ同博覧會ニ出品シ同博覧會ハ二十七年五月此等出品ニ對シ「地図製作上ノ大進歩ヲ顕ハシ且ツ製法ノ精美ナル間然スル所ナシ」トノ薦告文ヲ寄セタリ

【陸地測量標ニ高測櫓添加】同月十八日陸軍省令第九號ヲ以テ陸地測量標條例施行細則ニ改正ヲ加ヘラレ第三條第一項中「第九」ノ二字ヲ追加シ附図ノ番號ヲ変更セリ蓋シ従来一等三角點覘標中高測櫓ノ明示ヲ缺キ随テ其所要敷地ニ疑義ヲ惹起スル場合少カラサリシヲ以テナリ

【官有社寺地及皇宮所属地ニ於ケル測量作業ノ協商】五月九日従来内務省所管官有地社寺地境内ニ於ケル測量作業ハ測量標條例ノ明文ノミニ據テハ不便少カラサルヲ以テ當部ハ其理由ヲ具シ前記地内ニ在リテハ其管理者ト協議ノ上其所管廳ニ照會シ保存及風致上ニ支障ナキ限リ測量標ノ設置及視通障害樹ノ伐除ヲ施行センコトヲ上申シ高島陸軍大臣之ヲ内務大臣ニ照會シ交渉再三茲ニ至リ副島内務大臣ハ伊勢神宮宮城ヲ除クノ外此ノ提議ヲ肯認シ尋テ七月六日宮内大臣(151)亦皇宮附属地ニ對シ御料局又ハ同支廳或ハ各支廳出張所ニ通知ノ上ニ於テ測量標ノ設置及伐木ヲ肯認シ高島陸軍大臣之ヲ参謀總長ニ通告セリ六月十日修技所學生修學内規ニ修正ヲ加ヘ且ツ試驗内規ヲ改定ス

---

(151) 正篇では次のように書き改められている。
「宮内省」

【陸地測量部長竝各科長服務概則ノ更定】同月二十日（参人第一二〇号一）陸地測量部長服務概則ヲ定メラル**従来陸地測量部服務概則ニ於テ部長以下各官僚ノ服務綱領ヲ規定セラレアリト雖業務ノ進歩ト他法令ノ改正ニ依リ茲ニ之ヲ一新スルノ必要ヲ感セシヲ以テナリ**其要、部長ハ部内官僚ノ服務ヲ規定シ且之ヲ指揮監督シ經理事務竝出版地図發行ノ事業ヲ管理シ諸測量製図ノ法式及修業地ノ順序ハ参謀總長ノ意図ヲ受ケテ之ヲ劃定シ測量事業ニ関シテハ直ニ各官廳ニ照會商議シテ便宜之ヲ區處シ且修技所學生生徒ノ養成ニ任ス翌二十一日(152)三角科長服務概則ヲ更定ス其要、三角科長ハ科内官僚ヲ指揮監督シ之ニ勤務ヲ課シ三角測量水準測量ニ関スル一切ノ事業竝科内經費ニ對シテ其責ニ任シ部長ノ認可ヲ經テ一等三角ノ撰點造標ニ於テハ三十點其観測ハ二十點二等三角ニ於テハ約百方里三等三角測量ニ於テハ約二十八方里三四等三角測量ニ於テハ約十六方里一等水準測量ハ道線二百五十吉米二等水準測量ハ經線百二十吉米覘標水準測量七十點ヲ一ヶ年一測量掛ノ最低作業トシテ作業部署ヲ定メ諸測量方式竝業務ノ改廢ヲ立案シ科内備品竝常用及作業用消耗品ノ定数ヲ經伺決定シ其出納命令ヲ分任シ毎年初ニ於テ前年間ノ業務成績ヲ報告シ又科内官僚ノ服務細則ヲ規定シ部長ノ認可ヲ經テ之ヲ施行ス地形科長ハ科内官僚ヲ指揮監督シ之ニ勤務ヲ課シ地形測量ニ関スル一切ノ事業竝科内經費ニ對シテ其責ニ任シ部長ノ認可ヲ經テ二萬分一測図ニ在リテハ四方里、五萬分一測図ニ在リテハ十一方里半ヲ一ヶ年一測量掛ノ最低作業トシテ作業部署ヲ定メ諸測図方式竝業務ノ改廢ヲ立案シ科

(152) 正篇では次のように書き改められている。
「各」

内備品竝常用及作業用消耗品ノ定数ヲ經伺決定シ其出納命令ヲ分任シ且ツ模範図ニ要スル原図ノ寫真ハ直チニ之ヲ製図科ニ要求シ毎年初ニ於テ前年間ノ業務成績ヲ報告シ又科内官僚ノ服務細則ヲ規定シ部長ノ認可ヲ經テ之ヲ施行ス製図科長ハ科内官僚ヲ指揮監督シ之ニ勤務ヲ課シ図繪製版及印刷ニ関スル一切ノ事業竝科内經費ニ對シ其責ニ任シ部長ノ認可ヲ經テ全國図製図豫定表及班員以下部署ヲ定メ地図發行ノ事業ヲ管理シ地形科用模範図ノ寫真ヲ調製セシメ製図諸法式竝事業ノ改廢ヲ立案シ科内備品竝常用及作業用消耗品ノ定数ヲ經伺決定シ其出納命令ヲ分任シ業務ノ成績ハ毎三月之ヲ報告シ又科内官僚ノ服務細則ヲ規定シ部長ノ認可ヲ經テ之ヲ施行ス而シテ此等三科長服務ノ各規定ノ外普通ノ制規アルモノハ總テ其制規ニ據ルコトヲ明示セリ同日更ニ陸地測量部服務細則ヲ定ム凡テ七章六十二條其要、第一章通則ニ於テ命課、處罰、會議及會報、經費、文章、雜件ヲ規定シ以下第二章ハ事務官第三章修技所幹事第四章修技所教官及助教第五章材料主管第六章軍吏ノ各服務ヲ規定シ部長竝各科長ノ服務概則ト共ニ事務ヲ統一シテ扞格スルナカラシメタリ七月外務省通商局長ノ紹介ニ依リ濠州メルボルン府土木測量師「ノルマン・プレンチス」ニ二萬分一地形図靜岡号一部ヲ贈與シ又同月英國陸軍省兵事通報局長「チャンプマン」氏ノ請求ニ應シ耐水地図紙數葉ヲ贈ル

【耐水地図紙ノ發明】是ヨリ先製図科班員陸地測量手山田國三郎野外雨濕ノ間ニ使用スルモ損廢セサル地図用紙ヲ製出センコトヲ苦心シ數多ノ試驗ヲ積ミ遂

ニ蒟蒻粉ヲ素質トシテ一種耐水性ノ地図用紙ヲ創製シ得タリ早川製図科長之カ審査ヲ遂ケ本年二月九日軍用地図用紙トシテ之ヲ採用シ且ツ相當ノ賞ヲ賜ハランコトヲ申請セリ事海外ニ聞ヘ茲ニ此ノ請求ヲ見ルニ至リ翌二十六年一月英國政府ハ謝辞ヲ贈リ同年二月塩屋陸軍大學校長ハ書ヲ寄セテ其ノ功果ヲ報告シ當部事業上ニ一光彩ヲ添加セリ後二十七年三月三十一日山田測量手ハ此ノ發明ニ對シ賞勲局ヨリ金貳百円ヲ賞賜セラル

【「測量標ニ関スル説明」ノ配布】　九月「測量標ニ関スル説明」五千部ヲ印刷シ本省ヲ經テ之ヲ各府縣ニ送付セリ是當部ノ事業漸次各地方ニ發展セルヲ以テ其事業ノ性質ヲ説明シ併セテ測量標保護ニ就テ注意ヲ促セシモノナリ

【陸地測量部條例ノ追加】　十一月二十一日勅令第百号ヲ以テ陸地測量部條例第十四條科長ノ下ニ「及班長」ノ三字ヲ追加セラル即チ之ニ由リテ陸地測量官復タ班長タルヲ得ルニ至レリ(153)

【地図献納ノ濫觴】　十二月二十六日當部出版ニ係ル帝國図二葉地形図五十七葉地形図図式一葉ヲ　進献ス爾後當部出版ノ各地図ハ之ニ特種ノ渲彩ヲ加ヘテ年々之ヲ進献シ後更ニ　東宮及各皇子殿下ニ之ヲ献納スルヲ例トセリ此年一月野村（内藏輔）工兵大尉退職シ六月材料主管友部（清次郎）工兵大尉轉出シ白井（孝義）歩兵大尉之ヲ承ケ十一月三角科班長唐沢（忠備）工兵大尉陸地測量師ニ任セラレ尋テ休職トナル

【各科ノ業績】　三角科ハ九州南部竝本州中部ニ於テ約千三百二十方里ノ一等三

(153)　正篇では次のように書き改められている。
「ヲ改正セラル（附表第一號參照）」

角撰點ト須坂（信濃）基線ノ撰定ヲ完成シ同地方ニ於テ約千二百六十方里ニ亘ル区域ノ一等三角造標ヲ終リ一等三角観測ハ九州竝伊勢地方ニ於テ約八百五十方里ヲ完成シ其計算ハ伯筑三角鎖約千六百七十方里ノ一半ニ進ミ二等三角ハ中國竝四國ノ一部ニ於テ約四百八十六方里ヲ完成シタリ

【最初ノ五万分一測図区域ノ三等三角測量】三四等三角竝二等水準測量ハ本年初メテ五万分一地形測図ニ應スル作業ヲ開始シ其進程ハ幾ント従前ニ二倍スルニ及ヘリ蓋シ従来地形測図ノ二万分一縮尺ニ對シテ一図面約四方里ニ對シ八個以上ノ三等三角點ト四個ノ四等三角點ヲ要セシニ先次改定ノ五万分一縮尺ニ對シテハ一図面約七方里半ニ對シ單ニ十二個ノ三等三角點ヲ要スルノミナルヲ以テ一三等三角點ノ功果面積ハ約二倍ニ擴大セラレタルヲ以テナリ乃チ作業人員幾ント前年ニ等シク其ノ成績ハ兩丹竝中國ノ東部ニ於テ約六百六十八方里ヲ完成シ前年ノ成績ニ幾ント二倍セリ一等水準測量ハ中國九州ノ諸地方ニ亘リ約三百四十六里ヲ完成シ(154)

【水準原點零位ノ測定】且昨年竣工ノ水準原點零位測定ノ為東京市街水準網ニ就キ更ニ嚴密ナル水準測量ヲ施行セリ

【笠野原基線測量】又此年三月二十六日ヨリ笠野原基線測量ヲ實施シ六月尽日之ヲ完成セリ長程五八七五米五〇八八其諒必誤差〇、〇〇〇九二、**其作業方法略ホ従来ノ如シト雖就中本測量ハ其方法順序ニ於テ最簡潔ナリシヲ見ル**

【細島岩崎兩驗潮場開始】此年細島（日向）岩崎（陸奥）ノ二驗潮場完成シ前

---

(154) 正篇では次のように書き改められている。
「三角科ハ九州南部竝本州中部ニ於テ約千九百九十三方里ノ一等三角撰點及千七百二十四方里ノ造標ト須坂（信濃）基線ヲ撰定シ一等三角観測ハ九州竝伊勢地方ニ於テ九百九方里ヲ完成シ二等三角測量ハ中國竝四國ノ一部ニ於テ四百八十六方里ヲ完成シタリ三等三角測量ハ本年初メテ五万分一地形測圖ニ應スル作業ヲ開始シ其ノ進程ハ幾ント従前ニ二倍スルニ及ヘリ蓋シ従來地形測圖ノ二万分一縮尺一圖面約四方里ニ對シ八個以上ノ三等三角點ト四個ノ四等三角點ヲ要セシモ五万分一縮尺一圖面約七方里半ニ對シ單ニ十二個ノ三等三角點ヲ要スルノミナルヲ以テナリ其ノ成績ハ兩丹竝中國ノ東部ニ於テ約六百六十六方里ヲ完成シ前年ノ成績ニ幾ント二倍セリ一等水準測量ハ中國九州ノ諸地方ニ亙リ二百六十五里ノ観測ヲ完成シ」

者ハ六月後者ハ九月ヨリ其業務ヲ開始セリ

地形科ハ水口、山田、彦根、敦賀、舞鶴、園部地方ニ於テ二万分一正式地形測図約三百四十六方里、筑前海岸及對馬五島ノ全部ニ於テ[155]五万分一迅速図約八十六方里ヲ完成シ

製図科ニ於テハ帝國図製図ヲ完了セルモノ沼津御前崎伊良湖岬ノ三面約百三十六方里製版ヲ完了セルモノ御前崎一版約五方里二万分一正式地形図ノ製図八十七面約二百八十九方里製版六十版**約二百四十方里**ヲ完成シ尚二万分一仮製地形図二十六版**約百十二方里**及二十万分一輯製図三十三版**約四千百七十七方里ヲ**完成シ其他臨時ニ諸兵要地図ヲ製版スル二十五版ニ及ヒ各種印刷總計十九万八千六百十四枚ノ多キニ達セリ

【鉄道線路豫察測量】　且八王寺甲府間百九吉米竝廣島馬関間二百十七吉米ノ鉄道線路豫察測量ヲ完成シ尚第一師團參謀部ノ依頼ニ依リ青山練兵場附近ニ於テ**同團**下士卒十二名ニ對シ實地迅速測図法ヲ教授セリ

【研磨亞鉛版其他ノ研究】　此間研磨亞鉛版法ヲ研究シテ従来ノ砂目製面ニ代ヘ得ヘキ「スネヘルデル」氏法以外ニ某薬品ノ作用ヲ發見シ更ニ特種ノ紙上ニ冩眞印画ヲ行ヒ之ニ依リテ直接ニ亞鉛或ハ石版ニ製版スル所謂冩眞紙版法ノ研究ヲ進メテ漸ク氣候ノ冷熱ニ應スル手術及薬品ノ合法ヲ發見シ尚電氣銅版ニ於ケル補刻ノ煩ヲ少カラシメンカ為電堆法ニ新案ヲ試ミ其他耐水地図紙ノ漂泊竝着色印刷、携帯亞鉛版印刷器ノ考察等研究ヲ進メシモノ少ナカラス

(155) 正篇では次のように書き改められている。
「宇都宮ニ於テ」

【明治二十六年】　○明治二十六年二月十五日「當部願届書式」ヲ規定ス三月二日陸軍省令第二号ヲ以テ陸軍給與令細則中旅費ノ部ニ改正ヲ加ヘラル即チ第十六條但書ヲ別ニ一項トシ新ニ「時宜ニ依リ該定額内ヲ以テ實費支辨スルコトヲ得」ノ但書ヲ加ヘ且同條第一項中ノ「十里」ヲ「十二里」ニ「六里」ヲ「七里」ニ改正セラレタルナリ(156)

【「發行地図授受手續」】　同月二十九日「發行地図授受手續」ヲ定ム是従来慣行ノ諸手續ヲ統一シテ成文トナシ以テ發行地図授受ノ基礎ヲ明確ナラシメタルモノナリ

【「証書類取扱手續」】　四月十九日従来ノ「受領証書取扱法」ヲ改正シテ「証書類取扱手續」ヲ規定ス是一般法律規則ノ改正ニ伴随シテ此改定ヲ要セシニ依ルト雖一面會計事務ノ齊一ヲ期セシモノニシテ先ツ一般ニ証書ノ具備スヘキ要件ヲ明示シ次ニ各種証書ノ様式及注意ヲ掲ケ最後ニ現金出納簿支拂計算書ノ記載例ヲ擧ケ大ニ經理事務ヲ整齊ナラシメタリ五月二十七日「陸地測量部服務細則」第二十一條中ノ「十一月」ヲ「九月」ニ改定ス蓋シ従来ノ規定ニ於テハ更正豫算後物品買収ハ唯一期アルノミニシテ不便少カラサレハナリ六月一日「物品處理内規」ヲ改定ス是前項ノ更正豫算後物品買収期ヲ二期ニ延長シタルト特別ノ物品ハ競争ニ付セス専買店又ハ其製造人ヨリ特買シ得ルノ便ヲ開キタルモノナリ

【測夫服装ノ刷新】　六月二十九日陸達第七十二号ヲ以テ當部測量傭夫ノ帽章ヲ

(156) 正篇では次のように書き改められている。
「測量旅費ハ時宜ニ依リ定額内ヲ以テ實費支辨トスルコトヲ得ルコトトナレリ」

規定セラル従来測夫ノ服装ハ区々ニシテ其體ヲ成サヽリシヲ以テ此ニ先ツ帽章ヲ規定シ尋テ服装ノ大體ヲ規定シ翌二十七年三月ヲ期トシテ之ヲ實行セシメ大ニ面目ヲ一新セリ

【要塞地帯ノ測図梯尺】八月（日欠）海防要塞地帯兵要地図ノ梯尺ハ當部ノ意見ヲ容レテ之ヲ一万分一ト規定セラル

【陸地測量官官等ノ改正】十月二十日勅令第百六十七号ヲ以テ文武官々等俸給令中改正ヲ加ヘラレ従来ノ陸地測量師ハ高等官三等ヨリ高等官七等マテ之ヲ五階級ニ分チシカ此ノ改定ニ依リ順次ニ一等ツヽ逓下セラレ高等官四等ヨリ同八等マテノ五階級トナレリ是當部文武官ノ権衡ヲ保タシメンカ為ニシテ同日又高等文官官等相當俸給表ヲ次ノ如ク改正セラル（但シ括弧内ハ旧令ニ於ケル同表ナリ）[※16]

是文武官官等表改正ニ伴フ結果ニシテ特ニ二十一級俸ヲ設ケラレタルハ二十四年七月勅令第百三十号ニ依リ基準スヘキ技術官俸給令第五條ニ於ケル最低俸給額支給者ヲ収容センカ為ナリ同日勅令第百七十五号ヲ以テ陸軍所属特別文官俸給令ヲ制定セラル即チ左ノ如シ[※17]

十一月十五日陸軍省令第十四号ヲ以テ陸軍給與令旅費ノ部ニ再ヒ改正ヲ加ヘラル是前項ノ文官官等及俸給令ノ改正及制定ニ基クモノニシテ乙表名称区劃ニ於

※16　詳細は次頁の右表を参照。

※17　次頁の左表を参照。

官名＼等級	陸地測量師
一等	
二等	
三等	(一級俸)
四等	一級俸　二級俸　(二級俸　三級俸)
五等	三級俸　四級俸　(四級俸　五級俸)
六等	五級俸　六級俸　七級俸　(六級俸　七級俸)
七等	八級俸　九級俸　(八級俸　九級俸　十級俸)
八等	十級俸　十一級俸
九等	

俸給	陸地測量師年俸	陸地測量手月俸
一級俸	千八百円	六十円
二級俸	千六百円	五十円
三級俸	千四百円	四十五円
四級俸	千二百円	四十円
五級俸	千　円	三十五円
六級俸	九百円	三十円
七級俸	八百円	二十五円
八級俸	七百円	二十円
九級俸	六百円	十五円
十級俸	五百円	十二円
十一級俸	四百円	

ケル「少佐或ハ陸地測量師年俸千四百円以上」ヲ「少佐或ハ相當陸地測量師」ニ「大尉或ハ陸地測量師年俸千四百円未満千円以上」ヲ「大尉或ハ相當陸地測量師」ニ「中少尉或ハ陸地測量師年俸千円未満」ヲ「中少尉或ハ相當陸地測量師」ニ改メラレ同備考中ノ「或ハ俸給」ノ四字ヲ削ラル而シテ旅費給額ハ前令ト毫モ異ルナシ

【製図科作業　天覧】　同月三十日参謀本部ニ　臨幸アラセラレ特ニ　聖駕ヲ我製図科ニ枉ケサセラレ製図作業ヲ全般ニ就テ　天覧アラセラレ奏上ニ対シ時々下問ヲ賜ヒ恩波ノ光被スルトコロ諸官僚皆感涙ノ下ルヲ知ラス此年二月事務官歩兵少佐金田醇雄大分大隊区司令官ニ転シ九月工兵大尉亀岡為定陸地測量部少佐事務官心得ニ歩兵大尉吉村正敏参謀本部々員ヨリ転シテ陸地測量部事務官兼修技所幹事ニ補セラル十一月陸地測量師石丸三七郎製図科班長ニ進ミ十二月第三期修技所生徒山本米三郎外十四名業ヲ卒ヘ陸地測量手ニ任セラレ三角科班員トナル同月歩兵中尉勝田敏郎歩兵大尉ニ進ミ地形科班長ニ補セラル而シテ本年末ニ於ケル職員総数ハ三百名（高等官四十三名判任官二百三十七名雇二十名）ニ上レリ

【各科ノ業績】　三角科本年ノ業績ハ一等三角ニ於テ撰点ハ四國及信越兩羽地方ニ跨リテ約一千五百方里ヲ造標ハ四國及常磐兩羽地方ニ於テ約一千百五十方里ヲ観測ハ九州北部及常磐地方ニ於テ約九百方里ヲ二等三角測量ハ中國ノ中部ニ於テ約七百六十方里ヲ三四等三角及二等水準ハ西部山陽道及伊豫方面ニ約五百五十方里ヲ完成シ一等水準測量ハ中國西部九州北部ニ約二百三十里ト防豫海峡ニ三角術上高低測量ヲ施行セリ[157]

地形科ニ於テハ正式二万分一測図ヲ園部、敦賀、舞鶴、彦根、姫路、篠山、宮津、赤穂等ニ約四百七十方里ヲ横須賀及富津附近ニ准正式一万分一測図ノ図根測量約二万里全碎部一、二五万里並迅速測図作業トシテ福岡近傍ニ五万分一測

---

(157) 正篇では次のように書き改められている。
「一千五百八十九方里ヲ造標ハ四國及常磐兩羽地方ニ於テ約一千三百五十方里ヲ觀測ハ九州北部及常磐地方ニ於テ約二千二百八十八方里ヲ二等三角測量ハ中國ノ中部ニ於テ約七百六十五方里ヲ三四等三角測量ハ西部山陽道及伊豫方面ニ四百三十三方里ヲ完成シ一等水準測量ハ中國西部九州北部ニ於テ埋石二百六里観測ニ二百二十四里」

図六十三方里秋田、福島、飯田、塩尻、山口地方ニ二万分一測図約二百方里ヲ完成セリ[158]

製図科ハ七月「印行所處務規程」ヲ定メ八月一日ヨリ之ヲ實行シ十一月九日第四班舎新築成リ之ニ移轉ス而シテ本年ノ業績ハ五万分一[159]地形図ヲ製図スルコト七十六面製版スルコト九十四版竝十万分一帝國図ノ製図二面製版四版二十万分一輯製図ノ製図十三面製版二十六版、二万分一迅速図ノ製図三十九面製版四十七版完成ヲ告ケタリ

【明治二十七年】　○明治二十七年先ニ度量衡法ノ發布セラル、ヤ

【基線尺ハ度量衡法ノ制裁ヲ超越ス】　當部ハ一月二十四日「當部使用ノ基線測竿ハ測量ノ基準尺ニシテ其構造學理上及フ限リ精査ヲ尽シ其使用上ニ於ル該竿ノ伸長比較法ノ如キモ學理ト技術ニ據リ衡度器ノ検定法ヨリ數層ノ精査緻密ヲ要スル等普通ノ度器ト異リ一種特別ノ精度ヲ具備スルモノニ付キ度量衡法ノ制裁」以外ニ置カレンコトヲ進伺シ六月十四日之ヲ聽許[160]セラル二月二十四日「証書類取扱手續」中改正ヲ加フルトコロアリ其大要、曩ニ陸達第五号ヲ以テ従来現金前受官吏ノ代理者ニ對シ前渡スヘキ現金取扱手續廢止セラレタルヲ以テ爾後分任出納官吏ノ証憑書類ハ別括シテ主任出納官吏ノ同書類ニ添付シ支拂計算書ハ主任出納官吏之ヲ一併シテ調製スルコトニ改定シ併セテ測量官ノ旅費ニ於ケル距離ノ計算法、人夫等ノ傭給証書ニハ其使用月日ノ記入、臨時調製ノ標石

---

(158) 正篇では次のように書き改められている。
「地形科ニ於テハ園部、敦賀、舞鶴、彦根、姫路、篠山、宮津、赤穂等正式二万分一測圖約四百五十六方里ヲ横須賀及富津附近ニ准正式一万分一測圖ノ圖根測量約十方里竝秋田、福島、飯田、鹽尻、山口地方ニ二万分一測圖約四十方里ヲ完成セリ」

(159) 正篇では次のように書き改められている。
「二万分一」

(160) 正篇では次のように書き改められている。
「上申シ六月之ヲ認可」

ニ関スル處理法等ヲ規定セリ四月十二日勅令第四十三号ヲ以テ文武判任官等級表ヲ改正シ公布セラル六月十一日「陸地測量部傭役採用及支給内則」ヲ定ム

【「秘密図取扱規定」】 七月十一日「秘密図取扱規定」ヲ定ム其要領ハ本邦兵要諸地図中部長ノ經伺シテ秘密図ト認定シタルモノハ原図原版及其印刷一ニ部長ノ命令ニ待チ皆秘字ヲ特書シ材料主管之ヲ特別ニ保管シ製図科長事務官其他特定ノ諸官ノ外一切之ニ參與セシムルヲ禁シ其受授法ヲ嚴密ナラシメタリ但シ外邦秘密図ノ處理ニ関シテハ尚別ニ定ムルトコロニ依レリ八月十七日(161)陸軍給與令施行細則中旅費ノ部第十六條ニ於ケル第五檢査掛及測量掛旅費乙額並同七測量傭夫旅費甲額一、二等支給区分規定シ三角科ニ在リテハ一等三角測量（撰点、造標ヲ含ム）一等水準測量、二等三角測量、三四等三角測量、地形科ニ在リテハ五万分一迅速測図々根、二万分一迅速測図々根、一万分一測図總図根、五万分一修正測図、迅速水準測量ヲ一等額支給区分トシ三角科ニ於ケル基線測量、二等水準測量、地形科ニ於ケル五万分一迅速測図砕部、五万分一正式測図、二万分一迅速測図砕部、二万分一修正測図、二万分一正式測図、一万分一測図々根、五千分一測図々根、水準測量、一万分一迅速測図砕部、一万分一修正測図、一万分一正式測図、五千分一測図砕部ヲ二等額支給区分トセリ(162)九月八日藤井部長、亀岡事務官參謀本部副官部御用取扱兼勤ヲ命セラル九月二十一日「従軍寫眞班服務心得」ヲ定ム

【臨時測図部成立】 一月九日**藤井部長ハ「是迄清國測図ノ義ハ特別ノ計畫アリ**

---

(161) 正篇では次のように書き改められている。
「定ムルトコロニ依レリ八月一日清國ニ對シ宣戰セラル同月十七日」

(162) 正篇では次のように書き改められている。
「ヲ改正セラレ測量旅費甲乙額及等級區分ヲ明示セラル」

シモ今囘ノ事件結了後ハ仮令密行等ノ手段ニ依リ測図スルモ是又容易ノ事業ニ無之此際當部ニ於テ一ツノ臨時測図部ヲ編制セラレ之ヲ大本營ノ管轄ニ付シ最簡易ナル測図々式ニ依リ我軍隊ノ占領セシ作戰經過ノ地形ヲ測図セシメ他日ノ資料ニ備ヘ置クノ必要」(163)ナルコトヲ具陳シ編制表竝測図手雇員ノ募集及其敎習其他經費等ニ関スル意見ヲ上申シ十一月二十一日之ヲ聽許セラレ(164)同月二十四日「臨時測図部測図手檢査格例及志願者心得」ヲ發表シテ一般ヨリ測図手ヲ募集シ二百二十六名ヲ採用シ次テ十二月五日「臨時測図部服務概則」ヲ定メラレ十二月十五日臨時測図部長トシテ地形科長工兵中佐關定暉(165)、同副官トシテ歩兵大尉勝田敏郎、班長トシテ歩兵大尉依田正忠、仝服部直彦、仝菊池和太郎ノ任命アリ其他陸地測量師六名陸地測量手六十八名及ヒ曩ニ募集シタル測図手ハ若干敎養ノ上之ニ陸軍省雇ヲ命シ臨時測図部ニ属セシメラレ茲ニ臨時測図部ノ編制（附表第二）成立シ着々諸準備ヲ完ウシ翌二十八年二月三日ヨリ順次戰地ニ向ヒ出發セリ而シテ此ノ最初ノ戰時測図ノ大綱トシテ主要ナル地点ノ經緯度（大陰南中法(166)及恒星單高度法）ヲ定メ之ニ準據シ小測板測斜照準儀ヲ用ヒテ地形図根点ヲ組成シ此ノ図根点ニ依據シ携帶図板ヲ用ヒテ碎部測図ヲ施行スルニアリシナリ

（附表第二）[※18]

其他此二十七八年戰役ニ関シ當部武官ノ出征スルモノ十八名測量官ノ各戰時部

---

(163) アジア歴史資料センター資料、C06061244100にこの引用の原文がある。

(164) 正篇では次のように書き改められている。「上申ス同月齋藤測量手以下三名ハ大本營製圖印刷班附命セラル十一月二十一日臨時測圖部編成ノ命アリ」

(165) 正篇ではこれに続き「以下命課アリ」と記す。

(166) 「太陰南中法」は高木（一九五七）がクロノメーターによる「時辰儀運搬法」と並列して記しているところからも、月と他の天体の角距離を測ってグリニッジ時を知る「月距法」（飯田、一九六五、田中ほか、二〇一二）と考えられる。ただし、日露戦争期に実習をかねて行われた実施結果では、とても陸上での測量に使用できない程度の精度であった（大田、二〇一一、六七）。またこの実施には、六分儀のほかに月距を示す天文暦も必要であるが、それに対する言及もなく実際には使われなかったと考えられる。

※18　次頁および次々頁に示す。

臨時測圖部編制表

部署	職	官	氏名
本部	部長	工兵中佐	関 定暉
	副官	歩兵大尉	勝田敏郎
	副官附	二等書記	松尾經喜
		手	小瀬佳太郎
		仝	永石光吉郎
		仝	矢田敬三郎
		仝	小原乙二郎
		陸軍属	門目貞次郎
		雇員	野上豊輔
第一班 鳳凰城地方	班長	歩兵大尉	依田正忠
	分班長	陸地測量師	春山清寧
	検査掛	陸地測量手	粟屋篤藏
		仝	朝比奈信夫
		仝	久間金五郎
		仝	堤 慶藏
		仝	加藤經藏
		仝	青山良敬
		仝	小川昌行
		仝	松崎時雄
第二班 金州地方	班長	歩兵大尉	服部直彦
	分班長	師	楫江 順
	検査掛	手	神代源次郎
		仝	田中 髙
		仝	松井哲次郎
		仝	大島金三郎
		仝	鳥越民吉
		仝	志田梅太郎
		仝	近藤正愿
		仝	清水兵次郎
第三班 海城地方	班長	歩兵大尉	粟屋信雄
	分班長	師	原 忠貞
	検査掛	手	真坂 忍
		仝	市川元作
		仝	原 重治
		仝	萩原太郎
		仝	長谷川吉次郎
		仝	馬場爲政
		仝	原 久之助
		仝	武島恒太郎
第四班 大孤山地方	班長	歩兵大尉	菊池和太郎
	分班長	師	藤本新一
	検査掛	手	佐藤 靜
		仝	石川利政
		仝	永持多忠
		仝	池田活之助
		仝	吉田氏義
		仝	川村七次
		仝	岡田扇太郎
		仝	蜂塁三千三
第五班 復州地方	分班長	師	久重祥藏
		仝	三輪昌輔
	検査掛	手	吉田耕作
		仝	宮田義敬
		仝	芳野捨吉
		仝	松田 甲
		仝	谷 武松
		仝	津村福光
		仝	松本安四郎

手
中島道知
仝　鈴木　敏
仝　上野芳太郎
仝　中條道次郎
仝　山下頼一
通訳官
雇員　宮下熊彦
仝　山本濵太郎
外二　測図手　三二
輸卒　一三
計　人　六一

手
垂水　準
仝　笠原嘉市
仝　藤崎鍥四郎
仝　小沢一太郎
通訳官
雇員　小池信美
外二　測図手　四八
輸卒　一三
馬卒　一
馬　一
計　人　七七
馬　一

手
一色豊次郎
仝　菊池房三郎
仝　小野種加
仝　白石元喜
仝　八尾吉太郎
通訳官
雇員　松崎　翠
外二　測図手　四九
輸卒　一三
馬卒　一
馬　一
計　人　七九
馬　一

手
北川益深
仝　山室董三郎
仝　片山外与作
仝　鈴木長三郎
仝　馬詰克於菟
通訳官
雇員　福井　兊
外二　測図手　四九
輸卒　一三
馬卒　一
馬　一
計　人　七九
馬　一

手
土方亀次郎
仝　河野辰次郎
仝　祝　幸次郎
仝　山中昌雄
仝　岡村森彦
通訳官
雇員　堀内萬之輔
外二　測図手　四八
輸卒　一三
馬卒　一
馬　一
計　人　七八
馬　一

通訳官
雇員　松永　清
外二　輸卒　一〇
馬卒　三
馬　三
計　人　二三
馬　三

考備
中佐一、大尉五、陸地測量師六、陸地測量手六七、二等書記一、属一、雇員（測図手二二六、通訳七）二三四、雇役（輸卒七五、馬卒七）八二
総計三百九十七名　外二馬七頭

隊ニ配属セシメラレタルモノ三十九名召集セラレテ戦時勤務ニ服セシモノ十五名ニ及ヒタリ此年十一月工兵大尉亀岡爲定工兵少佐ニ進ム又本年十二月三十一日現在員ハ高等官四十五名(167)判任官二百四十名、雇員以下七十三名計三百五十八(168)名トス茲ニ本年度ノ經費ヲ擧クレハ實費額金拾七萬参千八百参拾貳円八拾七銭四厘ニシテ其内訳左ノ如シ※19

【各科ノ業績】

【高神驗潮場ヲ廢シ油壺驗潮場ヲ開ク】　三角科ハ六月十一日高神驗潮場ヲ廢シ更ニ油壺（相模）驗潮場ヲ開始シ七月十二日従来三角點番号ニ冠スルニ擔任測量掛各自姓ノ頭字ヲ以テセシカ尓後之ニ代フルニ萬葉假名ヲ以テシ其尽クルニ及ヒテハ順次ニ二字ヲ累ネ若シ同字相累ルニ際シテハ京字ヲ以テ之ニ換フヘク之ヲ改正シタリ本年ノ成績ハ塩野原（羽前）ニ基線測量ヲ施行シ其全長五一二九米五八七二其諒必誤差〇米〇〇一八七ヲ得タリ一等三角測量ハ信越両羽地方ニ約千七百七十方里撰点シ造標ハ之ニ次キテ約九百方里ヲ観測ハ下野岩代及九州南部ニ約千百四十方里ヲ二等三角測量ハ中國西部及九州北部ニ約千百方里三四等三角測量ハ三備地方ニ約四百方里ノ撰点造標ノミヲ完成シ二等水準測量ハ之ニ追随シ一等水準測量ハ九州南部及信越地方ニ二百六十五里ノ観測ヲ完了セ(169)リ又臨時測図部編成ニ際シ三輪（昌輔）測量師津村（福光）上野（芳太郎）ノ二測量手之ニ参加シ南満州戦地ニ於ケル經緯度測量ヲ分擔セリ

---

(167) 正篇では次のように書き改められている。
「高等官十五名」

(168) 正篇の合計値はやはり「三百五十八名」である。

※19 詳細は次頁の表を参照。

(169) 正篇では次のように書き改められている。
「一等三角測量ハ信越両羽地方ニ約千九百九十一方里ヲ撰點シ造標ハ同地方ニ於テ千六百九方里ヲ観測ハ下野、岩代及九州南部ニ於テ千三十七方里ヲ二等三角測量ハ中國西部及九州北部ニ於テ千八十三方里三四等三角測量ハ三備地方ニ四百一方里ヲ完成シ一等水準測量ハ九州南部及信越地方ニ於テ埋石觀測各二百五十六里ヲ完了セリ」

二十八年度ノ経費内訳

費目＼区分	豫算高		實費支拂高		殘高	
俸給及諸給	一〇三、六三四	五四五	七九、九五九	七四二	二三、六七四	八〇三
被服費	二六一	七三〇	九九	六三〇	一六二	一〇〇
測量費	九九、五四四	四九一	八九、七五四	三六六	九、七九〇	一二五
廳費	一、七三五	五一九	一、七三五	五一九	—	
旅費	三〇四	二四〇	五五	一二〇	二四九	一二〇
雑費	二、七九〇	〇六〇	二、二二八	四九七	五六一	五六三
計	二〇八、二七〇	五八五	一七三、八三二	八七四	三四、四三七	七一一

備考　一、明治二十七年度ニ於テハ經常及臨時費ノ区別ナシ
　　　二、表中測量費ノ殘額ノミハ翌年度ヘ繰越スモノトス

地形科本年ノ常務トシテハ廣島、岩國、山口地方正式二万分一測図五二、〇方里東京湾口准正式一万分一測図一、四方里、簡式二万分一測図山口地方二六、五方里、迅速五万分一測図福岡地方六六、四方里、迅速二万分一測図廣島、津和野地方一七九、二方里ノ外業ヲ完成シタリ蓋シ本年後半期ニ及ヒテハ測量手ノ出征各部隊ヘ配属セラレシモノ多ク臨時測図部編成後ハ全員殆ント之ニ参加シタルヲ以テ常務成績ハ固ヨリ僅少ナルヲ免レス

【二十七年式図式】　此年一月従来ノ「地形測量教則」ヲ廢シ「地形原図々式及其解釋」ヲ規定セリ即チ在来ノ図式中幾多ノ改正ヲ加ヘ之ヲ一万分一、二万分一、五万分一ニ区別シ記号及註記ノ大小ヲ調和スル等大ニ面目ヲ一新セリ所謂二十七年式図式ナルモノ是ナリ又八月二十日(170)「地形測図規程」ヲ定ム本規定ハ図根、碎部兩測図ニ於ケル測度誤差ノ限界及幾何寫図ノ調節法等ヲ明示シタルモノニシテ測図ノ精確ヲ進メタルモノ尠カラス

製図科本年ノ作業ハ十万分一帝國図製版一版、二万分一地形図製図八十五面製版九十版、二万分一迅速測図製図二十八面、製版二十三版、諸兵要図製図三十九面、隣邦図（二十万分一朝鮮図）三十三版等ナリ其他八月一日清國ニ對シ宣戰セラル、ヤ(171)數多ノ作業命令ニ接シ早川科長ハ此等ニ関スル諸種ノ内規ヲ定メ諸員勵精昼夜之ニ従事シ苦心經營少カラス且外谷（鉦次郎）歩兵中尉、村山（維精）小倉（僉司）齋藤（敬義）山際（市松）福島（市太郎）齋藤（太郎）ノ諸測量手ハ相前後シテ戦役ニ関スル寫眞或ハ印刷ノ業務ニ就キ臨戰地、戰地及台湾ニ従軍セリ

【明治二十八年】　○明治二十八年一月二十九日製図科長早川工兵少佐工兵中佐ニ進ム五月四日三角科長田坂工兵中佐大本營附ニ補セラレ仝月十五日工兵大佐ニ進ミ(172)六月十日三角科長ニ復員ス仝月二十五日修技所第四期生徒松本一外二十四名ニ入所ス之ヨリ先二十七八年戦役ニ際シ(173)下士ノ應募者ヲ欠キ或ハ合格者甚タ

---

(170) 正篇では次のように書き改められている。
「是ナリ蓋明治十六年始メテ一色線號圖式ヲ採用シ以來數回ノ小改正ヲ經タルモノニシテ茲ニ始メテ地貌地圖ニ暈滃式ヲ廢止シタルモノナリ又八月二十日」

(171) 正篇では次のように書き改められている。
「戰時的」

(172) 正篇では次のように書き改められている。
「尋テ工兵大佐ニ進ム同月十三日平和詔勅發布セラル同二十五日」

(173) 正篇では次のように書き改められている。
「昨年來戰役ノ爲」

少ク常ニ補欠召募ヲ重ネ本年ノ如キ[174]要員ノ全部ヲ一般民人ヨリ採用スルニ到レリ此ノ趨勢ハ延テ後年ニ及ヒ三十二年特ニ當部ハ各師團副官ニ移牒シテ之カ應募ヲ慫慂スルニ到リ三十三年以後初メテ下士志願者ヲ以テ充員スルノ常態ニ復スルヲ得タリ

【第二期及第三期學生卒業】七月二十八日第二期及第三期修技所學生古家（政茂）、高関（八百千郎）、菊池（鍬吉郎）、木村（世德）、河野（剛）、田浦（安静）、桑野（庫三）ノ七測量手業ヲ卒ヘ八月十七日何レモ陸地測量師ニ任セラル八月十日従来ノ「傭役採用及支給内則」ヲ改正修補シ「陸地測量部傭人規定」ヲ定ム

【陸地測量標條例施行細則ノ改正】八月十五日陸軍省令第十七号ヲ以テ陸地測量標條例施行細則全部改正セラル蓋シ前細則ハ測量標及敷地ノ管理法其他明確ヲ欠クモノアリ作業上不便ヲ感セシムルモノ少カラス茲ニ本改正ヲ見ルニ至リシナリ然レトモ其大綱ニ於テ大差ナシ今新ニ加ハリタル條項ノミヲ擧クレハ左ノ如シ

「測量主任官測量標ヲ建設セントスルトキ御料地内ニ在テハ該地所属ノ区別ニ依リ豫メ御料局或ハ同支廳又ハ支廳出張所ニ通知スヘシ
　但事業ノ急施ヲ要シ其場所御料地所轄廳ト遠隔セルトキハ建設ノ後之ヲ通知スルコトヲ得
官有地第一種第二項神地［伊勢神宮竝ニ山陵ヲ除ク］ニ在テハ其神社及所轄

---

(174) 正篇では次のように書き改められている。
「ヌルモ其ノ數ヲ充タサルヲ以テ」

廳ト協議シ官有地第二種第三種第二項第三項第四項第四種ノ土地及民有社寺地同宅地ニ在テハ測旗假杭建設ノ外ハ其所管廳又ハ所有者ニ協議スヘシ（第八條）

覘標、標杭、假杭ノ敷地ハ地形ト建標ノ種類ニ依リ異同アルヲ以テ豫メ一定セス（第十五條）

標石敷地内ニ土砂塵埃其他雜物等ヲ堆積スルヲ許サス（第十六條）

敷地買上代ハ其都度之ヲ支拂ヒ借地料ハ會計年度末ニ於テ之ヲ支拂フヘシ

但借地料ハ其土地使用ノ當日ヨリ起算シ其一箇年ニ滿タサルモノハ月割ヲ以テ支拂フヘシ（第十七條）

敷地買上代及借地料ハ本人ヨリ地方廳ニ請求書（第五号書式）ヲ差出シ該廳ハ審査ノ上之ヲ陸地測量部ニ回付スヘシ

但借地料請求書ハ三月五日迄ニ地方廳ニ差出シ該廳ハ同月十日限リ之ヲ發送スヘシ（第十八條）

本條例第六條掲記外ノ土地ニ在テハ已ムヲ得サルトキト雖モ其所轄廳或ハ所有者ノ承諾ヲ得ルニ非レハ障碍竹木ヲ伐除シ又ハ樹上ニ覘標ヲ設置スルコトヲ得ス此場合ニ於テハ前二條ヲ適用ス（第二十一條）

標石使用ノ為メ新ニ要スル標旗標杭其他覘標等ハ標石ヲ離ル、コト二尺以内ノ地ニ建設スルヲ許サス（第二十三條）

使用者標石ノ經緯度及眞高ヲ要スルトキハ其種類番号位置ヲ詳記シ陸地測量

部ニ請求スヘシ（第二十四條）
標石覘標標杭ノ周圍ニ於テ之ヲ毀損スルノ虞アルカ又ハ其効用ヲ妨クヘキ事業ヲ為サントスルトキハ事由ヲ具シ設計図ヲ添ヘ其移轉ヲ道廳府縣廳ニ請求スヘシ（第二十五條）
道廳府縣廳前條ノ請求ヲ受ケタルトキハ之ヲ審査シ意見ヲ附シ之ヲ陸地測量部長ニ移牒スヘシ
　但移轉ノ為メニ要スル費用ハ其請求者ノ負擔トス（第二十六條）
陸地測量部長前條ノ移牒ヲ受ケ移轉ノ必要ヲ認ムルトキハ其移轉ニ要スル費用ノ概算額ヲ定メ地方廳ヲ經テ之ヲ請求シ移轉執行ノ上ハ其決算ヲ為シ證憑書類ヲ附シ該廳ニ送致スヘシ（第二十七條）
道廳府縣廳ハ前條ノ費用ヲ請求者ヨリ受取リ陸地測量部ニ回付シ其決算書類ハ之ヲ其請求者ニ送致スヘシ（第二十八條）
測量標敷地所在ノ町村名其他ニ関シ異動ヲ生シタルトキハ道廳府縣廳ヨリ陸地測量部ニ通知スヘシ（第三十條）
本則第十六條第二十二條第二十三條及第二十五條ヲ犯シタル者ハ十一日以上二十五日以下ノ輕禁錮又ハ二円以上二十五円以下ノ罰金ニ處ス（第三十一條）（其他諸書式）」
【測夫ノ軍属取扱】十月十五日測夫ハ自今其ノ使用中ニ限リ[175]軍属タラシメ當該班長ニ於テ其使用ノ都度讀法ヲ行ヒ誓文ニ捺印セシメ使用濟[176]ニ際シテハ當該班

---

(175) 正篇では次のように書き改められている。「傭役間」
(176) 正篇では次のように書き改められている。「解雇」

長之ヲ解除スルコトトナレリ、仝日陸軍所轄地ノ内要塞ニ関スル地点ニ在テハ當該工兵方面本支署ヘ、砲兵工廠及火薬製造所ニ関スル地点ニ有テハ当該砲兵工廠ヘ其他ハ総テ當該監督部長ヘ協議ノ上直ニ測量作業ヲ決行スルコトヲ認許セラル之ヨリ先陸地測量標條例施行細則第八條第二項官有地第二種ノ土地ニ測量標ヲ建設セントスルニ際シ測量主任官ハ先其ノ所轄官廳ノ同意ヲ要シ陸軍所轄地ニ関シテハ自然陸軍大臣ノ認可ヲ要セシカ其交渉往復ニ日時ヲ徒費スルヲ以テ當部ハ十月五日上記簡便ナル處理方法ヲ申請シ茲ニ其ノ聽許ヲ得ルニ至レリ

【百万分一東亞輿地図發行ノ濫觴】十二月十三日寺内参謀本部第一局長事務取扱、土屋仝第二局長ハ参謀総長ニ上申シテ曰ク「是迄陸地測量部ニ於テ輯製セラレタル二十万分一日本図ハ軍事上大体ノ調査ニ就テハ稍緻密ニ失シ且図幅廣大ニシテ一覧ノ便ヲ缺キ又在来内務省製造ノ分ハ稍旧製ニ属シ地名等モ変更致居不便不尠ニ付此際特ニ軍事上大体ノ調査及特ニ鉄道、道路、電信、郵便線並ニ地名一覧等ノ為陸地測量部ニ於テ百万分一ノ日本全図ヲ輯成相成候様致度」之ヨリ先キ萬國地學協會ノ決議ニ係ル百万分一地球全図ヲ各國協同シテ製出センコトヲ同會主催瑞西國政府ヨリ我政府ヘ之ヲ照會シ其下問ニ對シ早川製図科長ハ(177)（明治二十七年二月）百万分一亞細亞東部輿地図製図案ナルモノヲ立案シ同時ニ片山（直英）、山際（七司）、千野（忠秀）ノ各測量手ニ命シ此製図案ニ據ノ図式、図例竝ニ一覧表ヲ製作セシメ當部ハ之ヲ添ヘテ同事業ニ参加スルノ必

(177) 正篇では次のように書き改められている。
「輯製二十万分一圖ハ圖幅廣大ニシテ軍事上大體ノ調査ニ就テハ一覧ニ便ナラス又在來内務省製造ノ分ハ稍舊製ニ屬シ地名等モ變更シテ其ノ用ヲ充タスニ足ラス此ノ際特ニ軍事上大體ノ調査及特ニ鐵道、道路、電信、郵便竝ニ地名一覧等ノ爲新ニ百万分一日本全圖ヲ編纂スルノ議アリ然ルニ當部ハ萬國地學協會ノ決議ニ係ル百万分一世界全圖ヲ各國協同シテ製出セントスル同會主催瑞西政府ノ照會ニ對シ同事業ニ參加スルノ必要ヲ認メ製圖科ヲシテ百万分一亞細亞東部輿地圖製圖案ヲ立案セシメタリ」

要ヲ覆申セリ時會々日清ノ國交破レ枢要地区ノ東亞輿地図ヲ急造スヘキノ命アリ當部ハ乃チ(178)上記図案ニ據リ諸種ノ資料ヲ輯集シテ急遽製図ニ従事シ之ヲ仮製東亞輿地図ト名ケ其命ニ應シタリ此地図ハ作戰上裨益スルトコロ多大ナルモノアリシカ更ニ上記ニ局長ノ上申アリ茲ニ百万分一東亞輿地図製作ノ機熟シ更ニ既定図案ニ若干ノ修正ヲ加ヘ以テ隣邦ト共通ノ図式ニ一致セシメ續々之ヲ製出センコトヲ上申シ尋テ之カ認可ヲ得爾後之ヲ継續シテ以テ今日ニ及ヘリ(179)此年従軍ノ当部職員ノ中三角科々僚歩兵中尉林田游亀ハ四月九日馬公城ニ於テ陸地測量手矢田敬三郎ハ九月十日台湾ニ於テ陸地測量手上野芳太郎ハ七月六日清國荘河ニ於テ何レモ虎列拉病ニ罹リ其職ニ殉シタリ而シテ本年十二月現在員ハ高等官五十五人判任官二百二十五人雇員以下百五十一人生徒二十五人計四百五十六人ニシテ六月屯田兵参謀屯田工兵大尉岡三郎修技所教官兼全所幹事ニ（九月轉出）七月歩兵少尉真鍋祥輔三角科々僚ニ八月工兵大尉土屋喜之助當部班長三角科附ニ九月歩兵大尉中原義信修技所幹事兼事務官ニ着任セリ此ニ二十八年度ノ經費ヲ舉クレハ經費総額金貳拾壹萬七千七百六拾五円四拾壹錢五厘ニシテ其内訳左ノ如シ[※20]

又當部ハ去ル二十六年ニ於テ今後約三十年ヲ以テ全國測量ヲ完成セントシ其ノ業務擴張豫算ヲ調製シ要求スル所アリシカ本年第八帝國議會ノ協賛スル所トナリ初度五ヶ年継續費トシテ金九十壱万九千五百五拾壱円四戔五厘ヲ可決セラ

---

(178) 正篇では次のように書き改められている。
「シヲ以テ」

(179) 正篇では次のように書き改められている。
「スルコトトナレリ」

※20 次頁の表を参照。

費目＼区分	豫算高		實費支拂高		殘高	
俸給及諸給	八四、五九八	四二六	六七、六二九	四七六	一六、九六八	九五〇
諸手當	二、四八二	八〇〇	一、八四二	六八二	六四〇	一一八
被服費	一八〇	一五〇	一〇〇	〇〇〇	八〇	一五〇
馬匹費	一〇〇	〇〇〇	一〇〇	〇〇〇	〃	
廳費	一、九三九	一八八	一、九三二	〇一九	七	一六九
死傷手當	二五	〇〇〇	〃		二五	〇〇〇
旅費	三八一	七四〇	一〇八	九四〇	二七二	八〇〇
雑給及雑費	二、九〇一	六二〇	二、九〇一	四一三	〇	二〇七
兵要地図費	二六、二〇六	四七一	一〇、一三七	六三五	一六、〇六八	八三六
測量費	九、七九〇	一二五	九、六九〇	五三〇	九九	五九五
計	一二八、六〇五	五二〇	九四、四四二	六九五	三四、一六二	八二五

備考　表中兵要地図費殘額ハ翌年度へ繰越スモノトス

ル其二十八年度分細項左ノ如シ

明治二十八年度

金拾八萬参千九百拾円弐拾戔九厘　　款　測量費

金壱萬六千八百九拾六円　　項　俸給及諸給

金弐千五百五拾九円　　項　諸手當

金拾六萬千四百六拾六円六拾九銭壱厘　項　測量費

金九百拾四円弐拾六銭八厘　項　廳費

金弐千七拾四円弐拾五銭　項　雜給及雜費

【各科ノ業績】　三角科ハ五月二十五日當部業務擴張ニ伴ヒ編制表中改正ヲ加ヘラレ更ニ一個班ヲ增加シテ二十名ヲ增員シタリ

【花咲驗潮場開始】　十一月一日花咲（根室）驗潮場開始ス而シテ本年ノ業績トシテ一等三角撰点ハ近畿、關東平野、三陸、兩羽地方ニ造標ハ近畿、濃尾、北越地方ニ約二千方里ヲ観測ハ同地方ニ於テ約千方里ヲ完成シ二等三角測量ハ九州西南部ニ約八百六十方里、一等水準測量ハ伊勢、阿波及九州南部ニ八十六里ヲ完成シ三四等三角ハ中國西部ニ約五百方里ノ撰点ヲ完了シ二等水準測量ハ亦之ニ追隨セリ(180)

地形科ハ客年以来本年六月下旬迄全科ヲ擧ケテ戰時業務ニ當リ其常務ハ全ク之ヲ中止セリ七月上旬ニ至リテ臨時測図部ヨリ復員帰科ノ職員約六十名ヲ以テ**本科ノ**常務ヲ開始シ客年一時中止セル備前國片上地方ニ於テ正式二万分一測図九十八方里、東京湾口近傍准正式一万分一測図六、八方里、青森地方二万分一(181)迅速測図四十六方里、明石地方二万分一図根測図ヲ十八、三方里、沼津地方二万分一臨時修正測図百十八方里竝同地方五万分一測図約二百八十方里ヲ完了セリ

製図科ニ於テハ三月二十六日来二十八年度ヨリ印行費定額壱萬弐千円ニ増額

---

(180) 正篇では次のように書き改められている。
「而シテ本年ノ業績トシテ一等三角撰點ハ近畿、關東平野、三陸、兩羽地方ニ於テ千六百二十六方里造標ハ近畿、濃尾、北越地方ニ於テ千五百七方里ヲ觀測ハ同地方ニ於テ約千百八十八方里ヲ完成シ二等三角測量ハ九州西南部ニ約八百九十四方里、一等水準測量ハ伊勢、阿波及九州南部ニ於テ埋石四百三十一里觀測八十六里ヲ完成シ三四等三角測量ハ中國西部ニ於テ四百三十八方里ノ撰點ヲ完了セリ」

(181) 正篇では次のように書き改められている。
「田名郡及平舘近傍ニ緊急ナル」

ニ依リ同所「服務概則」ヲ改定シ且「製図學」「陸地測量部製図制式第二編図式」ノ編纂ニ従事シ尚臨時測図ノ製図製版ノ為メ六月臨時雇二十四名、十一月同四十八名ヲ増員シ若干月教練ノ上該業務ニ着手セシメタリ而シテ本年ノ作業成果ハ十万分一帝國図製版一版、正式二万分一地形図製版九十二版、二万分一迅速測図製版二十一版、諸兵要図ノ製版二十三面ヲ完成シ又印行所ニ於ル印刷數ハ地形図其他ノ諸図弐拾六萬六千九百三十二枚兵要諸図六拾九萬千百七十九枚ノ多數ニ及ヘリ

【小倉測量手留学】十月十九日陸地測量手小倉倹司寫眞製版術研究ノ為メ澳國ヘ留學ヲ命セラル

【製図科ノ戦時作業】此等常務ノ外戦時勤務ニシテ秘密ニ属セサル業績ノ一班ヲ擧クレハ左ノ如シ即チ二十七八年ヲ通シテ本科ニ於ケル戦時業績ノ統計ハ

製図	地図其他	壱千七百拾枚
製版	仝	弐千〇参拾四版
印刷	仝	壱百拾五万五千百弐拾弐枚

此等數量ハ一見シテ製図科奮勵ノ程度ヲ想見スルニ足ルヘシ而モ一面ノ製図ト雖皆名状スヘカラサル苦心ノ結果ナラスンハアラス蓋シ今次所要地図(182)ノ主タルモノハ隣邦二十万分一図（朝鮮及清國）奉天直隷両省三十万分一図其他諸局地図假製東亞輿地図等ニシテ其完成ニハ皆短少ノ期日ヲ限ラル此急遽ノ際ニ於テ散漫零砕ナル資料ニ就キ同地異称同韻異字ヲ比較校定シ特ニ僅ハニアル既知ノ經

(182) 正篇では次のように書き改められている。
「前記地図」

緯度点ニ依據参酌シテ地図ノ骨骼ヲ作リ且諸般ノ地誌旅行記等ニ據リテ地形ヲ稽ヘ地物ヲ補ヒ以テ外邦未開地ノ地図ヲ輯成セントス其ノ困難ハ實ニ意料ヲ絶スルモノアルナリ然レトモ精苦不撓着々トシテ能ク急需ニ應シ下記亞鉛製版法ト相待テ軍用地図製作ノ任務ヲ完ウシ始終我軍ノ行動ニ遺憾ナカラシムルヲ得タリ所謂寫真亞鉛版法(183)ハ多湖測量師之ヲ獨逸ヨリ傳ヘ更ニ本科ニ於テ研究改良シタル迅速製版法ニシテ茲ニ大ニ其功用ヲ發揮シタリ蓋シ此種製版ニ関シ若シ此ノ亞鉛製版法ヲ外ニスレハ一ニ石版ニ頼ラサルヘカラス今本科ニ於ケル此次戰時作業ノ製版二千餘版ヲ假ニ石版ヲ以テセンカ價格ニ於テ約壹萬五千円而モ一ニ特別ノ舶来ヲ要シ重量ニ於テ參萬貫、容積ニ於テ之ヲ収藏スルニ一大倉庫ヲ要スヘク且其ノ運搬及操作ニ愼密ノ注意ヲ要ス然ルニ之ニ代フルニ亞鉛版ヲ以テシタルニ由リ重量ハ四十分一容積ハ百分一ニ及ハス價格ハ十分一ニテ足リ而モ其ノ製版ノ簡易敏速ナル遠ク石版ノ上ニアリ此等効果ノ偉大ナル我戰時作業ヲシテ愆ルナカラシメタル一半ノ功績ハ實ニ此ノ寫真亞鉛版法ノ利用ニ繋ルモノト謂フヲ得ヘシ印刷ニ関シテハ一日平均二千數百葉其ノ大部ハ多色印刷ニシテ其ノ勞苦ハ數万ノ單色刷ニ匹敵スヘク特ニ此ノ臨急ノ際ニ於テ多色配合ノ機刷法ヲ考案シ又亞鉛版ノ製版完成直後之ヲ印刷スルモ版面ヲ損害セサル手術ヲ創案スル等貢献少カラス又出征部隊ニ配属セラレタル印刷班（齋藤、山際、福島三測量手及今村雇員以下五名）ハ常ニ旅次怱忙ノ間ニ於テ亦亞鉛版法ニ由リテ製版スル千二百餘版印刷スルニ二十二万ノ多數ニ及ヒタリ此等ノ作業ハ若シ

---

(183) 正篇では次のように書き改められている。「製版法」

(184) 正篇では次のように書き改められている。「併カモ一ニ輸入ニ待タサルヘカラス」

亞鉛製版法微リセハ幾ント不可能事ニ属セシナリ更ニ出征寫眞班（外谷中尉村山、小倉兩測量手外六名）ノ作業ヲ顧レハ常ニ天候ト戰ヒ時ニ彈雨ニ浴シ創メテ戰況實寫ノ壯擧ヲ遂行シ二百五十五面ノ寫眞ヲ得以テ戰史ノ材料教育ノ資料研學ノ参考ニ供シ外ニ國光ヲ發揚シ内ニ志氣ヲ鼓舞シタルモノ洵ニ少カラサリシナリ

【臨時測図部ノ帰還及新任務】臨時測図部ハ渡滿以来本部ヲ金州ニ置キ各班ハ所定ノ部署ニ従ヒ各地ニ轉々シ萬難ヲ排シテ遂ニ豫定ノ業ヲ卒ヘ前後四百五十二日ニシテ總面積一千七百六十一方里ノ測図ヲ完成シタルヲ以テ六月五日各班ハ金州ニ集合シ同十六日ヨリ順次帰朝ノ途ニ就キ茲ニ一段落ヲ告ケタリ五月十日関工兵中佐工兵大佐ニ進ミ六月二十八日臨時測図部長ヲ免セラレ地形科長ニ復シ同日同部班長服部歩兵大尉歩兵少佐ニ進ミ臨時測図部長ニ補セラレ以下ニ三ノ交迭アリ更ニ編成竝任務ヲ改定シ之ニ由リテ台湾測図ニ従事スヘキ第五班ハ七月十八日東京ヲ出發シテ八月二日ヨリ實地作業ヲ開始シ朝鮮測図ニ従事スヘキ第一班乃至第四班ハ人目ヲ避クルカ為數次ニ分割シテ九月下旬ヨリ十月上旬ノ間ニ於テ順次各任地ニ到着シ諸種ノ困難ヲ排除シツ、着々事業ヲ遂行セリ

【明治二十九年】　○明治二十九年一月十七日台湾輯製四十万分一図ノ秘密ヲ解キ先ニ解秘シタル假製東亞輿地図（渤海沿岸九面）ノ如ク發行スルコトヲ聽許セラル蓋シ戰役以来此等地図ノ要求多ク而モ兵要地図トシテハ此等諸図ニ比シ

テ優良ナル實測地図ヲ續々上版シ得ルノ機ニ會シ强テ旧版ヲ秘密ニスルノ要ナキニ至リタルヲ以テナリ

【測地事業報告】 二月十九日本邦測地事業ニ関スル報告書ヲ陸軍大臣ニ提出ス之ヨリ先萬國測地學協會之ヲ我政府ニ要求シタルニ由ル

【外人參觀嚆矢】 三月二十四日朝鮮王族李埈鎔(185)當部製図作業ヲ参觀ス之ヨリ先一月十六日同國人李秉武(186)亦之ヲ参觀セリ蓋シ外人ノ當部参觀ハ之ヲ以テ嚆矢トス二月二十四日陸軍平時編制ヲ定メラレ後五月四日之ヲ改定セラル而モ我陸地測量部ノ編制ハ前後ヲ通シテ大差ナク即チ左ノ如シ※21

【要塞地帯附近ノ地形図ヲ秘密トス】 四月九日要塞地帯線ヨリ十吉米以内ノ地形図ハ之ヲ秘密圖ニ編入シ諸官衙及團隊ニ限リ特ニ實費ヲ以テ之ヲ拂下ケ其保管授受ヲ嚴密ニスヘキ件當部ノ申請ヲ認可セラル(187)五月九日勅令第二百三號ヲ以テ陸地測量部條例第三條中部長各兵科大佐ヲ少将或各兵科大佐ニ、科長各兵科中少佐ヲ各兵科佐官ニ改定セラル是曩ニ改正セラレタル平時編制ニ對スルモノニシテ蓋シ二十八年度以降當部ノ事業ノ擴張ニ伴ヒ職員歳額亦増加シ新ニ数班ヲ増置セラレ部長及科長ノ統御界ハ擴大シ其ノ職責モ亦加重セリ随テ其位置ニ於ケル官等ノ範圍ヲ■■以テ當局ノ熟練ト經驗トニ待ツモノアルニ由ル(188)

【學生教育ノ刷新】 五月五日中田、池田、野呂、豊田、別府、山本、中村、谷口、高橋九測量手初メテ撰抜試驗（**各科専門學、數學、物理学、化學、地理及**

---

(185) 朝鮮国王（高宗）の甥にあたり、日清戦争時に企てられたクーデターでは次期国王に予定された事情もあり、朝鮮国内での居住が許されず、一八九五年末に日本に留学した（新城、二〇一五、一三四－一三九）。

(186) 朝鮮の武官として王族に随行して来日し、一八九五年に士官学校に入学、卒業後朝鮮の高級武官、さらに軍部大臣となり、一九一〇年の韓国併合に際して、子爵に叙せられた（朝鮮總督府中樞院、一九三七、一九九二）。

※21 **詳細は次頁の表参照。**

(187) 正篇では次のように書き改められている。
「得ルコトニ定メラル」

(188) 正篇では次のように書き改められている。
「陸地測量部條例ヲ改正セラル（附表第一號參照）」

陸地測量部編制表

区分＼階級	本部	三角科	地形科	製図科	修技所
少将	長				
大佐	一	長	長	長	
馬乗	三				
中佐					
少佐	事務官 一	一	一	一	
馬乗	一	二	二	二	
大尉相當陸地測量師	事務官　材料主管 一　軍吏 一	三	四	四	幹事 一　教官
馬乗		二	二	二	
中尉相當陸地測量師					
少尉相當陸地測量師	一	一九	一六	八	三
馬乗		五	五		
下士判任文官	一九二				
學生					六
生徒					一〇

計　将校同相當官及陸地測量師 六六　将校乗馬 二六

備考

㈠基本測量完成期短縮ノ為メ其年限中本表定員外漸次左ノ職員ヲ増置ス

本部区画	二三等軍吏	一		
三角科区画	大尉或相當陸地測量師	二	中少尉或相當陸地測量師	七
地形科区画	仝	三	仝	八
製図科区画	仝	一	仝	三
下士判任文官		一一四	修技所學生	三
修技所生徒		一五		

㈡陸地測量師ノ定員充實スルマテ陸地測量手ヲ定員外ニ増置シ其職務ヲ所理セシムルコトヲ得

㈢部長大佐ナルトキハ乗馬二頭、科長少佐ナルトキ乗馬一頭トス

歴史、外國語、作文）ノ結果ニ依リ第四期修技所學生ヲ命セラル茲ニ於テ従来ノ學生修學内規ヲ廢シ新ニ理科大學教授平山信[189]、氣象台技師和田雄次[190]、學習院教授三輪桓一郎[191]、第一高等學校教授本間義次郎[192]、同松島鉦四郎[193]、大學院學生木村榮[194]竝高等商業學校教授石川巖[195]諸學士ニ量地學、氣象學、數學、物理學、地質學、星學、化學ノ教授ヲ嘱托シ學生ハ二ヶ年間專心之ヲ學習スルコト、ナリ學生教育方針ニ一大刷新ヲ見ルニ至レリ六月二十九日[196]修技所（第二、三期）學生佐藤（静）、大野（茂英）、若松（光藏）、宮田（義敬）、志和池（善介）、真坂（忍）、神代（源次郎）、粟屋（篤藏）八測量手業ヲ卒ヘ尋テ皆陸地測量師ニ任セラル又同日第四期修技所生徒樋口兼治外二十四名卒業シ即日陸地測量手ニ任セラレ**樋口測量手外十九名三角科班員ヲ命セラレ松本測量手外四名製図科班員ヲ命セラル**八月十九日修技所學生々徒ハ萬不得止場合ハ陸軍服役條例第二十八條ニ依リ勤務演習ヲ猶豫セラル、コトニ協定成ル[197]

【特設地区ニ於ケル三角點ノ配置】十月九日特設地区図区域内三角點設置ニ関スル件ヲ規定スル左ノ如シ

一、既ニ決定シタル特設地区図区域内ニ於テハ二万分一地形[198]一測板内ニ三角點ノ數拾二點（内四等點四點）ヲ設置スヘシ

　但本文ノ三角點ハ一小測板中ニ必ス三點ヲ撰定スルモノトス

二、前項区域外ニ若シ更ニ特設区域ヲ新設スルトキハ三角點ノ設置數ハ臨時ノ詮議ニ附スルモノトス

---

(189) 天文学者、一八六七～一九四五年。
(190) 気象学者、一八五九～一九一八年。
(191) 物理学者、一八六一～一九二〇年。
(192) 物理学者、一八七〇～一九〇八年。
(193) 地質学者。
(194) 天文学者、一八七〇～一九四三年。
(195) 化学者。
(196) 正篇では次のように書き改められている。「六月二十二日三角科ニ第五班ヲ新設ス同二十九日」
(197) 正篇では次のように書き改められている。「定メラル」
(198) 正篇では次のように書き改められている。「地形圖」

【旅費ノ小改正】　十月三十日省令第二十二号ヲ以テ陸軍給與令細則旅費ノ部第十六條第一項中「其北海道内ノ旅行ニシテ甲額若クハ乙額ヲ支給スル場合ニ在テハ毎年十一月ヨリ翌年三月マテノ五箇月間ハ庚表ノ金額ヲ加給ス」ノ五十七字ヲ加ヘ又第二十四條第二項ニ「但船内ニ一泊以上ヲ為ササル旅行ニ在テハ此限ニアラス」乙表中「傭員」ヲ「雇員」ニ改メ備考ニ「五、日給雇員ヲ出張セシムルトキハ日額三十日分ヲ月額ト為シ本表月給雇員ニ準シ旅費ヲ給ス」ヲ追加セラル

【藤井部長少將ニ進ム】　十月十四日部長藤井工兵大佐陸軍少將ニ任セラル十一月三十日松風廣吉外十九名第五期修技所生徒トシテ入所ス此年應募ノ満期下士少ク合格者僅ニ五名ノミ故ニ一般ヨリ再募集試験ヲ經テ所要人員ヲ満シタリ

【年末賞與ノ嚆矢】　此年末ニ際シ最下給吏員(199)二十七名ニ約其月給ニ相應スル金額ノ賞與ヲ頒タル由来製図科員ノ若干ニ對シテハ時ニ賞與ノ擧ナキニ非サリシト雖一般部員ニ對スル年末賞與ハ之ヲ以テ嚆矢ト為シ翌三十年ハ其ノ範圍ヲ月給貳拾五円以下ノ吏員全部ニ擴張シ尚上級者若干ニ對シテ特別ニ賞與アリ爾後之ヲ例トシテ漸次其ノ範圍ヲ擴メ判任官全部ニ及ホシ終ニ高等文官亦之ニ浴スルニ至レリ此年末當部総人員武官三十三人測量師三十一人下士四人嘱托八人属九人測量手二百二十一人雇員以下百八十二人総計四百八十八名此年主ナル職員ノ移動ハ一月歩兵大尉依田正忠歩兵少佐ニ進ミ地形科班長歩兵大尉勝田敏郎ハ臨時測図部班長ニ轉シ後八月復帰ス二月地形科班長歩兵大尉粟屋信雄臨時測図

---

(199)　正篇では次のように書き改められている。「下給吏員」

部班長ニ仝月歩兵大尉外谷鉦次郎大本營附免セラレ製図科班長ニ歩兵中尉中村義継製図科科僚ニ六月三角科班長工兵大尉土屋喜之助士官學校教官ニ轉シ八月臨時測図部班長菊池和太郎復員シテ地形科班長ニ十一月歩兵中尉笠貞次郎製図科科僚ニ補セラレタリ而シテ本年ノ総經費ハ金拾参萬五千参百貳拾壱円貳拾参銭七厘ニシテ其内譯左ノ如シ※22

【二十七八年戰役ニ関スル論功行賞】　此年二十七八年戰役ニ関スル論功行賞アリ(200)藤井部長ハ功四級ニ旭日中綬章ヲ加賜セラレ関臨時測図部長ハ旭日中綬章金五百円其他臨時測図部全員皆賞賜ヲ受ク各差等アリ第二軍配属ノ若松（光藏）測量手外九名竝臨時測図部ニ於ケル分班長原（忠貞）測量師外十二名ハ年金ノ榮ニ與リ又製図科ニ於テハ科長早川工兵中佐ハ勲三等年金三百六拾円ニ班長外谷歩兵中尉勲五等年金百円ニ中野（鉄太郎）多湖（実敏）兩測量師及片山（直英）測量手外二名亦叙勲年金ニ與リ其他叙勲賜金ヲ受クルモノ二十九名一時賜金ヲ拝スルモノ八十六名幾ント全科員ニ及ホセリ

【各科ノ業績】　三角科本年ノ業績ハ須坂基線測量（信濃）ヲ完成シ其結果ハ全長三二九一米九一二〇諒必誤差〇米〇〇〇七四其ノ作業方法ハ益々円熟ノ境ニ進歩セルヲ見ル一等三角撰点ハ初メテ北海道ニ達シ十三個ノ一等三角点ヲ得他ノ一部竝一等三角造標ハ常総平野ノ蔭蔽地域ニ苦鬪シ一等三角観測ハ美信加越地方及四國ニ於テ約千三百方里ヲ二等三角測量ハ九州ニ於テ約一千方里三四等

※22　次頁の表「經常部」、次々頁の表「臨時部測量經費」を参照。

(200)　正篇では次のように書き改められている。「論功行賞アリ部長以下各表彰セラル」

經常部

費目＼区分	豫算高		實費支拂高		殘高	
俸給及諸給	九〇、〇二三	四一九	八九、九五一	六〇二	七一	八一七
諸手當	三、五七〇	四〇〇	三、五二九	九八四	四〇	四一六
被服費	一〇〇	一五〇	九九	一七〇	〇	九八〇
廳費	二、二一三	四三一	二、二一三	二〇〇	〇	二三一
死傷手當	一七七	四二六	一七七	四二六	〃	
旅費	五二七	四二〇	三七九	六五〇	一四七	七七〇
雜給及雜費	一、九八三	四六〇	二、九八一	八四四	一	六一六
兵要地図費	三五、七二五	五三一	三二、八九一	七四九	二、八二六	七八二
計	一三五、三三一	二三七	一三二、二三一	六二五	三、〇八九	六一二

但二十八年度ヨリ繰越ノ兵要地図費ハ一万六千〇六十八円八十三銭六厘ニシテ本年度兵要地図費殘高二千八百二十六円七十八銭二厘ハ翌年度へ繰越ス

臨時部測量經費

費目＼区分	豫算高		實費支拂高		残高（翌年度へ繰越高）	
俸給及諸給	三四、九二二	七六八	一四、二四五	八九八	二〇、六七六	八七〇
諸手當	一、七三八	二四一	一、二四三	四五九	四九四	七八二
測量費	二〇三、一三九	七八三	一五二、六〇四	六七八	五〇、五三五	一〇五
廳費	九一四	七二六	六一八	二二七	二九六	四九九
雜給及雜費	三、七八二	一八〇	三、七六九	六七二	一二	五〇八
計	二四四、四九七	六九八	一七二、四八一	九三四	七二、〇一五	七六四

三角測量竝ニ等水準測量ハ中國西部ニ於テ約六百八十里一等水準測量ハ四國及九州ニ於テ約二百五十里ヲ完成セリ(201)

【標石委員】 此年一月二十五日一等三角點標石ヲ除ク以外ノ標石ハ総テ三角科ニ於テ買辨(202)スルコトトシ新ニ標石委員（**第一班長、科僚、測量師、科書記ヲ以テ組成ス**）ヲ設ケ之ヲ掌ラシム従来測量主任官ハ各自其ノ所要ノ標石ヲ隨所ニ調辨セシカ其品質形式等自然一致ヲ欠クヲ免レサルヲ以テ之ヲ統一センカ為ナリ茲ニ於テ三角點及水準點標石ハ主トシテ岡崎産花崗石或ハ小豆島産花崗石ヲ用フルコトトナレリ

【「三陸海嘯ノ日ノ各地潮候」】 五月十九日「日本三陸沿海岸海嘯ノ日ニ於ケル

---

(201) 正篇では次のように書き改められている。
「一等三角撰點ハ初メテ北海道ニ達シ七百八十二方里ヲ一等三角造標ハ常總平野ノ蔭蔽地域ニ於テ六百九十七方里ヲ一等三角観測ハ美信加越地方及四國ニ於テ約千百七十八方里ヲ二等三角測量ハ九州ニ於テ約一千七十八方里三等三角測量ハ中國西部ニ於テ七百四方里一等水準測量ハ四國及九州ニ於テ埋石二百八十八里觀測二百五十里ヲ完成セリ」

(202) 正篇では次のように書き改められている。
「合同調辨」

各地ノ潮候」ヲ刊行頒布ス蓋シ我カ驗潮事業ノ一般的功果ノ嚆矢ナリ六月二十二日新ニ第五班ヲ編成シ植村（雄太郎）歩兵大尉復員シテ之カ班長タリ

【小宮測量手殉職】十一月九日陸地測量手小宮虎夫安藝國佐伯郡吉和村ニ於テ三等三角測量作業ニ際シ斫伐木ニ壓セラレ職ニ殉ス年二十三修技所ヲ出テ奉職以来百餘日ノミ

地形科ハ本年始ニ於テ全職員ノ在京スルモノ十名ニ滿タスシテ固ヨリ常務ヲ進ムルヲ得ス然レトモ栗屋歩兵大尉ノ率キル臨時測図班四十三名ハ滯京中ナルヲ以テ經伺ノ上之ニ常務ヲ課シ更ニ五月下旬以後臨時測図部ヨリ順次復員ノ職員ヲ収束シテ之ニ常務ヲ課シ(203)

【復員完了】尋テ九月十九日臨時測図部解散ニ依リ服部歩兵少佐一行復員シテ本科員全ク舊ニ復シ更ニ元臨時測図部員ノ優秀ナルモノ三十六名陸地測量部雇ニ轉シ本科ニ入ル(204)茲ニ於テ此等職員ヲ督シテ常務ニ当ラシメ中國沿海地方ニ於テ正式二万分一測図約百十方里、沼津及高松徳島地方ニ於テ正式五万分一測図約六十九方里外ニ東京湾口ニ於テ準正式一万分一測図約二方里ヲ完成シタリ

【最初ノ修正測図及編成図作業】又此年初メテ沼津地方ノ五万分一基本地形図ニ對シ修正測図ヲ施行シ約三百七十方里(205)ヲ完成セリ而シテ此最初ノ修正測図ニ際シ規定セラレタル「沼津地方五万分一修正測図規程」ハ向来各種修正測図ノ規準ヲナセルモノナリ尚今年初メテ縮図作業ヲ開始シ沼津、姫路、岡山地区ニ於テ二百三十方里許ヲ完成セリ(206)修正測図トハ基本測図完成後經年久シク変化甚

---

(203) 正篇では次のように書き改められている。
「滿タサリシト雖モ待命中ナル臨時測圖班四十三名ヲ始メ五月末以後」

(204) 正篇では次のように書き改められている。
「ヲ命セリ」

(205) 正篇では次のように書き改められている。
「約百四十二方里」

(206) 正篇では次のように書き改められている。
「班長依田歩兵少佐ノ立案ニ成リ後來各種修正測圖ノ規準トナレルモノナリ尚今年初メテ縮圖作業ヲ開始シ沼津、姫路、岡山地區ニ於テ三百五十七方里ヲ完成セリ」

シキ地方ニ就キ實地ニ修正的測図ヲ施行スルノ謂ニシテ縮図トハ既成ノ大梯尺地形図ヲ縮図シテ之ヲ五万分一地形図ニ統一センカ為ニ施行スル内作業ノ謂ナリ

製図科ニ於ケル本年ノ業績ハ[※23]

而シテ諸印刷ノ通計ハ六十七万四千四百餘枚ノ多數ニ及ヘリ[(207)]茲ニ臨時製図ト称スルモノハ主トシテ戰時作業ノ継續ニシテ就中臨時測図部ノ實測ニ係ル台湾遼東兩方面ノ製図及製版費金五万八千五百餘円ハ特ニ臨時軍事費ヨリ支出ニ係ル

【東亞輿地図及北海道仮製図ノ開始】　又北海道五万分一図ハ本年三月十一日「北海道假製五万分一図製図規定」ニ基キ百万分一東亞輿地図ハ客年来ノ計画其緒ニ就キ本年三月十七日「東亞輿地図製図規程」（九月十七日其一部ヲ改正ス）ニ基キ新ニ開始シタル製図作業ナリ[(208)]

【臨時測圖部ノ事業及其解散】　臨時測図部韓國方面ノ作業ハ一月以来断髪令ノ騒擾ニ次キ國王ノ露國公使館竄入ノ変アリ[(209)]人心漸次不穏ニシテ邦人ヲ嫌惡シ暴民蜂起我事業ヲ妨害シ測図手中其ノ毒手ニ罹リ死者五名傷者三名ヲ出スニ及ヒ一般ノ情況到底作業ヲ継續スヘカラサルヲ以テ作業ヲ中止シ五月二十日全員ヲ擧ケテ帰朝シタリ時恰モ好シ台湾ハ漸次平定シ測図区域擴張シタルヲ以テ六月五日ヲ以テ該朝鮮三箇班ヲ台湾ニ差遣シ其殘業ノ完成ヲ速カナラシメタリ茲ニ於テ該地先任ニ個班ト協力シテ大ニ作業ヲ進メ七月中豫定ノ測図ヲ完了シ八月

※23　次頁の表を参照。

(207)　正篇では次のように書き改められている。
「内國地形圖ニ於テ製圖七十四面製版八十九版百万分一東亞輿地圖ノ製圖八面遼東半島及南清地方ノ製版百六十六版臺灣其ノ他ノ製版百八十七面北海道五万分一圖製圖百三十八面及同製版九十三版ナリ」

(208)　正篇では次のように書き改められている。
「又北海道五万分一圖及百万分一東亞輿地圖ハ本年三月制定シタル「北海道假製五万分一圖製圖規定」及「東亞輿地圖製圖規程」ニ基キ新ニ開始シタル製圖作業ナリ」

(209)　一八九五年の朝鮮王妃暗殺や断髪令の交付に伴う混乱により、翌一八九六年二月に国王（高宗）がロシア公使館に長期間避難したことをさす。

種別＼区分	製図	製版
内國図　十万分一帝國図	○	○
五万分一地形図	編成十四面（一二二方里）	四版（四方里）
二万分一地形図	二十七面（九五）	六十版（二〇二）
二万分一迅速測図	二十九面（一三三）	二十五版（一〇六）
兵要図　南清地方其他	○	五十面
百万分一東亞輿地図	八面	○
拂下ケ地図　高松丸亀地方其他		三十六版
臨時製図　遼東半島		百十六面
台湾其他		百八十七面
北海道五万分一図	百三十八面	九十三版

中旬順次帰京（陸地測量師藤本新一任ニ台湾ニ斃ル）シタリ其測図面積ハ

朝鮮測図総面積　五万分一　四、一一二、〇方里

台湾　　仝　　一、七七五、七

仝　　二万分一　　九九、二

此ニ臨時測図部ノ任務一段落ヲ告ケ皆原科ニ復員シ新募ノ測図手ハ或ハ陸地測量部雇ニ或ハ各師團或ハ台湾其他地方官署ニ轉任セシムル等各皆其所ヲ得セシメ其殘務及所殘經費ハ當部之ヲ継承シ九月十五日全ク之ヲ解散セリ

【明治三十年】　○明治三十年二月九日地形科編制ヲ改定スル次ノ如シ是二十七八年戰役ニ関スル臨時業務ノ終結ニ際シ在来ノ編制ヲ刷新シタルモノナリ(210)

同日修技所學生調査準則ヲ定メ評點ノ標準ヲ明示シ滿点ヲ二十点トシ十二点ヲ及第点トシ且學科ニ對スル乗値等ヲ規定セリ※24

【死傷手當ノ一例】　同月二十四日死傷手當支給ノ件經伺決定スル所アリ之ニ依リ客年河野測量師外數名甲、駒ヶ岳一等三角點観測中落雷ノ為メ傷害ヲ受ケ其他作業ニ関シ死傷スルモノ數名皆公死傷ヲ以テ目セラレ療養料及死傷手當ヲ下附セラル三月二十四日「驗潮儀監守心得」ヲ改正シ同月二十九日「發行地図授受手續」ヲ改正シ諸般ノ書式ヲ添加シ又同月三十一日「証書取扱手續」ヲ改正ス

【北海道作業ニ小銃ノ貸與】　四月十日北海道測量作業者ニ小銃及彈藥ヲ貸與セラル、コト、ナリ其ノ使用及保管法ヲ規定セリ五月十一日市川（元作）測量手外六名ヲ差遣シ威海衛二万分一測図ノ補足作業ヲ實施セシム（業ヲ卒ヘ十二月九日帰京ス）

【陸地測量官任用規則改正】　五月十五日勅令第百四十八号ヲ以テ陸地測量官任用規則第三條ヲ「本則第一條第二條ニ掲クル者ノ外陸地測量部ニ須要ナル特種ノ學術技藝ヲ有スル者又ハ陸地測量部修技所卒業者ニ等シキ學術ヲ有スルモノハ特ニ陸地測量部ニ於テ實地試業ノ上適當ト認ムルトキハ陸地測量官ニ轉任セ

---

(210)　正篇では次のように書き改められている。
「地形科ノ編制ヲ次ノ如ク擴張シ二十七八年戰役ノ爲メ中止シタル課業ヲ回復セシメタリ」

※24　次頁の表を参照。

陸地測量部地形科編制表

職	官	員数
科長	佐官	一
科僚	各兵科中少尉	一
書記	陸軍属或陸地測量手	一
計		三

班	業	班長	掛	班員	計
第一	集成	少佐大尉或陸地測量師 一	検査	陸地測量師 一	二五
			集成	陸地測量師 二 陸地測量手 八	
	縮図		検査	△ 一	
			測量	陸地測量手 六	
	臨時務		検査	中少尉或陸地測量師 一	
			測量	中少尉或陸地測量師 二 陸地測量手 四	
第二	地形測量	大尉或陸地測量師 一	検査	中少尉或陸地測量師 二	二〇
			測量	中少尉 一 陸地測量手 一六	
第三	地形測量	仝 一	検査	中少尉或陸地測量師 二	二〇
			測量	中少尉 一 陸地測量手 一六	
第四	地形測量	仝 一	検査	中少尉或陸地測量師 二	二〇
			測量	中少尉 一 陸地測量手 一六	
第五	地形測量	仝 一	検査	中少尉或陸地測量師 二	二〇
			測量	中少尉 一 陸地測量手 一六	
第六	地形測量	仝 一	検査	中少尉或陸地測量師 二	二〇
			測量	中少尉 一 陸地測量手 一六	
計		六		一一九	一二五

総計　一二八

△ハ臨時務ヨリ兼勤ヲ示ス　○明治三十八年度ヨリ本表ノ外大尉一　陸地測量師二　陸地測量手二一ヲ増置シ修正事業ニ任セシム

シメ若クハ任用スルコトヲ得」ト改正シ第四條第五條ヲ削除セラル蓋シ従来ノ陸地測量官任用規則ハ去ル二十二年ノ制定ニ係ルモノニシテ其第三條ハ陸地測量官ヨリ他ノ技術官ニ轉任ノ場合ヲ規定セラレタルモノナリト雖他ノ技術官ノ任用ハ各規定アリ特ニ本則之ヲ律スルノ必要ナク第四條ハ修技所卒業者以外ニ於テ適任者ヲ待ツノ條項ナリト雖條文簡單ニシテ其ノ適任者ヲ採ルノ区域判明セサリシカ今之ヲ明確ナラシメ第三條ニ移シテ之ヲ刪除シ第五條ハ現行必要ナキヲ以テ全ク之ヲ刪除セラル、ニ到リシナリ七月十七日標石買收手續ヲ定メ以テ客年開設ノ標石委員ノ執務ヲ規定ス此月新領土台湾ノ臨時測図製版成ルニ際シ同島第一ノ高山ニ新高山ノ名ヲ賜フ藤井部長之カ由来ヲ記ス曰ク

【新高山御命名ノ記】

「　新高山御命名ノ記

巍々トシテ峻高ナルモノハ山ナリ鞏固ニシテ動カサルモノモ亦山ナリ故ニ古ヨリ君父ノ恩徳ヲ表シ國家ノ安寧ヲ頌スル常ニ譬ヲ冨岳ニ取ル蓋シ冨士山ハ我邦山岳中ノ最モ高キ者ナレハナリ明治二十八年戰捷ノ結果ニ因リ台湾島ノ我ニ帰スルヤ又是ト伯仲スル高山ヲ得タリ「モリソン」山即チ是ナリ此名ハ欧州人ノ称スル所ト云フ其七月參謀本部ヨリ測量部員ヲ此島ニ派シ全島ノ測量ニ着手スルヤ參謀總長殿下大本營ノ　御前會議ニ於テ其事ヲ奏上セラレ談此山ノ名ニ及ヒシ時

陛下其測量完成ノ日ニ至テハ朕更ニ之ニ命名セント

勅シ給ヘリト云フ其後測量部ハ尚ホ部員數班ヲ增發シ土匪生蕃起伏叛乱ノ間ヲ崎嶇(211)間関シテ為シ得ル限リヲ測量シ其区域往々政化ノ未タ達セサル所ニ及ヒ昨年九月竣功シ爾来製図ニ勉メ本年六月將ニ之ヲ印刷セントスルニ臨ミ殿下ハ副官將校ヲシテ京都ニ至リ奏上スル所アラシメシニ同下旬參謀本部次長川上閣下ノ西上シテ

天機ヲ伺ハル、ニ及ヒ忝クモ新高山ノ嘉名ヲ下シ賜ハリ乃チ之ヲ地図上ニ銘刻シ以テ萬古不易ノ名ト為シタリ顧フニ國ニ新版図ノ增シタルハ猶ホ家ニ兒孫ノ生レタルカ如シ子ノ始メテ生ル、ヤ父之ニ命名ス今　陛下ノ此島中第一ノ高山ニ命名シ給ヘル即チ亦以テ此新邦ヲ子愛シ給フノ　聖徳ヲ仰キ奉ルヘシ

嗚呼我大八州

今上陛下ノ御代ニ於テ更ニ此一大島ヲ加ヘ

皇徳ノ益々高キコト此ノ山ノ高キヨリ高ク國安ノ益々鞏固ナルコト此山ノ動カサルヨリ鞏固ナリ畏クモ　陛下ノ　宸慮ヲ台湾島ニ注キ給フコト前述ノ如シ臣民タルモノ豈益々其經營ニ鞠躬シテ　皇威ヲ宣揚シ奉ラサル可ケンヤ

明治三十年七月

藤井包總　識ス」

同月二十日要塞附近十吉米以内秘密図ニ属スル地域内ニ於ケル民間事業者ノ測図及撮影ヲ制限セラレンコトヲ稟議ス

【第五期學生】九月二十五日選抜試験ノ結果ニ依リ齋藤、小瀬、小田、古田、野坂、片山、山田、東郷、斎藤ノ九測量手第五期修技所學生ヲ命セラレ學期ヲ

---

(211) 正篇では「崎嶇」と記されるが、稿本では嶇に簡略な文字が使用されている。

特ニ二年半ト改定セラル蓋シ學科ノ向上ヲ期図セシニ依ル尋テ大學院學生平山清次[212]、木村講師ニ代リテ星學講師ヲ囑托セラル十月十三日陸軍秘密図書取扱規則（陸達第百二十八号）ヲ定メラル同月二十七日參謀本部活版印刷事業ヲ當部製図科ニ擔任セシメタル十一月三十日田中孫六外十四名第六期生徒トシテ修技所ニ入所ス此年亦滿期下士ノ合格スルモノ僅ニ二名ノミ他ハ之カ補欠召募試驗ヲ經テ其合格者ヲ併セ茲ニ入所ヲ見ルニ至レリ十二月一日第五期修技所生徒川合五三郎外十九名業ヲ卒ヘ即日陸地測量手ニ任セラレ**士井秀吉外四名三角科班員ヲ命セラレ川合五三郎外十四名地形科班員ヲ命セラル**十二月二十七日「陸地測量部製図科服務細則」ヲ改定ス**大綱略ホ前ノ如ク第一章総則ニ於テ製図科ノ業務ヲ第二章ニ於テ科僚及書記ノ服務ヲ第二章ニ各班長ノ服務ヲ第四章以下第十章ニ亘リテ各班ノ服務ヲ規定セリ**仝日従前ノ雇員補充生概則ヲ改正シ「製図科雇見習養成規則」ヲ定ム又仝日製図科編制表ヲ改定スルコト左ノ如シ[※25]

本年末日ニ於ケル當部総人員ハ五百十三人ニシテ内將校及同相當官三十三人陸地測量師貳拾九人下士五人[213]囑託教授拾人陸軍屬拾壱人陸地測量手二百三十四人雇員以下百九十一人ナリトス**而シテ其移動ノ主ナルモノハ一月班員前田（前）歩兵大尉三角科班長ニ早乙女測量師製図科班長ニ一月班員玉井（清水）伊藤（良道）兩歩兵大尉ハ各地形科班長ニ七月班員猪谷（不美男）歩兵大尉三角科班長ニ十月竹田（楨之助）工兵大尉新ニ材料主管ニ十二月班員金子（兼吉）歩**

---

(212) 天文学者、一八七四〜一九四三。

※25 次頁の表を参照。

(213) 正篇では次のように書き改められている。「十五人」

陸地測量部製図科編制表

職	官	員数
科長	各兵科佐官	一
科僚	各兵科中少尉	一
書記	陸軍属或陸地測量手	一
計		三

班	業	班長	掛	班員	常務	臨時務	計
第一	集成	各兵科少佐大尉或陸地測量師　一	調査	各兵科中少尉、陸地測量師	一	一	一五
				陸地測量手	三	二	
			模範	各兵科中少尉、陸地測量師		一	
				陸地測量手	二	一	
			印行		三		
第二	特技	各兵科大尉或陸地測量師　一	監技	各兵科中少尉、陸地測量師	一		一一
				陸地測量手		一	
			寫眞	仝	二		
			電氣	仝	二	二	
			刷版	仝	二		
第三	図繪	仝　一	監技	各兵科中少尉或陸地測量師	二		一八
				陸地測量手		一	
			図繪	仝	一〇	四	
第四	彫刻	仝　一	監技	各兵科中少尉或陸地測量師	一		二六
				陸地測量手		一	
			銅版	仝	二	一	
			石版	仝		一	
計		四			五〇	一六	七〇

兵大尉地形科班長ニ就職シ又修技所教官岩永陸地測量師農商務技師ニ兼任シテ同省林野整理ニ関スル測量事業ヲ開始シ三月菊池測量師修技所教官ヲ兼ネ七月休職歩兵中尉清水潔復職シテ製図科科僚ニ補セラル

【各科ノ業績】【一図面配点數】　三角科ハ一月二十五日要塞附近ニ於ケル三角點配置ノ個數ヲ規定ス即チ其測図梯尺カ一万分一ナルトキハ一小測板（經度一分半、緯度一分）ニ必ス三個以上ノ三角點ヲ包有セシムヘク随テ二万分一一図面約四方里ニ三十八點乃至四十點ヲ配置スヘキコトトナレリ茲ニ於テ三角科ハ爾来三四等三角測量ニ在テハ一図面ヲ左ノ如ク区劃スヘク規定セリ

一万分一　一図面經度六分緯度四分　十六等分　一小区劃經度一分半緯度一分

二万分一　一図面經度六分緯度四分　四等分　一小区劃經度三分緯度二分

五万分一　一図面經度七分半緯度五分　四等分　一小区劃經度三分七五緯度二分半

但シ一小区割ハ凡テ地形一測板ニ相當ス

而シテ本年ノ成績ハ一等三角測量ハ撰点ハ三陸及北海道西南部ニ於テ約一千百方里造標ハ関東平野三陸地方及北海道西南部ニ達シ約一千八百方里ヲ観測ハ関東平野信越地方及三陸地方ニ約千百方里ヲ完成シ二等三角測量ハ四國及岩越地方ニ約一千方里ヲ三四等三角及二等水準測量ハ中國西部及九州北部ニ於テ約一千百方里ヲ一等水準測量ハ東北地方及四國九州ノ一部ニ約二百九十里ヲ完成セリ(214)

地形科本年ノ成績ハ馬関地方正式一万分一測図七方里ヲ福山、玉島、下津

(214)　正篇では次のように書き改められている。
「而シテ本年ノ成績ハ一等三角測量ハ選點ハ三陸及北海道西南部ニ於テ千三百六十六方里造標ハ關東平野三陸地方及北海道西南部ニ達シ七百十二方里觀測ハ關東平野、信越地方及三陸地方ニ於テ千四百六十五方里ヲ完成シ二等三角測量ハ四國及岩越地方ニ約一千三十八方里ヲ三等三角測量ハ中國西部及九州北部ニ於テ約一千七十七方里ヲ一等水準測量ハ東北地方及四國九州ノ一部ニ於テ埋石百三十三里観測約二百八十五里ヲ完成セリ」

井、赤間関、鳥取地方ニ於テ正式二万分一測図一六一、三方里柏原、下津井、仙崎、三日月（播磨）鳥取地方ニ於テ正式五万分一測図三七二、九方里ヲ、東京湾口准正式一万分一測図二、三方里佐伯湾近傍ニ於ケル簡式二万分一測図七、二方里、大島海峡近傍二万分一迅速測図約一七方里久留米近傍五万分一迅速測図六、四方里竝五万分一縮図篠山姫路地方二〇五、七方里ヲ完了セリ(215)

【測図規程数種】此年一万分一図根測図規程、二万分一簡式測図規程、略測図々式、衛戍地近傍略測図規程、威海衛近傍二万分一及五万分一測図規程等ヲ規定セラル皆當面ノ測図作業ニ就テ特定セルモノナリ又此年十月二十七日測地學委員會ノ依托ニ應シ中條（道次郎）測量手外一名ヲ特派シ岩手縣水沢附近ニ一万分一測図約一方里ヲ施行セリ是同地ニ緯度観測所設置ノ擧アルヲ以テナリ

製図科ニ於テハ一月六日朝鮮國五万分一図ハ遼東半島五万分一図式ニ準據シテ製図スヘク決定シ尋テ同月二十五日臺湾二十万分一製図規程ヲ定メタリ

【各師團技手ノ製図講習】三月十九日之ヨリ先客年十月二十日各師團依托ノ技手十名ニ對シ製図法ノ講習ヲ開始シ茲ニ至リ各課程ヲ卒ヘ之ヲ帰團セシム本年ノ成果ハ五万分一地形図製図十面製版十七版、二万分一地形図製図四十八面製版十六版、二万分一迅速図製版六版、百万分一東亞輿地図製図三十六面製版二十九版、臺湾假製二十万分一図製面十四面製版十四版、北海道五万分一図製図百四十八面製版百四十八版諸兵要地図百八十九面製版二百十九版ヲ完成シ印行所ニ於テハ地形図其他ノ諸図三十三万七千八百四十四枚、兵要諸図拾四万二千

(215) 正篇では次のように書き改められている。
「地形科本年ノ成績ハ馬關地方正式一万分一測圖七方里ヲ福山、玉島、下津井、赤間關、鳥取地方ニ於テ正式二万分一測圖百五十七方里三ヲ柏原、下津井、仙崎、三日月（播磨）鳥取地方ニ於テ正式五万分一測圖三百十九方里七ヲ、東京灣口准正式一万分一測圖二方里三ヲ佐伯灣近傍ニ於ケル簡式二万分一測圖七方里二、大島海峡近傍二万分一迅速測圖六方里四、久留米近傍五万分一迅速測圖約十七方里竝五万分一縮圖篠山姫路地方二百五方里七ヲ完了セリ」

百三十七枚ヲ印刷セリ
【大葬儀撮影】　此年二月二日早川科長外十五名翌三日大日方班長外五名大喪使ノ要求ニ依リ青山特設停車場竝月輪東陵ニ於ケル英照皇太后大葬儀列ノ撮影ヲ奉行シ又此年九月十三日献納図渲彩例ヲ二十八年図式ニ法リ之ヲ改定セリ
【明治三十一年】　○明治三十一年一月十三日海堡砲台等ノ測量ニ關シ乗舩渡航ヲ要セシトキ一海里以上ハ陸軍給與令第三十二表ノ船舶料ヲ給與スルノ件認可セラル
【三角測量班長及地形測量掛附属ノ測夫ヲ廢ス】　同月二十三日従来測量班ノ班長竝地形測量掛ニ附屬セシ測夫ヲ廢止シ三四等三角測量ハ毎班定員外一名ノ豫備測夫ヲ加ヘ地形測量班ハ一切地方人夫ヲ以テ之ニ代ラシメ特別ノ事情アルトキニ限リ測夫ヲ附属セシムルコトニ改定ス二月十七日秘密図取扱規程ヲ改定ス其大綱ニ於テ従前ニ異ナルナシ但シ「秘」ノ標示ニ代フルニ「秘第一種」ヲ以テセリ蓋シ秘密ノ程度ニ順序ヲ附スルノ要アリシニ由ル同月二十日陸軍省ヲ經テ内閣總理大臣ヨリ統計材料ニ関スル文書ヲ徴セラル同月二十五日參謀本部活版所服務概則ヲ定メラル是客年當部製圖科ニ依托セラレタル該事業ニ就テ其服務ヲ規定セルモノニシテ第一條ニ曰ク(216)「活版所ハ部内所要ノ活版印刷事業ヲ行フ所ニシテ陸地測量部長ノ監督ニ属シ其事業竝職員ノ監視ハ製図科長之ニ任シ印刷所印刷主務班員之ヲ管理ス」

---

(216)　正篇では次のように書き改められている。
「其ノ要旨次ノ如シ」

【修技所失火】　三月十日夜使丁ノ過怠ニ因リ修技所（元教導團跡）火ヲ失シ全焼ス尋テ宿直心得ヲ改正シ大ニ警戒ヲ嚴ニス四月一日送乙第一〇七〇号ヲ以テ要塞附近一萬分一地形圖ハ特ニ秘第一種ヲ超エ要塞堡壘砲臺図籍ニ編入セラル同日測夫ヲ出張セシムルトキ出發當日ヨリ歸京當日迄日給金貳拾銭ヲ加給シ北海道内ニ在リテハ日給金参拾銭ヲ加給ス

【旅費及測夫給料ノ増加】　同月十四日陸軍省令第七號ヲ以テ給與細則第十六條竝乙庚兩表ヲ左ノ如ク改正セラレ測量旅費ニ若干ノ増額ヲ見ル（但シ括弧内ハ舊令ニ於ケル同表ナリ）※26

蓋シ皆比年物價騰貴ノ甚シキモノアルニ因ル後五月五日給仕小使ノ日給亦増加セラル又同日証書取扱手續ニ改正ヲ加ヘ同月二十日爾今測量ノ為出張スル者ハ其原簿原圖ハ各自ニ携帯スヘク規定シ

【秘密圖區域ノ質疑及上申】　同二十八日秘密圖區域ニ関シ質疑シ兼テ上申スルトコロアリ之ヨリ先客年十一月要塞設置豫定地區ニ就キ進伺スルトコロアリシカ之ニ對シ指令セラレタル區域ハ既測未測地ヲ併セテ幾ント全國ノ六分ノ一ニ及ヒ就中東京及大阪附近地形圖ノ如キ發行年既ニ久シク且民間需要ノ最切ナルモノアリ今此等一切ヲ秘密圖ニ編入セラルルトキハ當部地図ノ國用ニ供セラルル範圍ヲ狭ムル甚シキモノアルヲ以テ本年二月此等東京及大阪附近地形図ハ従前ノ如ク之ヲ發行シ唯要塞附近ニ於ケル地形図ハ従前ノ如ク之ヲ發行シ唯要塞

※26　乙庚両表は、次頁および次々頁を参照。

乙表

名稱	旅次日當 汽車路、海路、一日毎ニ	旅次日當 陸路一日毎ニ	作業日當 班長	作業日當 検査係	作業日當 撰点係	作業日當 測量係 一等	作業日當 測量係 二等	作業日當 造標係	滞在日當 傷痍疾病船待雪支川留ノ為滞在ノトキ	滞在日當 公務ニ起因セサル傷病ニテ作業ニ従事セサルトキ
少佐或相当陸地測量師	七円（——）	三円四十戔（二円）	二円五十戔（一円九十戔）						一円六十戔（一円五十戔）	
大尉或相當陸地測量師	五円五十戔（——）	三円十戔（一円八十戔）	二円二十戔（一円七十戔）	二円（一円七十戔）	二円（一円七十戔）	二円（一円七十戔）	二円（一円七十戔）		一円三十戔[217]（一円二十戔）	
中少尉或相当陸地測量師	五円五十戔（——）	三円十戔（一円八十戔）		二円（一等一円五十戔 二等一円四十戔）	二円（一円五十戔）	一円八十戔[218]（一円三十戔）	一円七十戔（一円二十戔）		一円三十戔（一円十戔）	
準士官下士或相当陸地測量手並月給十二円以上雇員	三円五十戔（——）	一円三十四戔（一円）				一円三十戔（七十五戔）	一円二十戔（六十五戔）	一円三十戔（七十五戔）	五十戔（五十戔）	
月給十二円未満雇員	三円（——）	一円三十四戔（八十戔）				一円（五十戔）	九十戔（五十戔）	一円（五十戔）	五十戔（三十戔）	
修技所生徒	二円五十戔（——）	九十戔（六十戔）	七十戔（四十戔）						三十戔（三十戔）	
測量傭夫 一等			五十銭（三十銭）							三十戔（——）
測量傭夫 二等			四十五銭（二十五銭）							

一、心得勤ノ者及班長代理ノ者作業日當ハ其当職ノ金額ヲ給ス（代理條例ニ依リ代理スル者ハ此限ニ非ス）
二、検査係及撰点係代理ノ者作業日當ハ一円七十戔ヲ給ス（代理條例ニ依リ代理スル者ハ此限ニ非ス）
三、修技所教官及助教ハ其官等ニ應シ教官ハ検査係、助教ハ検査係代理ノ金額ヲ給ス
四、要塞砲壘砲台地ニ関シ測量ノ為メ出張スルモノニハ其官等ニ應シ測量係ノ金額ヲ給ス
五、日給雇員ヲ出張セシムルトキハ日額三十日分[219]ヲ月額トシ本表月給雇員ニ準シ旅費ヲ給ス
六、測量傭夫ヲ舟車馬ニテ旅行セシムルトキハ本表日當ノ外別ニ其實費ヲ給ス
七、表中一二等アルモノハ事業上奔走ノ程度ヲ量リ所属長官其一等若クハ二等ヲ定ムヘシ但要塞砲壘砲臺地ニ関シ出張ノ者ハ二等ノ金額トス

(217) 正篇では次のように書き改められている。「（一圓十五錢）」

(218) 正篇では次のように書き改められている。「（一圓二十錢）」

(219) 正篇では次のように書き改められている。「三十分」

庚表

名稱	旅次日當加給額 毎年四月ヨリ十月迄一日毎ニ	旅次日當加給額 毎年十一月ヨリ翌年三月迄一日毎ニ	作業日當加給額 毎年四月ヨリ十月迄一日毎ニ 班長	同 検査係	同 撰點係	同 測量係 一等	同 測量係 二等	同 標造係	作業日當加給額 毎年十一月ヨリ翌年三月迄一日毎ニ 班長	同 検査係	同 撰点係	同 測量係 一等	同 測量係 二等	同 標造係
少佐或相当陸地測量師		一円五十銭（六十六銭）							七十八銭（六十三銭）					
大尉或相当陸地測量師		一円四十銭（六十銭）							七十五銭（五十六銭）	七十五銭（五十六銭）	七十五銭（五十六銭）	七十五銭（五十六銭）	七十五銭（五十六銭）	
中少尉或相当陸地測量師		一円四十銭（六十銭）								七十五銭（一等五十銭 二等四十六銭）	七十五銭（五十銭）	七十五銭（四十三銭）	七十銭（四十銭）	
准士官下士或相当陸地測量手並月給十二円以上雇員	三十六銭（——）	一円三十銭（三十二銭）				十八銭（——）	十六銭（——）	十八銭（——）				六十六銭（二十五銭）	六十二銭（二十一銭）	六十六銭（二十五銭）
月給十二円未満雇員	三十銭（——）	一円二十銭（二十六銭）				十五銭（——）	十五銭（——）	十五銭（——）				五十五銭（十六銭）	五十銭（十三銭）	五十五銭（十六銭）
修技所生徒	三十銭（——）	一円二十銭	十五銭（——）						五十銭（十三銭）					

一、検査係及撰點係代理ノモノ作業日當支給ノ時ハ三十銭ヲ加給スルモノトス

二、此他總テ乙表備考一、三、四、五、六、七ノ各項ニ準シ加給スルモノトス

附近ニ於ケル地形図ハ梯尺二万分一以上ニ係ルモノヲ絶体ニ秘密図トシ五万分一地形図上ニハ特ニ此ノ秘密區域ヲ約二十万分一梯尺ノ精度ニ省略改描シ以テ一般國用ニ遺憾ナカラシメンコトヲ申請セリ四月七日之ニ對シ参秘第二八号第二ヲ以テ左ノ通リ指令セラル

将来要塞設置ノ見込アル土地附近ノ地形図中既測量ノ分ハ別紙記載ノ諸図ヲ秘第一種ト為シ未測量ノ分ハ測量ノ都度秘密區域ヲ伺出ツヘシ

既定及見込要塞地共其附近ノ地形図ハ明治三十年陸達第百二十八号及送乙第三四〇六号ニ準據シ五万分一以上ノモノヲ秘密ニ附スヘシ

但シ東京大阪附近ノ地形図及要塞附近二十万分一竝五万分一地形図ヲ略描スル義ハ具申ノ通リ

四月二十八日當部ハ之カ解釈ニ就テ更ニ質議スルトコロアリ尚前記送乙第三四〇六号秘密図書ノ區分中第一種ニ属スルモノノ内第八項末文ニ「連續セル線ノ外方」ノ下ニ「約」ノ一字ヲ挿入シ「但五万分一ノ梯尺ト雖第一種ノ標記ナキモノハ此限ニ非ス」ノ二十六字ヲ加ヘラレンコトヲ上申セリ爰ニ「連續セル線」トハ要塞地帯外周ノ謂ニシテ其秘否ノ區別ヲ図上ニ明確ナラシムル為ニ地形ニ應シ其限界ヲ若干伸縮スルノ必要アリ「約」ノ一字ヲ插入スルヲ要シ又五万分一図ハ其一図葉中ニ含有スル面積廣大ナルヲ以テ其一小部分ノ秘密區域ニ係ルカ為ニ全図葉ヲ秘密ニ附スルトキハ一般國用ノ範圍ヲ狭小ナラシムヘキニ依リ此秘密區域内ヲ略

描シテ發行スルノ必要アルヲ以テナリ三月三十日曩ニ臨時測図部解散後地形科雇員ニ轉シタル中川武造以下二十五名ニ對シ特別任用試験ヲ施行セシカ該及第者中川武造外九名本日ヲ以テ陸地測量手ニ任セラル

【侍従武官ヲ當部ニ差遣セラル】　五月二日侍従武官佐々木直特ニ當部ニ差遣サル五月五日當部傭人規程甲表備考ヲ改正シ製図科ニ於ケル工夫ノ各等給ノ人員ヲ（一二等給ハ各全員ノ五分ノ二、三等給ハ全員ノ五分ノ一ト）定ム同十八日歩兵大尉今木龍也新ニ次級事務官ニ補セラル六月二十八日陸達第六十二号ヲ以テ陸軍報告制ヲ改正セラル六月二十七日第四期修技所學生中村（平作）、山本（吉郎）、池田（文友）、高橋（文亮）ノ四測量手業ヲ卒ヘ後尋テ陸地測量師ニ任セラル

【外人修技所卒業】　同日韓人李周煥在學二年初等地形測量ノ學科ヲ卒業ス是外人修技所卒業ノ嚆矢トス

【神谷地形科長退職】　七月一日地形科長工兵大佐神谷（舊姓関）定暉豫備役仰付ラレ尋テ正五位ニ叙セラル大佐ハ明治十二年陸軍士官學校教官ヨリ測量課ニ入リ創業以來大地測量主管、小地測量長、地形測量課長ヲ歴テ今日ニ至リ内ニハ測図ノ改良測手ノ教養ニ盡瘁シ外ニハ臨時測図部長トシテ二十七八年戰役ニ鞅掌シ終始一貫我測量事業ニ貢献スルトコロ多大ニシテ地形測量ノ基礎ハ實ニ同大佐ノ手ニ頼リテ築成セラレタルモノト謂フヘシ其最後ノ手記地形測図法式畫按ハ永ク我地形測図ノ基礎トナリ尓後多少ノ改補ナキニアラスト雖其大綱ハ

永ク我地形測図ノ典範タリ

【亀岡地形科長新補】同日高級事務官工兵少佐亀岡為定地形科長ニ補セラレ山口（騰一郎）工兵少佐高級事務官ニ轉ス同月三十日當部證書取扱手續中竝同附属諸式ニ改正ヲ加フ九月二十九日秘密図取扱規程ニ改正ヲ加フ[220]十月一日參謀本部廳舍ノ新築成リ舊廳舍ハ皆當部ノ所用ニ充テラル同月十九日既定及豫定要塞附近地形図ノ區域ヲ加除改定ス

【判任官俸給令改正】同月二十二日勅令第三百十号ヲ以テ判任官俸給令ヲ改正セラル即チ一級七十五円、二級六十円、三級五十円以下五円宛ヲ遞減シテ十級十五円ニ及ヘリ之ヲ舊令ニ比スレハ幾分ノ向上ヲ見ル十二月五日第四期修技所學生豊田（四郎）、野呂（寧）、中田（三郎）、別府（八百衛）四測量手卒業シ同時ニ第六期修技所生徒井田建雄外十三名業ヲ卒ヘ即日陸地測量手ニ任セラレ井田測量手外六名ハ三角科ニ入リ和田測量手外六名ハ製圖科ニ入ル

【地形測図法式草案ノ實施】同月二十二日地形測図法式草案ノ實施服行ヲ命ス[221]

又此年二月一日歩兵中尉赤木武郎地形科科僚ニ同青木虎喜三角科科僚ニ同月八日工兵少佐樋口誠三郎三角科班長ニ新任シ三月二十四日地形科班長依田歩兵少佐歩兵第十二聯隊ニ轉出シ同月二十九日地形科班員平尾（乙作）歩兵大尉同科班長ニ進ミ五月十八日三角科班長植村歩兵大尉轉出シテ班員森部（静夫）歩兵大尉班長ニ進ミテ之ヲ承ケ十月一日地形科班長服部（直彦）歩兵少佐歩兵第三十五聯隊第三大隊長ニ轉出シ十二月一日理學士木村榮ノ嘱託ヲ解キ大學院學生

（220）正篇では傍線部は省略され、次の文章が書き加えられている。「九月三十日去ル明治二十七八年戰役ニ關シ死歿シタル左記人名ノ者特旨ヲ以テ靖國神社ニ合祀仰出アル　陸地測量手　上野芳太郎　同　矢田敬三郎　陸軍雇員　谷川俊治　同　松浦大三郎　同　鮎川鐵彌　同　大野鶴次郎　同　村上良一　同　山田儀助」

（221）正篇では次のように書き改められている。「ヲ定ム」

平山（清次）理學士之ニ代リ同月五日三角科班長猪谷（不美男）歩兵大尉転出シ同月八日三角科班員町野（惟）歩兵大尉班長ニ新補セラレテ之ヲ承ク

【各科ノ業績】　三角科ニ於テハ鶴児平基線（陸奥、四〇〇六米〇三〇九諒必誤差〇米〇〇〇五三）測量ヲ完成シ一等三角観測ハ北陸及関東地方ニ於テ約千四百三十四方里二等三角測量ハ常総平野大困難ナル蔭蔽地方ニ着手シテ未タ成果ノ計上ニ至ラス三等三角竝二等水準測量ハ九州南部及兩磐地方ニ於テ七百二十三方里ヲ完成シ一等水準測量ハ東山道中部ニ於テ三百二十六里ノ観測ヲ完了セリ(222)

【武遠三角網ノ集成平均及改算作業ノ濫觴】　此年武遠三角網ノ集成平均成ル之ヨリ先キ武遠三角網ハ本邦最初ノ一等三角網ニシテ地形測量ノ急ニ應スル為之ヲ數個ノ小三角網ニ分割シ其大部ニ内務省ノ観測ヲ混用シ以テ局部的結果ヲ擧クルニ止メシカ去二十七年天文台經度ニ一秒五ノ減少ヲ公布セラルルニ會シ之ヲ機トシテ先ツ東部縦横線ニ嚴密ナル修正ヲ加ヘ即次球體上ニ於テ東經百三十九度四十四分三十秒〇九七（我一等三角點「東京」**即東京天文台子午圏儀ノ中心**）ヲ通スル子午線ト球體緯度三十六度ナル平行圏トノ交點ヲ以テ其原點ニ充テ之ニ基キタル我一等三角點「東京」ノ似眞複影式平面座標ヲ x=−44915.223ᵐ、y=0.000ᵐ ト算定シ以テ一等補點以下平均計算ノ原子ニ供シ之ヲ東經百三十五度三十分ノ子午線マテ擴張應用スルコトニ規定シ同時ニ漸次改測補測ノ業ヲ卒リタルヲ以テ二十七年三月一日武遠三角網及之ニ関係影響スル諸三角點ノ經緯

---

(222) 正篇では次のように書き改められている。

「三角科ニ於テハ鶴兒平基線（陸奥）全長四〇〇六米〇三〇九諒必誤差〇米〇〇〇五三ノ測量完成シ一等三角測量ハ北陸及關東地方ニ於テ撰點六百五十二方里造標千七百八十二方里觀測九百三十二方里二等三角測量ハ常總平野ノ大困難ナル蔭蔽地方ニ著手シテ未タ成果ノ計上ニ至ラス三等三角測量ハ九州南部及兩磐地方ニ於テ七百十三方里ヲ完成シ一等水準測量ハ東山道中部ニ於テ埋石百五里觀測三百十里ヲ完了セリ」

度及縦横線ノ改算ヲ企テ茲ニ第一次トシテ集成武遠三角網改算ヲ畢ルニ至レリ然レトモ之ニ影響セラルル三角點ハ既ニ多大ニシテ特ニ第一班ニ改算掛ヲ設ケ之ニ従事セシメタリト雖其編成臨時的ナルヲ以テ人員ノ出入其常ナク随テ作業ノ進捗ハ一張一弛爾後十數年ニ連續セリ蓋シ此等微小ナル改算ハ固ヨリ毫モ地形測図ニ影響スルトコロナシト雖帝國三角測量ノ結果トシテ永ク之ヲ等閑ニ附スルヲ得ス洵ニ已ムヲ得サルモノアルヲ以テナリ

【三等三角観測ニ於ケル一新例】又本年度初テ九州地方三等三角測量ニ際シ観測上多大ノ困難アル場合ニ限リ正反何レカノ一方向ノ観測ヲ省略スルコトヲ許シタリ而シテ其観測ノ重量ヲ単ニ1：2トシテ平均計算ヲ施行シタルカ如キ未タ嚴密ヲ缺クノ失ヲ免レスト雖然モ観測作業上一生面ヲ開キタルモノト謂フヘシ本年又初メテ一等水準點埋石ニ「セメント」ヲ充用スルノ例ヲ創メタリ

地形科本年ノ完成業績ハ基本地形図廣島、呉、藝豫海峡ニ於テ二万分一約九十七方里鳥取、姫路、濱田、岡山、丸亀、松江地方五万分一約六百八十三方里馬関海峡及小倉地方一万分一約五方里其他諸縮図百十八方里許ナリトス茲ニ基本測図トハ従前正式測図ト称セルモノノ改称ナリ(223)

製圖科ニ於テハ製圖製版ヲ完成スル五万分一地形図二十一面二万分一地形図三十一面百万分一東亞輿地図十面假製北海道五万分一図七十七版朝鮮五万分一図十一面及前年ヨリ継續セシ台湾五万分一図百〇五面其他諸兵要図三百五十面印刷總數ハ四十二万三千八百八十二枚ヲ計上セリ又此年一月二十八日活版所服

(223)　正篇では次のように書き改められている。「此ノ年従来ノ正式測図ヲ爾今基本測図ト改稱セリ」

務概則ヲ三月十六日製図科日直服務内規ヲ定メタリ

【明治三十二年】　○明治三十二年一月十二日各地方出張官カ提出スヘキ作業報告書ニ「班ノ編成」「作業區域及執業日數」ノ兩項ヲ追加シ

【科長及班長ノ處罰權】　又同日（命令第三号）科長班長ノ懲罰權ニ就テ左ノ如ク規定セリ

一、科長ハ陸軍懲罰令第四條第二項ニ依リ其部下軍人軍屬ヲ處罰ス

二、班長ハ班ヲ組ミ地方ノ作業地出張中ノミ同第四條第四項ニ依リ其部下軍人軍屬ヲ處罰ス

同月十四日勅令第六号ヲ以テ參謀本部條例ヲ改正セラル其第四條ニ曰ク

參謀總長ハ陸軍參謀將校ヲ統督シ其教育ヲ監視シ陸軍大學校、陸地測量部、陸軍文庫及在外國公使館附武官ヲ統轄ス

【地形科官僚服務細則ノ實施】　同月十九日地形科官僚服務細則草案ノ實施服行ヲ許可ス二月九日爾後夏期ヲ通シテ一期作業ニ従事シタル者ニハ勤務ノ餘暇ヲ以テ二週日以内ノ休暇ヲ與フ同月十日班長ノ直接地方廳ニ往復スル公文書ニ職員ヲ用フルコトニ規定シ同二十七日三角科長服務概則中第四條ノ「一期八ヶ月」ヲ「一期七ヶ月」ニ改メ第十二條ヲ次ノ如ク改定ス

【三角測量掛一年業程ノ改正】　一ヶ年通常測量掛一名ノ業程ハ一等三角撰點及造標ニ在リテハ二十五點同觀測ニ在リテハ十五點二等三角測量ニ在リテハ五万

分一十六図面（一図面中ニ一點半ノ割合）三等三角測量ニ在リテハ五万分一六図面（一図面中ニ三等以上十二點半ノ割合）三等及四等三角混成測量ニ在リテハ二万分一六図面（一図面中ニ三等以上八点四等四点）又ハ一万分一三図面（一図面中ニ三等以上八點四等二十乃至三十二點）一等水準測量ニ在リテハ道線二百吉米（距離測量埋石及観測共）二等水準測量ニ在リテハ徑線百吉米（距離測量埋標及観測共）及覘標水準測量五十點ヲ課スルモノトス

但シ地方ニ依リ之ヲ増減スルコトアルヘシ

又同日製圖科ハ本年度ヨリ八百五十方里事業實施ニ就キ[224]編成ニ改正ヲ加ヘラル然レトモ従前ニ比シテ大差ナク唯第二乃至第四班長ハ「各兵科大尉或陸地測量師」トアルヲ「各兵科少佐大尉或陸地測量師」ニ又、班員ノ欄ニ於テ「各兵科中少尉」ヲ「各兵科尉官」ニ改メ其他人員ノ通計ニ四名ノ増員ヲ見ルノミ三月二日三角科測夫ハ一等二等給ハ各全員ノ五分ノ二、三等給ハ全員ノ五分ノ一ト限定シ以テ製図科工夫ト権衡ヲ保タシム因ニ當時ニ於ケル三角科測夫ノ通計ハ百二十名ニ及ヘリ

【高等官宿直ノ新設】同月六日初メテ[225]高等官宿直ヲ置キ其宿直規則ヲ定ム

【陸地面積計算ニ就テノ規定】又同日爾後陸地面積ノ計算法ハ中等海水面ヲ以テ限界トシ湖沼等ノ方一吉米以上ハ之ヲ別記スルコトニ規定ス

【測量概況ノ官報登載】此日官報紙上三十一年度ニ於ケル「測量事業概況」ノ登載ヲ見ル蓋シ以テ我測量事業ノ説明ニ資シ併セテ各地方官廳及人民カ斯業ニ

---

(224) 正篇では次のように書き改められている。「ノ年度事業ヲ実施スルニ至レルヲ以テ」

(225) 正篇では次のように書き改められている。「六日宿直規則ヲ改正シ初メテ」

對スル情況ヲ記述シ以テ寓スルトコロアリシナリ(226)後數年ニシテ止メタリ同月十四日病罰休暇人員表ノ様式ヲ改正シ又判任官ノ病氣届ハ尓後各其所属科ニ止ムルコトトセリ同三十一日當部傭人規程中第八條ニ驗潮儀監守、小使、給仕ノ給料及支給方ハ本年陸達第二十二号雇員傭人給料支給規則ニ據ルノ但書ヲ加フ四月十一日三角科官僚服務細則ノ實施服行ヲ許可ス(227)

【小倉測量手歸朝】此月二十二日陸地測量手小倉儉司澳國留學ヲ卒ヘテ歸朝シ尋テ（七月五日）陸地測量師ニ任セラル五月十六日大山元帥參謀總長ニ補セラル同日明治三十三年度ヨリ同六十年度ニ至ル八百五十方里ニ對スル全國測量完成期間陸地測量費總豫算書ヲ提出シ(228)

【千五百方里擴張計畫】併セテ一ヶ年業程ヲ千五百方里ニ擴張センコトヲ申請セリ(229)蓋シ當部一ヶ年業程ハ明治二十八年以降八百五十方里ヲ實施シ來リタリト雖其進捗ハ未タ以テ國運ノ發展ニ伴ハサルノ憾ナキニアラス加フルニ台湾其他新領土ノ加ハルアリ今日ノ業程ヲ以テスレハ其完成ハ今後三十年ノ後ニ期セサルヘカラス其間軍事ニ交通ニ殖産ニ一般ノ急需ヲ空フスルニ忍ヒス依リテ更ニ業務ヲ擴張シ一ヶ年業程ヲ千五百方里ニ至ラシメ今後二十年ヲ期シテ全國測量ヲ完成セントスルニアリシナリ又此月十八日前陸地測量部長小菅工兵大佐紀念像除幕式ヲ芝公園ニ擧行セリ六月六日陸軍給與令全部改正セラレ且陸軍省令第十六号ヲ以テ陸軍旅費規則ヲ改正頒布セラレ當部測量旅費亦之ニ包含セラル事實ニ於テ數次ノ單行改正ヲ總括シタルニ過キサルナノ七月四日勅令第三百二十

---

(226) 正篇では次のように書き改められている。
「知ルニ便アラシメタリ」

(227) 正篇では次のように書き改められている。
「ヲ定ム」

(228) 正篇では次のように書き改められている。
「曩ニ三十年計畫ヲ樹テ全國ノ基本測量ニ着手セシカ新ニ臺灣新領土ノ測量ヲ計畫シタル爲メ完成期限ヲ三ヶ年延長シ明治六十年ヲ以テ完結スルコト、シ之ニ對スル測量費總豫算書ヲ提出セリ」

(229) 正篇では次のように書き改められている。
「又別ニ一ヶ年業程ヲ千五百方里ニ擴張スヘキ意見ヲ具申スル所アリシモ詮議ニ至ラスシテ止メタリ」

五号ヲ以テ陸軍所属特別文官俸給令全部ヲ改正セラル然レトモ陸地測量官ニハ何等ノ変化ナシ

【印行所失火】　同月五日午前四時三十分製図科印行所機刷室不明ノ原因ニ依リ發火シタリ然レトモ消防功ヲ奏シ大事ニ至ラスシテ止ム同月二十四日測量費中各目ヲ節トシ更ニ目ヲ測量事業費ニ改正センコトヲ稟議シ聴許セラル八月三十日當部宿直規則ヲ改正シ更ニ日直ヲ設ケ日直規則ヲ定メ一層火災ノ警戒ヲ嚴ニス

【陸地測量標條例施行細則中改正】　九月十三日陸軍省令第二十四号ヲ以テ陸地測量標條例施行細則第四條郡市ノ下ニ「町村」ノ二字ヲ加ヘ第六條第三項中（第三図）ノ下ニ「（市街地ニ在リテハ第三図附図ニ依ル）」ヲ加ヘ又第二十二條第二項ヲ次ノ如ク改正シ

前項ノ認可ヲ得ントスル者ハ豫メ標石ノ種類番号位置竝使用ノ日數及其事由ヲ詳記シ其本籍地市町村長ノ奥書證印ヲ受ケ陸地測量部ニ申請スヘシ

尚第二十四條ヲ削除シ第二十五條以下ヲ順次繰リ上ケラル其第三図附図ナルモノハ交通頻繁ナル市街地ニ於ケル一等水準點ハ之ヲ地平面下ニ埋定シ番号及一等水準點ト彫刻セル蓋石ヲ以テ地平ト同高ニ之ヲ掩覆シ以テ水準點ノ保護ヲ安全ニシ且ツ交通ヲ阻害スルナカラシメタルモノナリ(230)

【亀岡地形科長轉職】　十月二日亀岡地形科長工兵中佐ニ進ミ工兵第八大隊長ニ轉シ尋テ早川製図科長之ヲ兼任ス同月六日地形視察規程ヲ改正シ

(230)　正篇では次のように書き改められている。
「ヲ改正セラル（附表第一號參照）」

【軍事機密図及秘密図取扱規則】又同月十六日従来ノ秘密図取扱規程ヲ廢シ更ニ軍事機密図及秘密図取扱規則ヲ定ム其要、一、要塞近傍一万分一地形原図及其複作図、二、要塞近傍五万分一以上ノ地形原図及防禦營造物ヲ省除セサル其複作図、三、秘密ヲ要スル外邦図ヲ軍事機密図トシ一、要塞近傍二万分一地形図ノ防禦營造物ヲ省除シタル複作図二、要塞近傍五万分一地形図ノ防禦營造物ヲ省除シタル複作図（但シ要塞近傍ヲ略繪シタルモノハ此限ニ非ス）三、兵要諸地図中特ニ部長ノ指定シタルモノ、ヲ秘密図トシ其調製及授受ヲ嚴密ニシタルモノニシテ其取扱方法ノ大要ハ前ノ秘密図取扱規程ト大差ナシ同二十五日外邦図製図條規ヲ改定シ従来ノ隣邦図製図條規ヲ廢止ス

【台湾土地調査局図根生徒ノ養成】十一月二十五日台湾總督府ハ其臨時土地調査局図根測量生徒養成所[231]ヲ東京ニ設置シ其監督ヲ當部長ニ委任セラル[232]茲ニ於テ三角科班長前田（前）歩兵大尉、班員池田（文友）測量師及田中（岩松）測量手等專ラ此カ召募及教育ニ従事セリ同日早川製図科長工兵大佐ニ任セラル同月二十九日第七期修技所生徒十一名[233]業ヲ卒ヘ即日陸地測量手ニ任セラレ山岡勝太郎外四名ハ三角科ニ酒出捨夫外五名ハ地形科ニ入ル又此年一月木全（宏）歩兵大尉製図科班長ニ進ミ

【特別ナル轉任ノ二】[235]一月陸地測量師大野茂英沖縄縣臨時土地整理局技師ニ轉[234]シ之ニ前後シテ地形製図兩科班員同局ニ轉任スルモノ七名ニ及ヒ以テ同局測量事業ノ幹部ヲ組成セリ三月班員藤坂（松太郎）歩兵大尉地形科班長ニ進ミ雇員

(231) 台湾での地籍調査に際し、とくに三角測量に従事する技術者を養成するために設置。
(232) 正篇では次のように書き改められている。
「之カ召募、教育及其ノ監督ヲ當部長ニ委任セラル」
(233) 正篇では次のように書き改められている。
「山岡勝太郎外十名」
(234) 地租改正の行われなかった沖縄県で、近代的測量をもとにした地籍調査を実施した組織。
(235) 正篇一五七頁では次のように書き改められている。
「大野茂英外数名沖縄縣臨時土地調査局ニ轉任」

平木安之助外八名任用試験ヲ以テ陸地測量手ニ任セラレ

【特別ナル轉任ノ二】又曩ニ修技所學生ヲ卒業シタル陸地測量手中田三郎同野呂寧台湾總督府臨時土地調査局ニ轉シ之ト前後シテ同局ニ轉任スルモノ七名四月依田（正忠）歩兵少佐地形科班長ニ新任シ七月曩ニ修技所學生ヲ卒業シタル豊田（四郎）別府（八百衞）兩測量手共ニ陸地測量師ニ任セラレ九月小出（仲章）歩兵大尉修技所幹事ニ十月松岡（重雄）歩兵中尉三角科科僚ニ十一月中川（福雄）歩兵大尉地形科班長ニ新任セラル

【各科ノ業績】　三角科ニ於ケル本年ノ業績ハ一等観測ハ北陸竝東山道西部ニ於テ約九百七十七方里二等三角測量ハ関東平野ニ於テ約七百零八方里ヲ完成スルヲ得三等三角測量竝二等水準測量ハ九州南部ニ於テ約千零六十方里ヲ完成シ一[236]等水準測量ハ九州南部竝紀伊、大和地方ニ於テ二百二十三里ノ観測ヲ了セリ

【五等三角點】又此年（三月十日）海中ノ小岩礁ノ最高頂ヲ観測シ其概略位置及高程ヲ算定シ之ヲ五等三角點ト称スルコトトシ後市街地ノ高塔等亦之ニ準スルニ至レリ[237]是作業上有益ナル一進歩タルヲ失ハス

地形科ニ於テ本年ノ業績ハ基本（従来ノ正式）測図ニ於テ由良、鳴門要塞一万分一約八方里、廣島、呉、上関地方二万分一約八十一方里高梁、山口、濱田、中津、松山地方五万分一約百八十二方里（外ニ松江大森地方ニ於ケル外業完成面積約八百五十方里）竝下関、丸亀、廣島、松山地方ノ縮図約百二十七方里ヲ完成シ

---

(236) 正篇では次のように書き改められている。
「三角科ニ於ケル本年ノ業績ハ一等三角測量ハ北陸竝東山道西部ニ於テ撰點五百二十三方里造標六百四十五方里観測千六十五方里二等三角測量ハ關東平野ニ於テ約七百十六方里ヲ完成スルヲ得三等三角測量ハ九州南部ニ於テ千七十八方里ヲ完成シ一等水準測量ハ九州南部竝紀伊、大和地方ニ於テ埋石八十七里観測二百三里ヲ了セリ」

(237) 正篇では次のように書き改められている。
「コトニ定メタリ」

【海外特別任務】且山村（藤吉）中柴（鑠三郎）兩測量手ハ外務省ノ囑託ニ依リ七月上旬ヨリ十月上旬迄清國福建省ノ我専管居留地竝同地方視察図ノ測図ニ従事シ堤（慶藏）測量手ハ十月上旬ヨリ（翌三十三年ニ亘リ）参謀將校ニ隨行シテ福建省地方ノ旅行目測図ヲ製シ松井（利行）測量手ハ戰史編纂委員ニ隨行シテ九月上旬ヨリ清韓兩國ニ於ケル戰跡ノ補修測図ニ従ヒ又青山（良敬）測量手外十名ハ去二十九年臨時測図部解散後ノ殘業ヲ紹キ連續シテ韓國各地ノ秘密測図ニ従事スルモノ茲ニ三年常ニ不安危懼ノ地ニ立チテ克ク豫定任務ヲ大成シ九月十七日歸朝セリ

製図科ニ於テハ製図製版ヲ完成セシモノ五万分一地形図四十二版二万分一地形図五十七版及假製地形図八版ニシテ印行所ニ於ケル印刷通計三十二万〇〇六十四枚ニ及ヘリ二月銅版彫刻ニ於ケル原図画移寫ノ方法ニ関シ多湖測量師等ノ研究漸ク成功スルトコロアリ

【三色刷地形図】三月従来ノ製版方式ヲ改正シ三十三年以後五万分一地形図ノ製版ヲ電氣銅版及彫刻銅版ノ混用ニ依ル一色及三色刷ノ二種ヲ併用スルコトトシ又十二月二十五日數年来早川科長董督ノ下ニ編纂ニ従事セシ製図法式草案脱稿シ尓後該作業ハ之ニ準據シテ其實施ヲ進メタリ本草案ハ大日方工兵大尉宇佐美、小池、小熊各測量師及宮田、宇田川、大岡各測量手ノ分擔執筆ニ就キ合議修正シタルモノナリ(238)

(238) 正篇では次のように書き改められている。
「研究中ナリシ製圖法式草案成ル」

【明治三十三年】【測量費ノ公布豫算】　○明治三十三年一月二十七日當三十三年ヨリ三十七年度ニ至ル継續測量費總額竝各年度經費豫算ヲ公布セラル左ノ如シ

總　額

一金百貳拾四萬四千六百拾円參銭五厘　測　量　費

内　譯

金拾九萬六千八百六拾円　俸給及諸給

金千八百五拾貳円六拾七銭　廳　　費

金壹萬円　雜給及雜費

金參千六百九拾円　諸　手　當

金百參萬貳千貳百七円參拾六銭五厘　測量事業費

一年額　自明治三十三年度至同三十七度　其一ヶ年度ノ支出額左ノ如シ

一金貳拾四萬八千九百貳拾貳円七厘　測　量　費

内　譯

金參萬九千參百七拾貳円　俸給及諸給

金參百七拾円五拾參銭四厘　廳　　費

金貳千円　雜給及雜費

金七百參拾八円　諸　手　當

金貳拾萬六千四百四拾壹円四拾七銭參厘　測量事業費

【三十二年式図式】一月六日地形測図法式草案中地形原図図式及其解釋ヲ改正増補ス所謂三十二年式図式コレナリ

【秘密特設地區図一覧表】同十四日秘密特設地區図區域名称ヲ更定シ二万分一地形図及其以外ノ二部ニ分チ各其一覧図ヲ以テ之ヲ示シ其豫定要塞地近傍ノ三四等三角測量著手ニ際シテハ三角科長其區域ヲ經伺スルコトニ定メ又偵察測図ノ材料ヨリ成ル梯尺二十万分一以上ノ外邦図ハ帝國版図外百万分一東亞輿地図（何レモ清韓兩國ノ一部ヲ除ク）地形錄ノ要塞地帯内ニ属スルモノ及其以外ヲ軍事機密或ハ秘密図籍ニ編入セリ同月二十六日演習用地図ノ調製順序ニ就キ陸軍大臣[239]ヨリ左ノ通牒アリ

機動演習ノ爲メニ要スル地図（原図ハ白紙若クハ淡藍色方眼紙ニ黒色ノミヲ以テ明瞭ニ著墨シタルモノニ限ル）ノ調製ヲ當該師團ヨリ陸地測量部ニ要求スルトキ之ニ係ル經費ハ演習費ノ支辨トス但陸地測量部ニ於テ其經費ノ請求書ヲ各債主ヨリ取纒メ當該師團ヘ送附スルニ依リ當該師團ハ直ニ債主ヘ送金拂ノ手順ヲ為スヘシ

【豫算調製順序】是同月六日野外要務令ノ改正ニ起因スルモノナリ同日陸地測量部服務細則中經理ノ部ニ改正ヲ加ヘ[240]豫算ヲ継續費年度割豫算、要求豫算、成立豫算、実施豫算ニ分チ其調製ニ提出ノ期日竝豫算實施ノ順序ヲ規定シ又同日証書取扱手續ヲ改正セリ三月十六日作業用地図及雑図ハ自今各科所ニ於テ之ヲ収支シ秘密図ハ其使用後之ヲ事務部ニ返納スヘク規定シ同月二十六日沸下地図

---

(239) 正篇では次のように書き改められている。「其ノ他手續ニ就キ本省」

(240) 正篇では次のように書き改められている。「同月陸地測量部服務細則ヲ改正シ」

定價ヲ改正シ皆多少ノ髙價トナル同月三十日特設地区地形図規程ヲ定ム是本年二月命令第二号ニ就テ敷衍シタルモノナリ四月二日（及十六日）陸地測量部軍吏服務細則及同材料部服務細則ヲ定メ又同月二十五日當部服務細則ニ左ノ改正ヲ加フ

第六條　軍人軍属ノ懲罰ニ附スヘキ者アルトキハ各科長ハ陸軍懲罰令第四條第二項ニ依リ之ヲ處分シ部長ニ報告スヘシ

第七條　作業地出張中軍人軍属ノ懲罰ニ附スヘキ者アルトキハ班長ハ陸軍懲罰令第四條第四項ニ依リ之ヲ處分シ順序ヲ經テ部長ニ報告ス

五月十七日宿直規則ヲ改正ス同月二十八日第五期修技所學生野坂、齋藤、古田、山田、小田、片山六測量手卒業ス七月三日陸地測量部服務細則ニ改正ヲ加ヘ第四十三條ニ修技所學生取締ノ件第四十六條ニ同所幹事ハ學生生徒ノ品行点ヲ評定スルノ件第四十七條ニ學生大試験ニ於ケル各専門実科ノ評点ハ当該科長之ヲ定ムルノ件ヲ規定シ

【最初ノ會計実地検査】　同月四日會計実地検査トシテ會計検査官三輪一夫同補伊藤乙来部ス此ヲ會計実地検査ノ最初トス八月十六日蜂屋、中條、菊池、中柴、鈴木、樋口、平木ノ七測量手第六期修技所學生ヲ命セラル

【佐川地形科長新任】　同月二十四日工兵中佐佐川耕作近衛工兵大隊長ヨリ入リテ地形科長ニ補セラル九月十二日各科事業ニ関スル報告ハ尓今會計年度ニ由ルコトニ改定ス十月十八日軍事機密図ニ限リ陸海軍防禦營造物ヲ図示スルコトニ

定メラル

【三角測量法式草案】同月十九日三角測量法式草案ヲ頒布ス是従来或ハ教則或ハ記載例或ハ図例トシテ規定シタル三角測量方法ノ一切ヲ網羅大成(241)シ之ニ簡單ナル説明ヲ添加シタルモノニシテ一冊七附録一附図ヨリ成リ實ニ三角科事業ノ梗概ヲ盡セルモノナリ十月事務官山口工兵少佐台湾陸軍補給廠台南支廠長ニ轉シ築城部舞鶴支部長大谷（深造）工兵少佐新ニ之ヲ承ク十二月五日第八期修技所生徒臼井由清外十名業ヲ卒ヘ即日陸地測量手ニ任セラレ臼井測量手外四名ハ三角科ニ三輪測量手外四名製図科ニ入ル

【物品取扱規程】同十三日陸地測量部物品取扱規程ヲ定ム是従来ノ物品處理内規及物品受授規則ヲ取捨統一シタルモノニシテ物品ヲ甲乙二部ニ種別シ軍吏ヲ甲部ノ物品會計官吏トシ材料主管ヲ乙部ノ物品會計官吏トシ物品ノ買收賣却及修理受授(242)出納保管辨償ニ関スル一切ノ事項ヲ規定セリ

【製図法式草案】同月二十四日製図法式草案ヲ頒布ス茲ニ於テ三科ノ作業法式ハ縦令草案ノ称アリト雖皆倶全スルニ至レリ(243)又本年ニ於ケル主ナル人事ノ移動ハ一月班長大日方工兵大尉工兵少佐ニ進ミ四月杉山測量師測地學委員會委員ニ列シ同月宮内隆一外四名採用試験ニ由リ陸地測量手ニ任セラレ(244)テ何レモ製図科ニ入リ

【轉任頻々】七月班長前田歩兵大尉台湾總督府陸軍幕僚附ニ轉シ同月坂入（良達）歩兵少尉製図科科僚ニ補セラレ八月池田測量師臨時台湾土地調査局監督官

（241）正篇では次のように書き改められている。「修成」

（242）正篇では次のように書き改められている。「授受」

（243）正篇では次のように書き改められている。「草案成ル」

（244）正篇では一六四頁に記載。

ニ転シ前田幕僚付ト共ニ昨年当部ニ依托セラレ頃日卒業シタル同局図根測量技手ヲ率井テ同局土地調査ノ業ヲ開始セリ昨年来台湾及沖縄ノ土地調査事業及農商務省山林局ノ林野整理事業ニ当部職員ノ転任スルモノ多ク本年ノ如キ通計十九名ニ及ヘリ

【各科ノ業績】　三角科ニ於テハ札幌基線（四五三九米七七〇三諒必誤差〇米〇〇一四三）測量ヲ完成シ其緯度観測ノ如キハ最精密ヲ期シ其結果ノ良好ナル以テ重力偏位研究ニ供スルヲ得ヘシ一等三角撰点ハ本年始メテ北海道ニ於ケル雪中作業ヲ試ミテ好成績ヲ擧ケ一等三角観測ハ北陸及奥羽地方ニ於テ千六百〇四方里、二等三角測量ハ関東平野ノ困難ナル蔭蔽地区ニ於テ千百六十九方里三等三角竝ニ等水準測量ハ四國竝常総ノ一部ニ於テ八百七十九方里ヲ完成シ一等水準測量ハ奥羽及北海道ノ一部ニ於テ百七十七里ヲ完成シタリ(245)

地形科ニ於テハ三月一日青山測量手外四名更ニ韓國ニ派遣セラレ

【北清事変ニ関スル測図】　九月八日玉井（清水）歩兵大尉市川（元作）測量手外八名北清事変ニ関シテ北京太沽及山海関附近一帯ノ測図ニ従事シ五万分一測図約二百方里ヲ完成シテ十二月六日帰朝シ（市川測量手天津ニ客死ス）又久間測量手外三名ハ此年十月三十一日ヨリ福建、浙江両省地方ニ於ケル迅速測図ニ従事シ遂ニ線路測図千百二十七里其他十万分一乃至五万分一測図六百六十三方里ヲ完成シ三十五年八月帰朝セリ常務ニ於テハ馬関要塞附近一万分一、五方里五山口濱田福岡久留米地方二万分一測図約二百十三方里高梁

---

(245) 正篇では次のように書き改められている。
「三角科ニ於テハ札幌基線全長四五三九米七七〇三諒必誤差〇米〇〇一四三ノ測量ヲ完成シ其ノ緯度観測ノ如キハ最精密ヲ期シタリ一等三角測量ハ本年始メテ北海道ニ於テ八百二十二方里ヲ撰點シ其ノ試驗的雪中作業ハ好成績ヲ擧ケタリ又造標ハ北海道地方ニ於テ八百四十三方里観測ハ北陸及奥羽地方ニ於テ千七百十五方里、二等三角測量ハ關東平野ノ困難ナル蔭蔽地區ニ於テ千百九十四方里三等三角測量ハ四國竝常總ノ一部ニ於テ九百八方里ヲ完成シ一等水準測量ハ奥羽及北海道ノ一部ニ於テ埋石二百十七里観測百七十一里ヲ完成シタリ」

山口地方五万分一約七百三十二方里ヲ完成セリ

【北清事変ニ関スル製図作業】　製図科ハ北清事変ニ際シテ六月以降八月下旬迄再ヒ戦時作業ノ状態トナリ急ニ各種ノ地図ヲ編纂図繪スル百五十一面、製版スル二百六十一版兵要諸図十八万六千五百九十九枚ヲ印刷シ又常務ニ於テハ五万分一地形図四十版二万分一地形図四十八版五万分一地形図三十九版ヲ完成セリ

【大岡測量手褒賞セラル】　此年七月十四日故陸地測量手大岡金太郎ニ對シ部長ヨリ左ノ褒賞アリ

當部創業ニ際シ明治十二年以来冩眞電氣銅版術ノ事ニ任シ孜々勵精百難ヲ排シ遂ニ完全ナル電氣銅版ヲ調製スルニ至ル其功績尠カラス洵ニ本邦電氣銅版ノ創始者ナリ依テ金貳百円ヲ賞與ス

九月二十日新式ノ機刷器一台（價格金參千六百九拾壹円餘）ヲ増設ス是在来三台ノ機刷器ノ内二台ハ型式既ニ古ク且十數年来特ニ二十七八年戰役ニ際シ過度ノ印刷ニ使用シ漸ク老廃ニ近キタルヲ以テ去二十九年購入ノ[247]「獨國ヒューゴロック社製」第二号ニ一層ノ改良ヲ加ヘタル此最新式機刷器ヲ増設シ以テ印刷力ノ増加ヲ企図セシナリ

【電氣銅版ノ改良】　十一月二十八日陸地測量手齋藤敬義ハ感光亞膠紙ノ製造法現象張込方[248]、平置電鍍法ニ関シ改正創始スル所アリ電氣銅版ノ製版法上ニ稗益スルトコロ尠カラサルモノアリタリ

---

(246) 正篇ではこの一字が欠落している。

(247) 正篇ではここに「本機ハ」を挿入。

(248) 正篇では次のように書き改められている。「法」

【明治三十四年】　○明治三十四年三月二十九日従来ノ「發行地図授受手續」「地図發行契約書々式」等ヲ改訂シ更ニ「地図發行規程」「地図依托販賣契約書例」「發行地図販賣者心得」ヲ規定ス四月十日爾後班長（又検査掛）ハ其部下測量官ノ現金出納簿ヲ検査シ其都度該簿上ニ捺印スルコト、ナル又同月十五日秘密特設地区図一覽図ニ於テ藝豫要塞近傍二二十三版呉要塞近傍ニ十四版下関要塞近傍二二版ヲ增補シ更ニ要塞近傍二万分一秘密特設地区図ニ関聯スル五万分一地形図ヲ秘密特設地区図ニ編入セシム同月二十五日部内年報例ヲ改正ス五月十日陸地測量標條例施行細則第二十六條中「移轉ノ必要ヲ認ムルトキ」ヲ「移轉ノ必要ヲ認メ且之ヲ為シ得ルトキ」ニ改正セラレンコトヲ申請ス蓋シ測量標移轉ノ請求ニ對シ單ニ其必要ヲ認ムルト同時ニ必ス移轉セサルヘカラサルモノト解釋セラル、トキハ水準点標石ハ姑ク措キ三角点標石ニ在リテハ絶對ニ之ヲ移轉シ得サルコトアリ若シ强テ之ヲ移轉スルトキハ施テ比隣ノ三角点ニ影響シ恰モ三角測量作業ヲ反覆スルカ如キ狀況ニ陥ルナキヲ保セサレハナリ然レトモ此申請ハ一時之カ遂行ヲ保留セラレテ止メタリ同月十七日一ヶ年千五百方里業程ノ豫算ヲ提出シ之ニ對スル別途經費ヲ要求セリ然レトモ終ニ實施セラレスシテ止ム六月七日陸地測量部金櫃規程ヲ定ム是經費ノ支出、証書ノ保管及出納ヲ確實嚴正ナラシメンカ為ニ高級事務官ヲ金櫃委員首座トシ高級軍吏及次級事務官ヲ金櫃委員トシ之カ管掌事項ヲ規定セルモノナリ七月一日陸軍省總務長官ハ近来測量主任官カ測量着手ノ通報、保安林伐木交渉等ヲ等閑ニシ且ツ伐採方ノ不当竝其報告ノ遅滞等ニ関スル農商務省總務長官ノ協議ヲ當部ニ移牒セラル當部ハ去二十四年四月該事項ニ関スル協商以来其施行ニ愼重ヲ欠クナキヲ信スト雖更ニ八月二十四日ヲ以テ該協議ヲ肯認シ(249)一層部員ヲ戒飾セリ七月五日「証書取扱手續」ノ大部分ヲ改正ス九月十七日在来ノ基隆要塞近傍竝淡水豫定要塞地近傍図ヲ廃版ニ附シ更ニ「基隆及淡水豫定要塞近傍」ナル秘密図区域ヲ設定シ台北近傍ヲ普通図トセンコトヲ申請ス參謀本部ハ第一項ヲ認可シ第二項ハ台北近傍ハ勿論之ヲ中心トシ約三万米以内ヲ秘密図トスヘキコトヲ指令セラル(250)十二月五日第九期修技所生徒片山廣吉外九名卒業シ即日陸地測量手ニ任セラレ片山測量手外三名ハ地形科ニ佐々木測量手外五名ハ三角科ニ入ル又此年三月二十八日三角科第一班長唐澤（忠備）測量師休職トナリ四月十日青山（良敬）測量手外十八名臨時外邦測図ノ功ニ依リ金百五拾円乃至金貳拾五円ヲ賞賜セラレ五月二十三日玉井地形科班長歩兵少佐ニ進ミ歩兵第四十四聯隊ニ轉出シ六月十日伊藤（良道）歩兵大尉入リテ地形科班長ニ補セラレ同月二十八日曩ニ修技所學生ノ業ヲ終ヘタル野坂（喜代松）、齋藤（敬義）、古田（和三郎）、山田（又市）ノ四測量手及小田（貞雅）、片山（外與作）ノ二測量手相尋テ陸地測量師ニ任セラル九月一日浮田（真郷）一等軍吏後備役ニ入リ二等軍吏土居楠枝之ヲ承ケ又三等軍吏小原要之助當部附ニ補セラル同月十二日曩ニ任用試験ニ及第シタル松尾伊八郎外二名及佐藤武道外二名（十二月二十五日）陸地測量手ニ任セラレ地形科及製図科ニ入ル同月二十六日高級事務官大谷工兵少佐陸軍大學校

(249)　正篇では次のように書き改められている。
「照會アリ」

(250)　正篇では次のように書き改められている。
「臺北ヲ中心トシ約三萬米以内ヲ秘密圖ト定メラル」

なおこの九月十七日の項は、日付に合わせて次頁の十月二十三日の前に表示されている。

教官ニ兼補セラレ工兵會議々員故ノ如シ十月二十三日陸地測量師志和地善介臨時台湾土地調査局監督官ニ轉任ス[251]

【北清事変ニ関スル受賞】　同月二十八日北清事変ノ功ニ依リ早川製図科長外三十六名ハ二百六十円乃至五拾円ノ一時賜金ヲ又新井（季吉）測量手外六名ハ叙勲及一時賜金ヲ受ク[252]

【各科ノ業績】　三角科ハ奥羽地方九百六十五方里ノ一等観測ヲ完了シテ略ホ本土ノ一等三角測量ヲ完成シ二等三角測量ハ紀伊、伊豫、土佐竝関東地方ニ於テ千四百二十六方里ヲ三四等三角竝二等水準測量ハ関東竝陸奥方面ニ於テ千二百十三方里ヲ完成シ一等水準測量ハ北陸地方ニ於テ百二十一里ヲ完成シ[253]

【小樽験潮場開始】　又此年十月小樽験潮場ヲ開場シタリ

地形科ニ在リテハ基本二万分一測図（九州西北部）約百七十九方里五万分一測図（九州西北部及山口、濱田、廣島地方）約三百六十四方里其他縮図通計百五十六方里ヲ完成シタリ[254]

製図科ハ五万分一地形図五十三版二万分一地形図六十五版ノ銅版ヲ完成シ尚五万分一地形図三色刷亞鉛版ヲ製版スルコト三十四版地形図其他ノ諸印刷四十四万八千八百餘枚ニ及ヘリ

【製図科員商街地踏査ノ嚆矢】　十二月二十九日小池（鈊五郎）小熊（滿三）兩測量師商街地踏査ノ為メ名古屋地方ニ出張ス是製図科職員カ寫眞以外ノ事項ヲ以テ出張命課ノ嚆矢ニシテ爾來年々三四ノ[255]測量師ヲ各地ニ出張セシメ諸般ノ實

（251）正篇ではこの部分は日付に合わせて二行前に表示されている。

（252）正篇では次のように書き改められている。
「此ノ年十月北清事變ニ關スル論功行賞アリ製圖科長以下各表彰セラル」

（253）正篇では次のように書き改められている。
「三角科ハ北海道地方ニ於テ一等撰點四百七十三方里北海道地方ニ於テ造標六百方里奥羽地方ニ於テ八百三方里ノ一等觀測ヲ完了シテ略ホ本土ノ一等三角測量ヲ完成シ二等三角測量ハ紀伊、伊豫、土佐竝關東地方ニ於テ千四百八十八方里ヲ三等三角測量ハ關東竝陸奥方面ニ於テ千百九十七方里ヲ完成シ一等水準測量ハ北陸地方ニ於テ埋石百里觀測百二十一里ヲ完成シ」

（254）正篇では次のように書き改められている。
「其ノ他縮圖通計約百五十六方里及對馬地方二十方里ノ精測圖ヲ完成セリ」

（255）正篇では次のように書き改められている。
「若干ノ」

地調査ヲ施行スルノ例ヲ開ケリ

【明治三十五年】　○明治三十五年一月十一日地形測図法式草案解釋中加除訂正ヲ加フ

【郵便切手金額支給トナル】　二月九日出張地ニ於テ使用スル郵便切手ハ爾後現品支給ヲ廢シ金額ヲ以テ豫算請求シ現地ニ於テ調辨スルコトニ改定ス**同月十二日部内一般ノ物品検査ヲ施行ス**

【測量標保護ニ関スル陸軍省訓示】　同月十四日陸軍省甲第一号ヲ以テ廳府縣ニ左ノ訓令ヲ發セラル

陸地測量部ニ於テ施行スル陸地測量ノ為メ各地點ニ建設スル測量標保管ノ義ハ明治二十八年陸軍省令第十七号陸地測量標條例施行細則第十二條ニ規定セル所ナリ然ルニ近来該標ノ保管確實ナラサル所往々有之為ニ測量作業ノ進捗ヲ妨クルコト尠少ナラス依テ將来特ニ注意ヲ加ヘ測量標條例竝同施行細則ヲ嚴守シ測量標保管ノ確實ヲ勉ムヘシ

是近年測量標ノ建築愈々多ク天災、人為ノ亡失毀損亦少カラス而モ各地方廳ニ於ケル之カ保管方ノ確實ナルモノ甚タ少ク或ハ保管方法ノ規定アルモ其實行ハ之ヲ等閑ニ付シ甚シキニ至リテハ全ク保管ノ方法ヲ設ケサルアリ随テ測量標ニ異状ナルモ当部ハ的確ニ其通知ヲ受クルニ由ナク作業上支障少カラサルヲ以テ**去一月三十一日当部ハ状ヲ具シテ稟申スルトコロアリ茲ニ上記訓令ノ發布ヲ見**

ルニ至リシナリ

【「經理事務細則」】四月十一日一般經理事務改正ニ伴ヒ部ハ「經理事務細則」ヲ發シ髙級軍吏ノ職責事務ヲ豫算仕拂請求及流用、仕拂命令、決算、歳入豫算ノ徴収及納付竝物件購入及修理、廢品賣却處理、經理ニ関スル契約、前渡金決算書類内査等トシ次ニ上等計手及計手属官ノ職責ヲ分類規定セリ同月十四日秘密特設地区図一覧表中正式地形図完成ニ由リ呉要塞近傍及藝豫要塞近傍ノ豫定区画ヲ抹消シ新ニ對馬防備地近傍ノ区画ヲ加フ

【参観者頻々】五月二十一日某英國馬来半島測量部長英國公使館ノ照會ヲ以テ當部ヲ訪ハル六月二十四日測量事業費及兵要地図費収支決算内規ヲ定ム七月二十一日清國人呉汝倫外一名当部ヲ参観ス八月十八日暹羅國砲兵中佐ボバラチヂー及歩兵少佐チヤアチヂー亦當部ヲ參観ス八月二十七日中島（可友）測量手外七名修技所（第七期）學生ヲ命セラル十月二十七日清國二品銜記名簡放道陸鐘岱当部ヲ参観ス十二月十日第六期修技所學生樋口（兼治）測量手外六名業ヲ卒ヘ同日第十期修技所生徒岸田稔外十名卒業シ陸地測量手ニ任セラレ岸田測量手外五名ハ三角科ニ村松（髙三）測量手外四名ハ地形科ニ入ル又此年二月二十一日三角科班長樋口工兵少佐工兵中佐ニ進ミ工兵第四大隊長ニ轉出シ台湾陸軍補給本廠附工兵少佐山口騰一郎入リテ之ヲ承ケ尚三角科班員藤本（知良）歩兵大尉同矢島（守一）測量師班長ニ進ム四月修技所教官中村（平作）測量師農商務省山林局事務ヲ嘱托セラル(256)

(256) 正篇では前頁の測量標の項の次に記載。

【田坂三角科長豫備役ニ入ル】　五月五日三角科長田坂工兵大佐陸軍少將ニ任セラレ後備役ニ入リ翌六日更ニ三角科業務ヲ嘱托セラル[257]（年手当二千円）同月二十六日藤井部長三角科長事務取扱仰付ラル[258]七月材料主管竹田工兵大尉工兵少佐ニ進ミ後備役ニ入リ齋藤（富態）工兵大尉新ニ材料主管ニ就任シ九月修技所幹事小出（仲章）歩兵大尉歩兵少佐ニ進ミ後備役ニ入リ大原（武慶）歩兵大尉新ニ入リテ修技所幹事ニ任セラル班員岩永（義晴）久重（祥藏）兩測量師專ラ修技所教官ヲ命セラレ九月二十日地形科班長依田（正忠）歩兵少佐歩兵中佐ニ進ミ松山聯隊区司令官ニ轉シ同日曩ニ任用試驗ニ合格シタル石原新七外一名陸地測量手ニ任セラレ地形科ニ入ル十一月七日地形科班長金子（兼吉）歩兵大尉歩兵少佐ニ進ミ歩兵第四十五聯隊附ニ轉出シ同月三十日藤井部長早川製図科長外北清事變ニ干與セル部員五十二名ニ三十五年四月十九日勅定ノ従軍記章ヲ授與セラル十二月十三日松岡（重雄）三角科々僚、三角科班員ニ轉シ甲藤（為吉）歩兵中尉新ニ入リテ三角科科僚ニ就任シ同月二十二日地形科長佐川（耕作）工兵中佐工兵大佐ニ進ミ陸軍工兵會議々員ニ轉出ス

【人事多端】　本年ノ人事ハ多端ニシテ文官ノ依願免官者八名休職者五名轉任者四名其他作業地ニ於テ自殺セル測量手アリ酔酗體面ヲ失セル將校アリ地図描画ノ誤脱、測量證ノ遺失等細故頻出終ニ二十二名ノ處罰者ヲ計フルニ及ヒ為ニ紀綱頓ニ振肅ヲ加ヘタリ而シテ昇級若クハ昇等セルモノ亦多ク武官十三名高等文官十三名判任文官二百名ニ及ヒ敍位敍勲ノ榮ヲ拜セシモノ又甚多カリキ

(257) 正篇では前頁の英国馬来半島測量部長来訪記事の前に記載。
(258) 正篇では前頁の清国人の参観記事の前に記載。

【各科ノ業績】　三角科ニ於テ一等三角観測ハ初メテ北海道ニ進ミ其最南部ニ於テ陸奥ト連絡シテ五百八十四方里ヲ二等三角測量ハ北陸竝東山ノ西南部ニ於テ千〇六十八方里ヲ完成シ三等三角竝二等水準測量ハ南海道西部及関東地方ニ於テ八百七十一方里ヲ完成シタリ(259)

【東京地方ノ三等三角測量】　就中関東地方ニ於ケルモノ(260)ハ東京ヲ中心トスル大蔭蔽地ニシテ乃チ大宮附近ヨリ東京ニ包ミ其西南ヲ囲繞シテ大磯ニ至ル約百三十九方里ハ二万分一測図区域ニシテ内東京ヲ中心トスル十八方里ハ一万分一測図区域ニ属シ古河、熊谷、川越方面五万分一測図区域約二百方里ヲ併セ總面積約三百三十九方里ニ亘リ所設三等三角点五百十四点内尋常覘標ハ僅ニ二百〇九点ノミ二百七十点ハ樹上覘標（即チ三等補點ト称スル所ノモノニシテ一モ正方向ヲ観測セス單ニ反方向観測ノミニ據リテ平均計算ヲ施行シ其位置ヲ決定スルニ在リ三十三年度房總ノ平野ニ初メテ之ヲ試ミ三十四年度常総ノ平野ニ亦之ヲ実施シ本年度ニ至リ地形愈々困難ニシテ所要三等三角點ノ一半ヲ此補点ニ待タサルヘカラサルニ至レリ蓋シ如上三角補点ナルモノ其精度ノ尋常三角点ニ及ハサル勿論ナリト雖而モ大蔭蔽地ニ於ケル置石三角點ノ補充トシテ固ヨリ一便法タルヲ失ハス唯遺憾トスヘキハ其置石地点カ覘標樹ニ接近セル場合覘標樹ノ風害等ニ関シ標石位置ノ安全ヲ欠クニ在リ故ニ本年以後之ヲ廢止シ更ニ四十三年度以後北海道作業ニ對シ特ニ之カ利用ヲ再ヒスルニ至レリ）百三十五点ハ十米内外ノ高測櫓若クハ煙突、屋頂等ヲ利用スル特種測櫓ナリトス此ノ簡便法ト高測

(259)　正篇では次のように書き改められている。
「三角科ニ於テ一等三角觀測ハ初メテ北海道ニ進ミタリ而シテ同撰點ハ二百四十六方里造標ハ三百十三方里觀測ハ其ノ最南部ニ於テ陸奥ト連絡シテ四百八十六方里ヲ二等三角測量ハ北陸竝東山ノ西南部ニ於テ千〇十二方里ヲ完成シ三等三角測量ハ南海道西部及關東地方ニ於テ九百四十二方里ヲ完成シタリ」

(260)　正篇では次のように書き改められている。
「三等三角測量」

櫓トヲ以テシテ尚三万四千尺メノ伐木ヲ要セルアリ二等三角點ノ補設測量アリ内務省旧三角点ノ活用ニ関スル特種ノ測量アリ其作業ノ煩雑困難ナル他ニ其比ヲ見サルモノナリトス又一等水準測量ハ陸羽方面ニ於テ百十里許ノ観測(261)ヲ完了セリ

地形科ハ仙台　山形　丸亀　鹿児島地方ニ於テ基本二万分一測図約八十三方里全地方竝宮崎熊本小倉地方ニ於テ基本五万分一測図約千百方里ヲ完成シ尚同地方ニ於ケル縮図二百三十六方里ヲ完了セリ

製図科ニ於テハ五万分一地形図五十九（銅）版二万分一地形図五十九（銅）版及五万分一地形図三色刷亞鉛版五十七版二十万分一帝國図（四色刷彫刻銅版）三版ヲ完成シ印行所ノ諸図印刷ハ四十九万四千五百餘枚ニ及ヘリ

【明治三十六年】【兵棋練習】　○明治三十六年一月二十七日部内将校ノ兵棋練習ヲ開始ス是部内将校ニ對スル軍事教育ノ端緒トス二月十八日陸地測量部服務細則第十七條ヲ「部長ハ毎年一月下旬豫算會議ヲ開キ各科所等ノ翌々年度經常費及翌年度実施豫算ノ概算額ヲ定ム」ト改正ス同月二十日参謀総長ヨリ当部ニ對シ「外國地図及内地要塞附近ノ地図ハ一版ト雖製版ヲ終レハ其都度直チニ報告スヘシ前項地図製版ノ景況ハ毎月末日調ヲ以テ翌月五日迄ニ報告スヘシ」ト命令セラル(262)

【依田地形科長新任】　同月二十五日歩兵中佐依田正忠松山聯隊区司令官ヨリ轉

(261) 正篇では次のように書き改められている。
「五十七里ノ埋石及観測」

(262) 正篇では次のように書き改められている。
「スルコトニ定メラル」

シテ地形科長ニ任セラル三月五日「陸地測量部宿直規則」ヲ改正シ又同月十九日測図区域外三角点ノ存置及撤去ニ関シ規定スルコト左ノ如シ

「一、三角科ハ次期ニ於テ地形測図ヲ行フヘキ区域内ノ明細表ヲ調製スルニ當リ其区域外ノ三角点（地形測図完成ノ区域内ナルト否トニ関セス）ニシテ左記ノ限界内ニ在ルモノハ其明細表ノ終リニ於テ若干ノ空欄ヲ置キ其後ニ之ヲ附記スヘシ

五万分一測図区域　　約一分以内

二万分一測図区域　　約三十秒

二、地形測図完了区域内ノ覘標ニシテ隣接三角測量ノ為メ存置ヲ要セシモノ及後日ニ至リ全区域内ニ新ニ建設シタル覘標ノ前記限界内ニ在ルモノハ之ヲ存置ス然ルトキハ地形科ハ隣接地区ノ地形測図完成ノ期ニ於テ之ヲ撤去スヘシ」

【「物品取扱細則」】五月七日従来ノ「物品取扱規程」ヲ改訂シ[263]新ニ「物品取扱細則」ヲ定ム**是物品會計規則陸軍物品會計規程及軍隊經理規程ニ基キ編成シタルモノ**ニシテ物品取扱主任官、物品會計官吏及供用物品監守者ヲ設ケ物品ノ出納及其委任、備附及受領、購入及修理、廢品ノ處分等物品會計全般ノ事項ヲ規定セルモノナリ[264]

【係争事件ノ判決】同月二十六日**係争中ナリシ**昨三十五年度東京附近三等三角測量作業ニ於ケル伐木補償事件判決アリ其全文左ノ如シ

---

(263) 正篇では次のように書き改められている。「廢シ」

(264) 正篇では次のように書き改められている。「規程ノ改正ニ依遵セシメタリ」

「

判　決

東京府荏原郡世田ヶ谷村大字代田五百七番地

原告　齋田又一郎

陸軍大臣ノ指定シタル國ノ代表者陸軍歩兵大尉

被告　町野　惟

右當事者間ノ明治三十六年ワ第一〇五号障碍伐除木補償金請求事件ニ付當裁判所ハ判決スル左ノ如シ

被告ハ金貳百壹円ヲ原告ニ支拂フヘシ

其他ノ原告請求ハ之ヲ棄却ス

訴訟費用ハ其參分ノ壱ヲ被告ニ於テ其參分ノ弐ヲ原告ニ於テ負擔スヘシ

事　實

原告ハ被告ハ原告ニ對シ金七百參拾八円四拾四錢弐厘及ヒ之ニ對スル明治三十六年一月二十五日ヨリ辨濟マテノ年五分ノ損害金ヲ支拂フヘシ訴訟費用ハ被告ノ負担トストノ判決ヲ求ムト申立テ其陳述スル事実ノ要旨ハ被告ハ明治三十五年十一月初旬陸地測量標條例ニ基キ測量実施ノ為メ第一原告所有ノ東京府荏原郡世田ヶ谷村大字代田五百七番地所在ノ杉十本槻二本椴一本松一本ヲ伐除シ第二杉十一本槻七本櫟一本楓一本ノ枝葉ヲ伐採シタリ右第一ノ樹木ハ之ヲ立木ノ侭賣却スルトキハ金九百弐拾六円八拾八戔四厘ノ價格アルモ伐除ノ後賣却スルトキハ僅ニ金參百八十八円四拾四銭ノ價格ヲ有スルニ過キナ

ルヲ以テ第一ノ行為ニ因リ原告ハ金五百参拾八円四拾四戔弐厘ノ損害ヲ被リ又第二ノ樹木ハ絶頂マテ枝葉ヲ伐採セラレタル為メ枯死シ若クハ成長ヲ害セラレタルヲ以テ第二ノ行為ニ因リ原告ハ金弐百円ノ損害ヲ被レリ依リテ原告ハ被告ニ之カ補償ヲ求メタル所協議調ハス世田谷村長ノ評定ヲ受クルコト、ナリ同村長月村茂益ハ第一ノ損害ニ付テハ補償金七拾円第二ノ損害ニ對シテハ補償金弐拾八円ノ評定ヲ為シ明治三十五年十二月二十六日之ヲ原告ニ通知シタリト雖モ原告ハ此評定ニ不服ナルカ故陸地測量標條例第八條ニヨリ本訴請求ニ及フト云フニアリ

被告ハ原告ノ請求ヲ棄却ストノ判決ヲ求ムト申立テ其陳述スル事実ノ要旨ハ陸軍参謀本部陸地測量部ニ於テ明治三十五年十一月中原告所有ニ係ル樹木ヲ陸地測量施行上障碍アルモノト認メ伐除及枝打シタル事實ハ原告陳述ノ如シ而シテ右ノ損害補償ニ付テハ原告ト協議調ハサルヲ以テ陸地測量標條例第八條ニ依リ世田谷村長月村茂益ニ評定セシメタル所同村長ハ原告陳述ノ如ク合計金九拾八円ノ補償額ヲ相當トナシタリ故ニ被告ハ此評定額丈ノ請求ニハ應スヘキモ本訴ノ如ク不當ナル金額ノ請求ニハ應スルコト能ハスト云フニアリ

理　由

陸地測量標條例ニ依リ陸地測量部ニ於テ本件樹木ノ伐除及ヒ枝打ヲ為シタル事実ハ當事者間ニ争ナキ所ナリ而シテ之ニ因リ原告カ被リタル損害額ハ鑑定人黒田善太郎及ヒ武市森太郎ノ意見ヲ参酌シ伐除ニ付テハ金百三拾八圓五拾

戔毀損ニ付テハ金六拾弐円五拾銭ヲ相當ナリト認ム故ニ補償金額ノ請求中金弐百壱円ノ請求ハ正當ナルモ其餘ハ正當ナラス原告ハ本訴提起ノ日以後ニ於ケル補償金額ニ對スル年五分ノ利息ヲ請求スルト雖補償金額ニ付キ當事者ノ協議調ハス且原告ハ村長ノ評定ニ不服ナルカ為メ陸地測量標條例第八條第二項ニ依リ本訴ヲ提起スルニ至リタルモノナルカ故補償金額ニ付キ確定判決ヲ經タル上ニアラサレハ被告ニ於テ補償金額ノ支拂ニ付キ遅滞ノ責アルモノト云フヘカラス故ニ此點ニ関スル原告ノ請求ハ正當ナラス

以上説明ノ理由ニヨリ且訴訟費用ニ付キ民事訴訟法第七十三條第一項ヲ適用シ主文ノ如ク評決シタリ

東京地方裁判所第三民事部
裁判長　判事　嘉山　幹一
判事　渡辺　紀
判事　野崎新太郎

原本ニ依リ此正本ヲ作成ス
明治三十六年五月二十六日
東京地方裁判所
裁判所書記　長田兵四郎」

由来三角測量ニ際シ已ムヲ得スシテ視通障害樹木ヲ伐除スルモノ年々尠少ナラス然モ其所有者ハ皆邦家公共ノ事業ヲ諒シテ之カ犠牲ヲ甘ンシ稀ニ其ノ補償ヲ

要求スルモノアルモ皆熟談協議之ヲ處理シテ餘リアリ絶エテ法律ヲ煩スモノナカリシカ茲ニ初メテ此訴訟事件ヲ惹起シ此判決ヲ見ルニ至レリ八月六日部ハ各府縣ニ通牒シテ測量標設置ノ趣旨ヲ聲明(265)シ其保管方法ニ就テ注意ヲ促ストコロアリ其一節ニ曰ク

【三角點及水準點ノ平均價格】「今一點ノ標石位置ヲ定ムル為ニ要セシ(明治三十年以降ノ平均)平均經費日數ヲ示セハ左ノ如シ

	一點ニ要スル經費	日數
一等三角點	五百弐拾四円餘	参拾六日餘
二等三角點 仝	七拾九円餘	仝 拾日餘
三角三角點 仝	参拾四円餘	仝 五日餘
一等水準點 仝	拾八円餘	仝 四日弱

九月九日陸軍監督部長ヨリ測量用古木材ノ廢品處分權ヲ當部長ニ委任セラレタルヲ以テ之ニ関スル取扱方ヲ定ム十二月一日当部經理部ヲ爾後主計部ト改称ス

同月二十一日製図科長工兵大佐従五位勲三等早川省義陸軍少将ニ任セラレ豫備役仰付ラレ同日正五位ニ昇敍セラレ

【早川製図科長卒去】翌二十二日卒去ス少将ハ明治十二年参謀本部ニ出仕シ測量課々僚トシテ小菅課長ヲ補佐シ我測量ノ創業ニ際シ諸般ノ劃策ニ参與シ一旦小地測量ノ組織成ルヤ之カ班長ト為リ本邦最初ノ測図二万分一「行徳」「船橋」附近ハ実ニ其班ニ於テ成レリ(266)十七年地図課長トナリ尓来製図ニ製版ニ自ラ諸図式ト其法則トヲ制定シ以テ該作業ノ基礎ヲ創剏セリ二十年陸地測量官補充ノ目

---

(265) 正篇では次のように書き改められている。「説明」

(266) 正篇では次のように書き改められている。「ノ實測ニ當リ」

的ヲ以テ修技所創設ノ必要ヲ提議シ又二十四年製図科技術員補充生養成ノコトヲ提議シ二者共ニ之ヲ成立セシメ尚進ンテ技術試験所ヲ創設シテ製図作業ノ改良進歩ヲ図リ地物打刻法、亞鉛板製版法、寫眞應用移寫法等ヲ創始セシメ他面ニハ軍用并一般國用ニ供スヘキ全國図ナキヲ憂ヘ汎ク朝野ニ其資料ヲ求メ輯製二十万分一図ヲ創製シ又隣邦図製図ノコトヲ提議シ躬ラ之カ編纂委員トナリ其資料ノ蒐集編纂ノ方法ヲ講シ清國竝朝鮮二十万分一図東亞百万分一輿地図ヲ創作シ二十七八年戰役竝三十三年ノ事變ニ際シ此等ノ地図ハ直ニ其實用ニ供セラレ必須ノ時機ヲ愆ラシメサル等能ク人事ニ技術ニ陸地測量部製図事業ノ今日アルヲ致サシメタルハ蓋少将カ二十年一日ノ如ク鞠躬事ニ當リ貢献セシ結果ニ負フ所少カラサルナリ此年一月十二日製図科班長木全（宏）歩兵大尉病歿シ同月二十一日地形科班員山岡（寅之助）製図科班員清水（潔）兩歩兵大尉各科班長ニ進ミ又地形科班員瀬部（和三郎）歩兵中尉地形科科僚ニ補セラレ同月二十九日田辺（與荘）一等副監督當部附ニ補セラル二月十八日歩兵大尉外谷鉦二郎陸地測量師ニ任セラレ製図科班長ヲ命セラレ

【杉山測量師獨逸留學】四月二十七日杉山（正治）測量師御用有之欧州ニ差遣ハサル七月二十日小倉（倹司）測量師海軍技師ヲ兼任シ八月四日地形科班員島田（正武）工兵大尉同科班長ニ進ミ十二月九日第十一期修技所生徒中川春原外九名業ヲ卒ヘ陸地測量手ニ任セラレ中川測量手外四名ハ地形科ニ白石（靖）測量手外四名製図科ニ入ル同月二十一日曩ニ修技所學生ヲ卒業シタル樋口（秉

（267）正篇では次のように書き改められている。
「熱心」
（268）正篇では一七三頁に記載。
（269）正篇では一七四頁に記載。
（270）正篇では一七九頁に記載。
（271）正篇では一八〇頁に記載。

治）蜂屋（三千三）平木（安之助）鈴木（孫太郎）菊池（房三郎）中條（道次郎）中柴（鑅三郎）ノ七測量手陸地測量師ニ任セラル

【各科ノ業績】　三角科一等三角観測ハ北海道南部ヨリ中部ニ亘リテ二百九十八方里二等三角測量ハ北陸道西部ニ於テ千二百十方里三等三角及二等水準測量ハ紀泉地方及上野地方ニ於テ千〇二十三方里一等水準測量ハ陸羽及濃美地方ニ於テ二百三十七里ヲ完成シ且薫別（根室）基線（全長四〇六九米八五〇二諒必誤差〇、〇〇〇三九）ヲ完成シ(272)

【打狗験潮場開始】　打狗験潮場ヲ開場シタリ

【一等三角点ノ下方盤石】　又此年二月四日一等三角點ニハ其保存ヲ一層確実ナラシメンカ為盤石ノ下方ニ更ニ一個ノ「下方盤石」ヲ添設スルコトトシ本年度以降之ヲ実施シ其既設ニ係ルモノハ二三等三角測量ニ際シ順次ニ之カ添補改埋ヲ施行セリ

【埋石ニ「セメントコンクリート」】　又従来柔軟ナル土地ニ三角點或ハ水準點標石ヲ埋定スルニ際シ「石灰コンクリート」ヲ慣用セシカ本年春修技所構内ニ其硬化ヲ実験セシニ結果甚タ良好ナラサリシヲ以テ尓後之ニ更フルニ「セメントコンクリート」ヲ以テスルコト、ナレリ又三角點覘標覆板ノ白色塗料ハ最初「白色ペンキ」ヲ用ヒ次ニ石灰ヲ以テ之ニ代用シ更ニ「リサイト」塗料ヲ以テセシカ其結果共ニ「白色ペンキ」ニ及ハサリシヲ以テ本年度以降再ヒ「白色ペンキ」ヲ使用スルコトニ復舊セリ

---

(272) 正篇では次のように書き改められている。
「三角科一等三角測量ハ北海道ニ於テ撰點四百五十八方里造標九百三方里觀測四百二十八方里二等三角測量ハ北陸道西部ニ於テ千二百五十四方里三等三角測量ハ紀泉地方及上野地方ニ於テ千〇五十二方里一等水準測量ハ陸羽及濃美地方ニ於テ埋石百八十二里觀測二百三十九里ヲ完成シ且薫別根室）基線全長四〇六九米八五〇二諒必誤差〇、〇〇〇三九ヲ完成シ」

地形科ハ松山、山形、佐倉、東京湾要塞附近ニ於テ二万分一測図約七十四方里大分、宮崎、鹿児島三縣竝茨城、千葉兩縣下ニ於テ五万分一測図九百三十方里ヲ完成シタリ此関東平野ハ従来當部略式測図既成ノ土地ニ係リ之ヲ今次ノ基本正式測図ニ對比スルニ其精度亦見ルヘキモノアリ且其利用ニヨリテ今次基本測図ノ作業ヲ稗益スルコト甚大ナリキ

【日露ノ風雲動ク】此年日露ノ風雲大ニ動キ十月七日久間（金五郎）測量手外三名測図ノ為先ツ渡韓シ同月二十九日中川（福雄）歩兵大尉、真坂（忍）野坂（喜代松）兩測量師外二十二名翌三十日山岡（寅之助）歩兵大尉、原（忠貞）別府（八百衛）兩測量師外十七名續々トシテ韓國秘密測図ノ途ニ上リ北韓ノ山河ハ早ク既ニ我変装測量官ノ手中ニ帰セリ(273)

製図科ノ作業成績ハ五万分一地形図五十二版二万分一地形図六十四版三色刷五万分一地形図電氣銅版十三版同三色刷亜鉛版三十六版二十万分一帝國図三版諸印刷四十八万千百九十四枚又此年一月早川科長ハ将来要スヘキ外邦図ノ種類及其作業力ヲ調査シ其結果大ニ其作業力ヲ増進セシムルノ必要ヲ感シ図繪手數名養成ノコトヲ稟申シ認可ヲ得三月二日科雇十名ヲ募入シ之ニ應用學術ヲ練習(274)セシメ以テ豫メ滿韓風雲ノ警ニ備フル所アリタリ

【明治三十七年】【佐川製図科長新任】○明治三十七年一月十四日工兵大佐佐川耕作韓國駐劄隊ヨリ入リテ製図科長ニ補セラル之ニ前後シテ當部職員ノ戦時

(273) 正篇では末尾が次のように書き改められている。
「特殊任務ニ就クモノ多シ」

(274) 正篇では次のように書き改められている。
「圖繪手タルニ必要ナル」

勤務ニ就クモノ多ク對露風雲ノ警益々急ナリ二月十日遂ニ對露宣戰ノ　詔勅煥發セラレ

【戰時官衙ノ列ニ入ル】　同月十二日送乙第五九八号ヲ以テ當部（三角科地形科修技所ヲ除ク）ハ陸軍戰時增給官衙ノ列ニ入リ各其給料五分ノ一乃至四分ノ一ヲ增給セラル[275]之ヨリ先キ客年六月以降邦家多事製図作業劇忙ヲ加ヘ特ニ本年一月十三日臨時機密図書製版印刷掛ヲ特設シ小池（鈔五郎）小熊（滿三）宮田（義敬）三測量師、足立（省三）歩兵中尉外數十名日夜相續テ隣邦諸図ノ大製作ニ従事シ宣戰前ニ於テ既ニ製図五百〇五面製版千百五十七版印刷六十五万二千四百五十八枚外ニ活版印刷七千四百二十頁ヲ計上スルニ及ヘリ

【藤井部長留守参謀本部事務取扱ヲ兼ヌ】　同月十四日藤井當部長留守参謀本部事務取扱仰付ラレ同月二十九日製図科雇員西田辰造外三名採用試験ニ依リ陸地測量手ニ任セラル三月十日事務官陸軍歩兵大尉今木龍也歩兵少佐ニ任セラレテ轉出シ陸軍歩兵大尉青木虎喜更ニ當部事務官ニ補セラル同日一旦召集ニ應シタル修技所生徒二名特ニ召集ヲ解除セラレ又同月二十二日陸軍省令第一二号ヲ以テ初メテ台湾測量旅費ヲ定メラル左ノ如シ※27

同月二十九日陸軍平時傭人定員中改正アリ四月六日秘密特設地区図一覽図中改正ヲ加フ五月（日欠）地図ノ尊重ニ関シ大山参謀總長ヨリ左ノ訓示ヲ發セラル

【地図尊重ノ訓示】「　　訓示

(275) 正篇では次のように書き改められている。「同十三日當部（三角科地形科修技所ヲ除ク）ハ陸軍戰時官衙ノ列ニ入ル」

※27 次頁の表を参照。

第十三表　臺湾測量旅費

階級	旅次日當 汽車海路一日毎ニ	旅次日當 陸路一日毎ニ	作業日當 班長	作業日當 検査係	作業日當 撰點係	作業日當 測量係 一等	作業日當 測量係 二等	作業日當 造標係	滯在日当 傷痍疾病船待雪支川留ノ為滯在ノトキ
少佐或相當陸地測量師	十九円	九円	三円七十戔						二円五十戔
大尉或相當陸地測量師	十六円	八円	三円二十戔	三円	三円	二円七十戔	二円六十戔		二円十戔
中少尉或相當陸地測量師	十六円	八円		三円	三円	二円七十戔	二円六十戔		二円十戔
准士官	十三円	五円五十戔				二円十戔	二円	二円十戔	一円五十戔
下士或陸地測量手竝月給十二円以上雇員	十一円	五円				一円八十戔	一円七十戔	一円八十戔	一円二十戔
月給十二円未満雇員	十円五十戔	三円五十戔				一円五十戔	一円五十戔	一円五十戔	九十戔
測量傭夫	九十戔								

一、第十表備考第一及第四乃至第六ハ表ニ之ヲ準用ス
二、陸地測量手ニシテ検査係及撰點係代理ノ者作業日當ハ二円六十戔ヲ給ス（代理條例ニ依リ代理スルモノハ此ノ限ニアラス）
三、内地ヨリ台湾ヘ渡航スルニ當リ官船ニ乗ルトキハ第一表ノ日當及官ヨリ賄ヲ為サヽルトキハ食卓料ヲ給ス

地図ハ運籌ノ基礎ニシテ作戰上必須ノ利器タルコト復タ喋々ヲ待タス而シテ我陸軍ノ之ヲ製スルヤ數年ノ勞力ト巨大ノ費用ヲ要シタルコト殆ント想像ニ及ハサル所ニ在リ殊ニ滿州方面ニ係ルモノハ更ニ種々ノ苦計ヲ以テ完成シ得タルモノトス乃チ之ヲ貴重シテ決シテ敵手ニ委セサランコトヲ図ラサルヘカラス

頃日我第一軍鴨綠江畔ニ於テ敵屍中ヨリ南部滿州地図ヲ獲タリ将来我作戰上ニ利スル處蓋シ測ル可ラサルモノアラン是ヲ以テモ亦我地図ノ尊重スヘキヲ認ムルト同時ニ又敵手ニ委スルノ大不利益ナルコトヲ想フ可シ

夫レ今囬ノ敵ハ二十七八年及三十三年ノ比ニ非ラス我将卒ノ死傷更ニ多カルヘキヲ豫期セサル能ハス故ニ戰鬪ニ臨ム時ハ勿論苟モ敵前ニ動作スルノ日ハ多少ノ遺體ヲ敵ニ授クルコト有ルヘキノ覺悟ナカルヘカラス乃チ地図ハ成ルヘク宿營中ノ研究ニ止メ之ヲ戰線ニ携帶セサラシムルヲ要ス其配附ノ方法（例之ハ二万分一、五万分一ノモノハ将校斥候ヲ除クノ外中隊長以上ニ限ル等）ノ如キモ各部隊ニ於テ適當ニ之ヲ定メ嚴ニ敵手ニ落チサラシムルノ趣旨ヲ貫徹スヘシ

以上ノ事各官ノ常ニ熟知シテ疎虞ナカルヘキハ本職ノ確信スル所ナリト雖モ此際特ニ注意シテ萬一ノ遺漏ナキヲ期セラレンコトヲ切望ノ至リニ堪ヘサルナリ

明治三十七年五月

参謀總長侯爵　大山　巖

【臨時測図部編成】同月十一日臨時測図部編成ノ下令アリ其要領下ノ如シ[276]

「

一、陸地測量部ニ於テ臨時測図部（左表）[※28]一個ヲ編成ス其編成擔任官ハ陸地測量部長トス

二、臨時測図部ハ本部及經緯度測量班地形測図班若干ヨリ成リ各班ヲ三個ノ分班ニ区分ス

三、臨時測図部本部經緯度測量班一個及地形測図班二個ハ第一次ニ編成ス爾後必要ニ應シ測量班又ハ測図班ヲ編成シテ之ヲ派遣ス

四、臨時測図部ノ要員ハ陸地測量部地形科員ヲ基幹トシ之ニ同部三角科員一部ヲ以テ充足シ測夫及馬卒ハ編成擔任官之ヲ雇入レ計手ハ陸軍大臣之ヲ配属シ補助輸卒ハ戰地ニ於テ某兵站部ノモノヲ配属ス（以下五項之ヲ略ス）

」

同日直チニ地形科長依田（正忠）工兵中佐ハ臨時測図部長ニ粟屋（信雄）歩兵少佐ハ班長ニ佐藤（靜）測量師ハ分班長ニ其他測量手以下七名ノ命課アリ編成業務ヲ開始シ越エテ十六日班長藤坂（松太郎）歩兵大尉分班長揖江（順）若松（光藏）兩測量師外測量手十名計手其他翌十七日副官赤木（武郎）歩兵大尉ニ十二日經緯度測量班分班長古田（和三郎）測量師以下四十六名ノ命課アリ茲ニ於テ地形科外業班ハ第六班ヲ除クノ外第二乃至第五班ノ全部帰京ヲ電命シ三角科亦要員ヲ電召シ仝月二十六日第一次編成成ル又比月二十二日地形科雇員河野

---

(276) アジア歴史資料センター資料C06040149800にこの引用の原文（臨時測圖部編成要領）がある。

※28 次頁の表を参照。

臨時測図部編成表

階級＼区分	本部 人員	本部 乗馬	本部 車輌	一経緯度測量班 人員	一経緯度測量班 乗馬	一経緯度測量班 車輌	一地形測図班 人員	一地形測図班 乗馬	一地形測図班 車輌
大(中)佐	部長 一	二							
少佐				×班長 一（少佐・大尉）			班長 一（少佐・大尉）	一	
大尉									
大(中)尉	副官 一	一		分班長 三（大(中)尉・陸地測量師）			分班長 三（大(中)尉・陸地測量師）		
陸地測量師									
計手	一								
陸地測量手	二			六			二五		
測夫	五			一二			一三		
補助輸卒	六		二	九		三	二一		七
馬卒	三						一		
計	一九	三	二	三〇		三	六四	一	七

一、班長ノ欠員ハ大尉相当陸地測量師ヲ以テ之ニ充ツルコトヲ得
二、本部附陸地測量手中一人ハ陸軍属ヲ以テ之ニ充ツルコトヲ得
三、職名ニ×ヲ附スルモノハ地形測図班長ヨリ兼務ス
四、本表ノ外雇通訳若干ヲ附属ス
五、本表定員ノ他陸地測量手（雇員）及測夫ハ必要ニ應シ之ヲ増加スルコトヲ得然ルトキハ之ニ伴ヒ補助輸卒及車輌モ亦増加ス

亮之助外三名特別任用ヲ以テ陸地測量手ニ任セラル

【臨時測図部第一次出征】六月二日第一次編成ノ臨時測図部高等官八名拝謁ノ榮ニ浴シ翌三日軍用列車ヲ以テ新橋ヲ發シテ征途ニ上リ同月十三日清國安東縣ニ上陸シ各部署ニ就ク七月三日第一次出征ノ臨時測図部員北川（益深）塩島（五三郎）林（浅吉）三測量手外一名金州南山ニ於テ砲彈爆裂ニ由リ殉職ノ嚆矢トナル後戰死ヲ以テ遇セラレ特別賜金ヲ賜ハル同月七日陸軍省告示ヲ以テ修技所地形科生徒六名製図科生徒六名ヲ一般志願者ヨリ募集ス是戰時ニ際シ常例ノ如ク満期下士ヨリ之ヲ採用スルノ途ナキニ由ル

【「陸地測量證」ノ保管手續】同月九日尓後陸地測量證ハ出張中ノミ各自之ヲ携帶セシメ在京中ハ所属科ニ保管スルコトニ定ム同月二十五日陸軍省告示ヲ以テ臨時測図ノ為測図手二百三十名ヲ召募ス其應募者ノ資格及檢査科目ハ略ホ修技所生徒ニ於ケルカ如クニシテ稍簡易ナルノミ而シテ之ニ應募スルモノ五百餘名八月十五日之ヲ檢査選抜シテ要員ヲ充シ地形科職員全部ヲ擧ケテ之カ教育ニ従事セリ八月十八日満發第三六九号ヲ以テ本年二月送乙第五九八号ノ「三角科地形科及修技所ヲ除ク」ヲ削除セラレ當部ハ全部戰時増給官衙ノ列ニ入ル蓋シ臨時測図部編成竝戰時要員ノ故ヲ以テ地形科ハ固ヨリ三角科竝修技所ト雖職員ノ減員甚シク而モ常務ヲ遂行シテ毫モ稽緩スルナキヲ期ス其業務ノ繁劇ナル決シテ他ノ戰時官衙ニ譲ラサルモノアルヲ以テ當部ハ之ニ関シ（七月十六日）上申スル所アリ茲ニ至リ之ヲ認許セラル、ニ至リシナリ

【臨時測図部第二次出征】九月二十二日測図手ノ教育及諸準備ヲ完了シテ臨時測図部本部及地形測図三個班戰地ニ向テ出發シ十月三日營口ニ上陸シ直ニ遼陽ニ本部ヲ定メ各班ヲ部署シテ作業ヲ開始ス茲ニ先發部隊ト共ニ職員ノ一班ヲ擧クレハ左ノ如シ[※29]

十月七日會計監督部長當部會計事務ヲ臨檢ス同月十四日陸地測量手豫備歩兵中尉松本音松沙河會戰ニ戰死シ後十一月十四日功五級金鵄勲章勲五等双光旭日章ヲ敍授セラル十一月十八日臨時測図部分班長陸地測量師原忠貞南瓦房店兵站病院ニ病死ス高等官六等ニ陞敍セラル同月二十六日陸地測量手豫備歩兵少尉石原嘉市旅順攻圍軍ニ參加シテ戰死シ後勲六等功五級ニ敍セラレ金鵄勲章及單光旭日章ヲ授與セラル又同月二十八日三角科科僚陸軍歩兵大尉甲藤為吉歩兵第一聯隊中隊長トシテ旅順攻囲戰ニ戰死シ後勲五等功五級ニ敍セラレ金鵄勲章及雙光旭日章ヲ授與セラル十二月五日第七期學生山田（竹彦）赤崎（參輔）中嶹（擢）梅津（武雄）田中（孫六）中島（可友）杉村（信臣）七測量手卒業シ同時ニ第十二期生徒江口萬藏外十五名業ヲ卒ヘ陸地測量手ニ任セラレ江口測量手外十名三角科ニ真木（春夫）測量手外四名製図科ニ入ル

【清國學生ノ修技所入學】同月七日參謀總長ノ命ニ依リ清國人（我陸軍士官學校卒業生）林調元、游壽宸ノ二名ヲ修技所ニ入學セシム之ヲ清國人修技所入學ノ嚆矢[(277)]トス同月二十九日陸軍省令第三一号ヲ以テ明治三十五年陸軍省令第四号

※29　次頁の表を參照。

(277)　これを第一期生とし、第六期生まで中国人留学生が入学した（渡辺・小林、二〇一七）。

臨時測図部高等官職員表

部署	職	官等	氏名
本部	部長	陸軍歩兵中佐	依田　正忠
	副官	陸軍歩兵大尉	赤木　武郎
經緯度測量班	班長	兼 陸軍歩兵少佐	粟屋　信雄
	分班長	陸地測量師	古田　和三郎
		仝	山田　又市
		仝	平木　安之助
地形測図班	班長	陸軍歩兵少佐	粟屋　信雄
		陸軍歩兵大尉	伊藤　良道
		陸軍歩兵大尉	山岡　寅之助
		仝	藤坂　松太郎
		陸地測量師	春山　清寧
	分班長	陸地測量師	椙江　順
		仝	佐藤　静
		仝	若松　光藏
		仝	原　忠貞
		仝	神代　源次郎
		仝	真坂　忍
		陸地測量師	粟屋　篤藏
		仝	別府　八百衛
		仝	野坂　喜代松
		仝	片山　外與作
		仝	蜂屋　三千三
		仝	菊池　房三郎
		仝	中條　道次郎
		仝	中柴　鑠三郎

不動産登記嘱托指定官吏ニ陸地測量部長ヲ加ヘラル本年ハ戰時職務ニ関シ人事ノ移動甚タ頻繁ナリキ今臨時測図部以外ニ於ケル其概要ヲ表示スレハ左ノ如シ※30

【各科ノ業績】　三角科ハ各班長順次ニ皆戰時勤務ニ就キ矢島、関、三輪、田浦ノ諸測量師之ヲ代理シ依然トシテ常務ヲ遂行シタリト雖戰時要員ノ為作業者ノ交代或ハ作業ノ中止等頻々ニシテ成果ハ平年ノ如クナルヲ得ス即チ一等三角観測ハ北海道ノ南西部ニ於テ僅ニ三百餘方里ヲ二等三角測量ハ信越兩野地方ニ於テ六百九十八方里ヲ三等三角并二等水準測量ハ駿遠甲信地方ニ於テ七百八十九方里ヲ一等水準測量ハ陸羽及豆駿地方ニ於テ百三十八里ヲ完成シタリシノミ、(278)

【基隆驗潮場開始】　又此年四月基隆驗潮場ヲ開始ス

地形科ハ五月以降幾ト全員ヲ擧ケ外業ヲ中止シテ臨時測図部ニ参加シ臨時測図部出征ノ後少數ノ残留員カ九月以後ニ至リ多少ノ外業ヲ施行セシノミ其成果固ヨリ甚タ僅少ナリ即チ佐倉并東京近傍二万分一測図約八十五方里及水戸、松山、岡山、丸亀地方（臨時測図部編成前ニ於ケル）五万分一約二百三十九方里(279)外ニ縮図若干ナリトス

製図科ハ宣戰前ノ劇忙ニ継キ三月上旬迄多忙ヲ極メ陸軍戸山學校及市井ノ印刷工ヲ徴集シ昼夜諸般ノ印刷ヲ强行シテ軍國ノ急需ヲ充シ三月中旬以後ニ至リ漸ク科内一班ニ三時間ノ増働ニ止ムルヲ得タリ此間臨時雇ヲ募集スルモノ図繪五十二名刷版八名石版六名写眞八名活版十一名其他六名計九十一名ニ及ヒタリ

※30　次頁以下の表を参照。

(278)　正篇では次のように書き改められている。
「即チ一等三角測量ハ北海道ニ於テ撰點九百三十八方里造標百二十三方里観測三百七十九方里ヲ二等三角測量ハ信越兩野地方ニ於テ七百十八方里ヲ三等三角測量ハ駿遠甲信地方ニ八百二十二方里ヲ一等水準測量ハ陸羽及豆駿地方ニ於テ埋石観測各百二十八里ヲ完成シタリ」

(279)　正篇では次のように書き改められている。
「三百三十九方里」

月日	新任務	旧所属	官	氏名
一月十九日	乙碇泊場司令部々員	三角科	歩兵大尉	松岡　重雄
二月六日	第一軍糧餉部附	本部	一等計手	巣山　吉太郎
二月七日	近衛師團野戦兵器廠員	仝	工兵大尉	齋藤　富熊
〃	歩兵第四十六聯隊中隊長	三角科	歩兵大尉	森部　静夫
〃	〃	〃	〃	藤本　知良
〃	第十二師團 後備工兵第一中隊長	地形科	工兵大尉	島田　正武
〃	歩兵第十四聯隊大隊長	〃	歩兵大尉	中川　福雄
〃	近衛師團衛生隊中隊長	三角科	陸地測量師 後備歩兵中尉	高橋　文亮
〃	函館要塞砲兵大隊へ編入	地形科	陸地測量手 豫備砲兵曹長	金村　盛永
二月八日	後備歩兵第三十二聯隊中隊長	〃	歩兵中尉	瀬部　和三郎
二月八日	後備歩兵第十七聯隊中隊長	地形科	歩兵中尉	清水　新藏
二月十一日	大本營附	本部	陸軍属	根来　盛明
〃	満州軍総司令部附	〃	歩兵曹長	井上　井
二月十四日	留守参謀本部事務取扱		陸地測量部長	藤井　包総
二月十八日	戊碇泊場司令官	三角科	工兵少佐	山口　騰一郎
三月七日	第二軍金櫃部長	本部	一等主計	田辺　與壮
三月八日	工兵第一大隊第二中隊附	〃	陸軍属 豫備工兵少尉	大淵　雄次郎
〃	留守歩兵第一旅團副官	製図科	歩兵大尉	坂入　良達
〃	後備歩兵第二聯隊中隊長	三角科	〃	町野　惟
三月九日	第二軍司令部附	本部	一等計手	保原　政太郎
〃	第二軍糧餉部附	〃	二等計手	鈴木　正義
〃	第一軍司令部附	地形科	歩兵大尉	山岡　寅之助
〃	第一軍司令部附	〃	陸地測量手	酒出　捨夫　外一名

日付	所属	科	官等	氏名
三月十日	歩兵第十一聯隊附	本部	歩兵少佐	今木龍也
〃	歩兵第十八聯隊附	三角科	〃	森部静夫
四月十八日	第十師團兵站電信隊長	本部	工兵少佐	大谷深造
〃	歩兵第四十聯隊附	三角科	陸地測量手 歩兵少尉	松風廣吉
四月二十二日	歩兵第二聯隊補充大隊附	本部	一等計手	山中平次郎
五月六日	第一臨時築城團附	地形科	陸地測量手	山村藤吉 外三名
五月十四日	第二臨時築城團附	〃	〃	中村祐敦 外三名
〃	大本營(寫眞班)附	製図科	陸地測量師	小倉儉司
〃	〃		陸地測量手	吉田市太郎 外二名
五月十九日	工兵第一大隊補充中隊附	地形科	陸地測量手 工兵少尉	大林一之
五月二十三日	歩兵第十三聯隊補充大隊第二中隊附	三角科	陸地測量手 歩兵少尉	森威克
五月三十日	後備歩兵第二十四聯隊中隊長	地形科	歩兵大尉	鳥飼幸太郎
六月八日	後備歩兵第四十聯隊附	三角科	陸地測量手 歩兵中尉	松本音松
六月九日	第一軍司令部附	本部	歩兵大尉	大原武慶
六月九日	大本營(写眞班)附	製図科	陸地測量師	中野鉄太郎
〃	〃	〃	陸地測量手	木村信
六月十一日	近衛歩兵第三聯隊補充大隊中隊長	〃	歩兵中尉	鈴木佐六
六月二十二日	第二臨時築城團附	地形科	陸地測量手	菊池馨 外二名
六月二十三日	第十三師團司令部附	製図科	〃	林矩雄 外二名
六月二十五日	近衛後備歩兵第三聯隊中隊長	地形科	歩兵大尉	篠原峯吉

六月二十九日	第四軍糧餉部附	本部	一等計手	山中　鈔雄
六月三十日	〃	〃	二等計手	北澤　蒔平
七月二十八日	第三師團第九補助輸卒隊附	地形科	陸地測量手 騎兵少尉	片山　廣吉
八月二日	歩兵第二聯隊中隊長	地形科	歩兵大尉	京都　義綱
〃	第三臨時築城團副官	三角科	工兵中尉	玉井　要人
〃	第三臨時築城團附	地形科	陸地測量手	山田　有慶 外三名
〃	第七師團乙停車場司令官	三角科	工兵大尉	佐迫　健三郎
八月十二日	第四臨時築城團附	地形科	陸地測量手	朝比奈　信夫 外三名
八月十五日	歩兵第一聯隊補充大隊中隊長	三角科	歩兵中尉	甲藤　為吉
八月二十八日	歩兵第四十七聯隊		陸地測量部雇 歩兵少尉	中尾　芳太郎
八月三十日	近衛歩兵第二聯隊補充大隊中隊長	三角科	歩兵大尉	神本　沢吉
九月三日	大本營（写真班）附	製図科	〃	清水　潔
九月四日	歩兵第三十五聯隊小隊長	三角科	陸地測量手 歩兵少尉	石原　嘉市
九月十二日	歩兵第二十五聯隊附	地形科	歩兵中尉	莊司　繁樹
九月二十二日	大本營（写眞班）附	製図科	陸地測量手	和田　義三郎 外一名
十月十五日	滿州軍総司令部附	〃	〃	福島　市太郎 外五名
十月三十一日	韓國差遣	地形科	陸地測量師	豊田　四郎 外六名
十一月七日	第二軍司令部附	製図科	陸地測量手	飯田　留吉

此ノ外豫備兵役ニアル陸地測量手或ハ雇員ニシテ召集ニ應セシモノ數名アリ

而モ出征部隊ニ轉出スルモノ十七名死亡解傭其他三十名ヲ減員セシヲ以テ實際ノ増員ハ四十餘名ニ過キス而シテ多大ナル戰時事業ノ外常務ニ於テ五万分一地形図ハ製図五十一面電氣銅版二十五版彫刻銅版二十六版、二万分一地形図三色刷ニ於テ製図四十二面電氣銅版二十六版彫刻銅版十六版五万分一地形図ニ於テ製図五十七面電氣銅版二十八版亞鉛版二十九版竝帝國図ノ製図製版各一面ヲ完成シ外ニ臨時測図五万分一外邦図百万分一東亞輿地図等ヲ製図スル百五十五面之ヲ寫眞紙版ヲ以テ製版スル百三十八版彫刻及亞鉛版ヲ以テ製版スル十七版ニ及ヒ又諸印刷ノ合計ハ十八万九千九百八十三枚ヲ計上セリ

【明治三十八年】【經費増額】(280)　○明治三十八年一月一日総豫算公布セラル内五ヶ年継續測量費総額金百四十萬五千百九十五円之ヲ前期継續費ニ比スレハ金拾六万餘円ノ増額ヲ見ル**同月二十七日三角科班長町野（惟）歩兵大尉後備歩兵第二聯隊中隊長トシテ黒溝臺ニ戰死ス後同日附ヲ以テ陸軍歩兵少佐ニ任セラレ勲四等功五級ニ敍セラレ金鵄勲章及旭日小綬章ヲ授ケラル**

【藤井部長陸軍中將ニ任セラル】二月六日藤井部長陸軍中将ニ任セラレ同日陸地測量部長事務取扱ヲ仰付ラレ**三月二十三日事務官大谷（深造）工兵少佐技術審査部審査員ニ轉出ス**三月二十八日佐藤（幸太郎）測量手外五名第八期學生トシテ修技所入學ヲ命セラル**四月六日「日本」新聞紙ニ我日露戰役寫眞ヲ複製掲載スルコトヲ許可ス**

(280) 正篇では次のように書き改められている。
「一月一日明治三十八年度ヨリ同四十二年度ニ至ル繼續測量費總豫算並ニ各年度經費公布セラル卽チ其ノ總額」

【清國學生最初ノ卒業】同月三十日曩ニ修技所ニ入學シタル清國人林調元游壽宸ノ二名ニ修得証書ヲ授與シ四月八日更ニ清國學生譚學夔外三十二名約一ヶ年ノ豫定ヲ以テ修技所ニ入學ス同月十一日勅令第百三十号ヲ以テ國庫ヨリ俸給旅費其他ノ給與ヲ仕拂フノ際其支拂額ニ銭位未滿ノ端數ヲ生スルトキハ之ヲ切捨ツ但シ法律ノ結果又ハ契約ニ因ルモノハ此限ニ非スト規定セラレ即日実施セラル同月十四日當部定數刷地図規定附表納図ノ区劃中陸軍省ヲ削リ更ニ陸軍大臣(281)ノ区劃ヲ設ケ發行地図乙種ノ欄ニ一ヲ記入ス蓋シ従来地図發行届及著作權登録ハ陸軍省ヲ經テ之ヲ履行シ同時ニ其地図一葉宛ヲ同省ニ納付セシカ昨三十七年十月此等發行届及著作權登録ヲ直接当部ヨリ處理シ陸軍省ヲ介スルナキニ至リ(282)タルヲ以テ此改正ヲ要スルニ至リシナリ五月十三日原版磨消ノ手續ヲ規定ス同月二十三日青木（虎喜）事務官歩兵少佐ニ任セラル

【各科編制改正】同月二十九日陸地測量部及各科編制表ヲ改正シタレトモ其大綱ニ於テ異ルトコロナシ但シ従来本部及修技所ニ於テハ准士官以下ノ定員不定ナリシカ今次事務部ニ於テハ兩事務官ノ下ニ書記（属或測量手）四名ヲ材料部ニ於テハ主管ノ下ニ書記（属或測量手）五名ヲ主計部ニ於テハ一等主計一二三等主計一ノ下ニ書記（属或測量手）六名ヲ修技所ニ於テハ幹事（大尉一）教官（尉官或陸地測量師三）ノ下ニ助教（陸地測量手）五名、書記（下士或陸地測量手）一名、學生六名生徒十二名ト規定シ(283)次ニ各科共ニ班長ヲ尽ク少佐大尉或陸地測量師ニ改メ三角科ニ於テハ班員八名ヲ增加シテ総員百十名、シ地形科ハ

---

(281) 正篇では次のように書き改められている。
「同省及内務省ト改正ス」

(282) 正篇では次のように書き改められている。
「此等届出ヲ直接當部ヨリ處理スル如ク改正シタルカ爲メナリ」

(283) 正篇では次のように書き改められている。
「各科編制表ヲ改正シ事務官ノ下ニ書記（屬或測量手）四名ヲ材料部主管ノ下ニ書記（屬或測量手）五名主計部主計ノ下ニ書記（屬或測量手）六名修技所幹事（大尉一）教官（尉官或陸地測量師三）ノ下ニ助教（陸地測量手）五名、書記（下士或陸地測量手）一名ヲ定置シ學生定員ヲ六名生徒定員ヲ十二名ト規定シ」

集成班一個ヲ増加シテ七個班トシ班員十七名ヲ増シテ総員百四十六名トシ製図科ハ編成表中印行所ヲ加ヘタレトモ班員ノ數ニ名ヲ減シテ総員七十九名トセルヲ異ナリトス同月三十日戰時慰勞ノ思召ヲ以テ　皇太子殿下ヨリ部内全員ニ酒饌ヲ下賜セラレ六月二日亦　兩陛下ヨリ部内全員ニ酒饌ヲ下賜セラル同月三日陸地測量部金櫃規定ヲ廢止シ竝陸地測量部服務細則及物品取扱細則中數條ニ改正ヲ加フ同月五日午前八時中隈（敬藏）三輪（一夫）兩會計検査院検査官来部先ツ主計材料ノ諸出納簿ヲ検査シ尋テ製図科工場及諸倉庫ヲ実査シ午後一時終了セリ同月六日曩ニ修技所學生ノ業ヲ卒ヘタル山田（竹彦）赤崎（参輔）中嶹（摧）梅津（武雄）田中（孫六）中島（可友）杉村（信臣）ノ七測量手陸地測量師ニ任セラル七月九日（陸達第三四号）爾今陸軍ニ於テ所用ノ諸罫紙ニハ一般ニ欄外ニ單ニ「陸軍」ノ二字ヲ附記スルコトニ規定セラル

【多湖測量師卒去】[284]　七月二十日陸地測量師多湖実敏卒ス其前一日正六位勲四等ニ陸叙セラレ多年刻苦精勵遂ニ嶄新ナル製版法ヲ案出シ作戰上裨益尠カラサル廉ヲ以テ金參千円ヲ賞與セラル同測量師ハ明治十六年地図科ニ入リ同二十一年自費ヲ以テ独墺兩國ニ留學シテ製版印刷ノ事業ヲ研鑚シ帰来我製図作業ニ貢献スル所少カラス就中亞鉛製版法ノ如キ今次竝二十七八年戰役ニ関シ克ク軍國ノ急務ヲ愆ルナカラシメタルモノナリ八月七日在庫物品貸與規程ヲ定ム是「物品取扱規則」中貸與ニ関スル事項ヲ精細ニ規定シ單行規程トナシタルモノナリ同月十六日臨時測図部ノ一分班中柴（鐷三郎）測量師一行樺太軍ニ轉属シ此日ヲ

---

(284) 正篇では次のように書き改められている。
「同時ニ」

以テ戰地ニ向フ同月三十一日陸地測量部文書取扱内規中部内各科長等ヨリ部長ヘ進達スル文書ノ體裁ヲ一定ニセリ九月五日臨時測図部班長粟屋（信雄）歩兵中佐病氣ヲ以テ後送セラレ尋テ復員シテ地形科附トナル同月八日秘密特設地区図一覧図中追加スルトコロアリ同月三十日藤井陸地測量部長事務取扱ハ當部製図科傭人ノ公務ニ基因スル疾病傷痍死亡ニ對シ砲兵工廠職工ニ準シ扶助ヲ與ヘラレンコトヲ事情ヲ具シ統計ヲ擧ケ詳細ニ上申スルトコロアリ其一節ニ曰ク

「明治二十年ヨリ三十五年ニ至ル十六年間當部ノ死亡者約七十名就中製図科ニ於ケルモノ四十六名内三十五名ハ傭人ニ係リ百分ノ七十二ニ及フ死亡率ヲ見ルモノアリ」

然レトモ終ニ聽許セラレサリキ(285)十月二日臨時測図部長依田（正忠）歩兵中佐歩兵大佐ニ任セラル同日百万分一東亞輿地図ノ中北韓滿州地方二十一個版ヲ解秘セラル是機密図トシテハ漸次ニ実測図ノ開版セラル、アリ旧図ヲ秘スルノ要ナク而シテ一般ニハ其需要愈々切ナルモノアレハナリ

【平和克復】十月十六日平和克復ノ詔勅ヲ發布セラル同月二十三日清國軍事視察員葉亭珠来部各作業ヲ参観ス十一月二十三日濱島（護）工兵少尉陸地測量部科僚ニ補セラレ製図科ニ入ル十二月一日曩ニ一般ヨリ募集シタル第十四期修技所生徒坪井清外十七名入學ス同月二日第十三期修技所生徒鈴木政之助外三名業ヲ卒ヘ即日陸地測量手ニ任セラレ製図科ニ入ル同月八日製図法式草案中改正ヲ加ヘ

---

(285) 正篇では次のように書き改められている。
「上申スルトコロアリシモ詮議ニ至ラスシテ止ム」

【「陸地測量標敷地取扱手續」】同月十七日「陸地測量標敷地取扱手續」ヲ定ム是測量官カ徴集シタル三角（水準）點覘標敷地請書及取調書ニ就キ三角科、部、地方廳トノ関係交渉ノ順序竝之ヲ官有財産トシテ登記ヲ了スルマテ凡テノ手續ヲ規定シタルモノナリ同月十九日東亞二十万分一図々式ニ改正ヲ加フ同月二十日藤井陸軍中將留守參謀本部事務取扱ヲ解カル同月二十五日班員青木（寛吉）歩兵大尉陸地測量部事務官ニ補セラル同月三十一日戰時増給ヲ停止セラル本年ニ於ケル前記以外ノ主要ナル人事ノ移動ハ大谷（深造）事務官一月十八日第四軍兵站電信隊長ヨリ帰京復員シ六月二十日外谷（鉦二郎）測量師以下三名写真班ヲ以テ戰地ニ向ヒ同月二十七日写景班中野（鉄太郎）測量師帰京シ尋テ製図科班長ニ進ミ八月十一日製図科班員足立（省三）歩兵大尉同科班長ニ補セラレ同月十四日元地形科班長中川（福雄）歩兵少佐出征歩兵第十四聯隊大隊長ヨリ臨時測図部地形測図班長兼經緯度測量班長ニ轉シ十二月一日藤本（知良）歩兵少佐歩兵第十四聯隊補充大隊ヨリ帰京復員シ尚測量手補充其他ノ為陸軍省雇及當部雇ノ任命少カラス而シテ十月十六日平和克復後復員スルモノ亦漸次ニ多キヲ加ヘタリ

【各科ノ業績】三角科ハ幾ント全部文官ヲ以テ豫定常務ヲ遂行シ一等三角観測ハ北海道ニ於テ約八百二十一方里ヲ完成シ二等三角測量ハ越後羽前岩代ニ於テ約七百七十六方里ヲ三等三角及二等水準測量ハ信遠尾濃地方ニ於テ約七百六十七方里ヲ一等水準測量ハ北海道南西部ニ於テ約百四十四里ヲ完成セリ(286)

---

(286) 正篇では次のように書き改められている。
「三角科本年ノ業績ハ一等三角測量ハ北海道ニ於テ撰點八百三十方里造標八百十三方里観測六百六十三方里ヲ完成シ二等三角測量ハ越後羽前岩代ニ於テ八百十四里ヲ三等三角測量ハ信遠尾濃地方ニ於テ約七百三十四里ヲ一等水準測量ハ北海道南西部ニ於テ埋石百六十五里観測百五十三里ヲ完成セリ」

【小樽驗潮場ヲ廃シ忍路驗潮場ヲ開ク】此年九月小樽驗潮場ヲ閉鎖シ之ニ代ヘテ忍路驗潮場ヲ十一月ヨリ開始セリ

【簡易覘標ノ廃止】又本年度以降一等三角覘標ノ所謂簡易覘標ナルモノヲ廃止セリ蓋北海道ノ高山ハ何レモ皆人跡未踏ノ地ニシテ随テ此等高山頂ニ於ケル一等三角點覘標ノ構造ハ困難甚シキヲ以テ規定ノ形式ヲ少シク簡略シタル簡易覘標ナルモノヲ該地方ニ限リ適用シ来リシカ視準線ノ甚シク地ニ接近スルヨリ起ル照準ノ困難其他一般観測作業上ノ不便等其害ハ其利ニ過クルモノアルヲ驗知シタルニ由ル

地形科ハ職員ノ大部尚臨時測図部ニ在リ少許ノ職員ヲ以テ昨三十七年度中止測図ノ整理及緊急命令(287)ニ依リ豊田（四郎）測量師外七名津軽海峡ノ臨時測図若干ヲ完成セシノミ

製図科ハ戦局ノ發展ト共ニ其業務愈々繁劇ヲ極メ就中臨時製図製版印刷等極度ノ能力ヲ尽シテ直接作戦ニ関スル各種地図其他ヲ製図スル四千二百三十面製版スル四千九十七版印刷スル三百五十四万六千二百七十九枚外ニ戦闘詳報附図ヲ製図スル九百五十面製版スル千九百二十版印刷スル六十万六千五百七十枚竝戦闘詳報ヲ活版印刷スル二百十一万九千餘頁各種附表三十三万三千三百二十頁写真四千八百四十七枚ニ及ヒ其他鹵獲地図ノ飜譯複製等皆夜ヲ以テ日ニ継キ就中印刷事業ノ如キ一日ニシテ六万三千四百餘枚ヲ刷出セルコトアリ又此等匆忙ノ際ニ於テ齋藤（敬義）測量師ノ写真版原紙ノ改良、横田（金之助）測量手ノ

(287) 正篇では次のように書き改められている。
「臨時命令」

転写紙用薬剤ノ改良、稲垣（金太郎）測量手ノ暈渲直画修正法、小野（清之助）測量手ノ暈渲版ノ修正法、山田（國三郎）測量手ノ防水剤配合法等諸般ノ改良考案ハ大ニ作業ノ進捗ヲ助ケタリ常務ニ於テハ五万分一地形図四十二版二万分一地形図十六版三色刷五万分一地形図十七版二十万分一帝國図二版百万分一東亞輿地図二版ヲ完成シ二十九万七千二百六十八枚ノ地形図其他ヲ印刷セリ此年二月本科服務細則中第一編乃至第七編ヲ改正ス六月第三班（図繪）ヲ第二班、第二班（寫眞刷版）ヲ第三班ト改称セリ又此年七月中野（鉄太郎）測量師外三名戰蹟模型委員ヲ命セラレ八月従来蒸汽機関ヲ以テセシ電氣銅版製作ノ原動力ヲ三聯筒石油發動機ニ交換セリ

【明治三十九年】　○明治三十九年一月十一日陸軍省訓令第二号ヲ以テ歳出經常部測量費ノ末位ニ慰勞金ノ一節ヲ加ヘラル

【臨時測図部員ノ復帰】　同月十三日楫江（順）測量師外六名臨時測図部分班長ヲ免セラレテ復科シ同日原（重治）測量手外四十一名亦臨時測図部附ヲ免セラレテ復科シ地形測図ハ茲ニ常務開始ノ端ヲ開ケリ此日瑞典國參謀本部ハ秋月公使ヲ經テ當部ノ組織測量方法及測量器械ニ関シ照會スルトコロアリ當部ハ詳細之カ回答ヲ發セリ(288)同月二十四日及二十五日青柳第一師團經理部長ハ當部各科所ノ保管物品ヲ検査セリ二月八日三角測量法式草案附録三四等三角測量記載例ヲ改正ス其要一、誤差方程式ノ末ニ標定誤差ヲ消去スル爲ニ一方程式ヲ添加シ

---

(288) 正篇では次のように書き改められている。
「瑞典國參謀本部ノ依頼ニ由リ當部ノ組織測量方法及測量器械ニ關スル説明書ヲ送附ス」

二、片方向観測ニ関シ重量ノ分配ヲ合理ナラシメ三、反方向平面角ノ算出法ニ修正ヲ加ヘタルニ在リ杉山（正治）測量師ノ意見提出ニ基クモノニシテ三十八年度三四等三角測量ヨリ之ヲ實施シ後十一月二十八日之ニ聯関シテ三等三角平均計算法ヲ改正スルニ至レリ

【製図科員ノ地形測図実修】 同月九日製図科附石林（玄吾）佐藤（武道）兩測量手ニ地形測図実修ヲ命ス是佐川製図科長ノ上申ニ基クモノニシテ以テ図繪専門者ノ技倆ヲ愈々向上セシメントスルニ出テシナリ同月二十四日向島養浩園ニ大懇親會ヲ開キ全部員皆出席ス蓋以テ振古未曽有ノ戰捷ヲ祝シ併テ戰時作業ノ勞ヲ慰センカ為ナリ

【製版及印刷原動力ノ再変換】 三月七日當部ハ製図科第三班電氣製版及印行所作業ノ原動機ハ石油發動機ヲ使用セシカ来三十九年度ヨリ更ニ之ヲ瓦斯發動機ニ代ヘンコトヲ請求シ尋テ之ヲ聽許セラル(290)(289)同月十七日曩ニ佐渡丸遭難ニ際シ俘虜トナリタル陸地測量手中村祐敦同吉沢秀記ハ其行為ヲ不問ニ附セラル

【台湾地形図ノ飜刻】 同日台湾総督府調製ノ台湾地形図ヲ爾後必要ニ應シ當部ニ於テ之ヲ飜刻スルノ協定成リ其手續ヲ定ム同月二十三日秘密特設地区図一覽図ニ改正ヲ加フ又同月二十七日地形測図法式常時測図原図図式解釋及常時測図地形原図図式ニ改正ヲ加ヘ後（七月六日）復之ニ再改正ヲ加ヘタリ又此月三十一日修技所ニ於ケル清國學生三十三名ニ對シ修得証書授與式ヲ擧行セリ五月九日外務大臣ヨリ陸軍大臣ヲ經テ清國官費學生劉晶鈞外十二名ノ修技所入學ヲ照

---

(289) 正篇では次のように書き改められている。「今後」

(290) 正篇では次のように書き改められている。「代ヘタリ」

會シ来ル當部ハ参謀総長ニ覆申シテ之ヲ容レ五月十五日ヲ以テ之ヲ入所セシメタリ[291]又此時曩ニ修技所ヲ卒業シタル黄篤謐、呉廣仁、陳錦章、李正鈺[292]四名ノ研究在學ヲ許可セリ

【樺太境界劃定委員】同月十八日陸地測量師矢野守[293]一樺太境界劃定委員ヲ仰付ラル之ヨリ先ポーツマウス講和條約ニ依リ樺太ノ北緯五十度平行圏以南帝國ノ領有ニ帰ス茲ニ於テ参謀本部第四部長砲兵大佐大島健一之カ境界劃定委員長ヲ仰付ラレ其緯度測量班長トシテ先ツ矢島測量師ノ任命ヲ見尋テ地形測図班長トシテ中柴（鎌三郎）測量師竝緯度測量分班長トシテ中嶋（摧）山田（竹彦）兩測量師何レモ樺太境界劃定委員属員ヲ仰付ラレ尚ホ行方（五市）測量手外二十一名亦之カ属員ヲ命セラル[294]同月二十三日英國陸軍大佐エー、エム、マーレー氏當部ヲ参観ス六月五日参謀本部附通譯羽中田諒策ヲ聘シ牧（猛）工兵大尉外十名製図科職員ニ露語研究ヲ命ス此月二十七日清國武官姚寶來、董肇謙當部ヲ参観ス同月十九日「陸地測量標敷地取扱手續」ヲ改正追加ス

【杉山測量師帰朝】同月二十八日杉山（正治）測量師獨逸留學ヲ卒へ英米ノ測量事業ヲ視察シ此日帰朝ス

【清國應聘測量官ノ嚆矢】七月三日修技所教官陸地測量師岩永義晴允許ヲ經テ清國政府ノ招聘ニ應シ先ツ同國陸軍部測量學堂ノ教習ニ任ス之ヲ測量官外國應聘ノ嚆矢トス同日栗屋（信雄）歩兵中佐地形科長代理ヲ命セラル[295]

【藤井中將勇退】同月六日部長事務取扱藤井陸軍中將豫備役仰付ラル中將當部

---

(291) 正篇では次のように書き改められている。
「清國官費學生劉器鈞外十二名ヲ修技所ニ入學セシム」

(292) 正篇でも「鈺」とされるが、渡辺ほか（二〇一七、三八頁）では、「鈺」となっている。

(293) 「矢野」ではなく「矢島」が正しい（正篇参照）。

(294) 正篇では次のように書き改められている。
「同時ニ中柴、山田、中島ノ三測量師外測量手二十二名其ノ屬員ヲ命セラル」

(295) 正篇ではやや前の位置で、次のように書き改められている。
「同廿五日地形科長依田歩兵大佐轉出シ栗屋歩兵中佐同科長代理トナル」

ニ入リテ茲二十有八年我測量創業ノ後ヲ承ケテ漸次組織ヲ擴張シ一等三角測量ハ既ニ本土ヲ完成シ二等三角測量以下之ニ次キ地形測図及製図作業亦全業程ノ三分ノ一ヲ畢リ常ニ以テ國用ニ資シ特ニ二十七八年、三十三年、三十七八年ノ戰役ニ際シテハ或ハ臨時測図ニ或ハ軍用地図ノ製作ニ大ニ功果ヲ發揮シ累進シテ正四位勲一等功四級男爵ノ榮ヲ拜シ茲ニ至リテ勇退ス當時陸地測量部及臨時測図部職員三百四十四名(296)相議リテ装銀銅製ノ冨士山模型一基ヲ贈リ以テ紀念ニ供セリ(297)

---

(296) 正篇では次のように書き改められている。「二百四十四名」

(297) 正篇では明治三九年の事績としてこのあとに田坂虎之助の予備役編入とその功績を記すほか、職員の給料、測量標、各国との比較により陸地測量部の改革すべき点とその実施状況紹介など記事多数。

【注記のための参考文献一覧】

飯田嘉郎、一九六五「月距法（太陰距離法）」航海、一二、一三―一二頁.
泉田英雄、二〇二二『明治政府測量師長、コリン・アレクサンダー・マクヴェイン』文芸社.
英仏度目採排取調委員、一八八三「英仏度目採排取調委員会上申文書」気象庁編『気象百年史、資料編』日本気象学会（一九七五年刊）、一五―一八頁.
大江昌嗣、一九七九「地球の揺動」若生康二郎編『地球回転』恒星社厚生閣、一六九―二一三頁.
大田寛之、二〇二一「『測量随筆 原稿』とその内容について」外邦図研究ニューズレター、一二、五六―七〇頁.
川村博忠、二〇一四「現存した享保日本図の見当山測量原図」歴史地理学、五六（三）、一三―三六頁.
クニッピング、一八八三「英仏度目採排建言」気象庁編『気象百年史、資料編』日本気象学会（一九七五年刊）、一七―一八頁.
小林茂・渡辺理絵、二〇〇八「近代東アジアにおける地図作製技術の移転―日本を中心に」千田稔編『アジアの時代の地理学』古今書院、一四五―一五八頁.
佐藤侊、一九九一「陸軍参謀本部地図課・測量課の事蹟（一）」地図、二九（一）、一九―二五頁.
新城道彦、二〇一五『朝鮮王公族―帝国日本の準皇族』中央公論新社（中公新書、二三〇九）.
高木菊三郎、一九五七「我國の地図作製に用いられたる天文測量」測地学会誌、四（二）、五九―六一頁.
田中隆博・小林拓司・島村圭一、二〇一二「月距法による時刻推定」海上保安大学校研究報告、理工学系、五六（一、二）、一一―一七頁
朝鮮總督府中樞院、一九三七『朝鮮人名辭書』朝鮮總督府中樞院.
中村士、二〇〇三「明治期最初の天文学者・寺尾寿のパリ留学時代」天文月報、九六（八）、四三六―四四二頁.
福井保、一九七八「内閣文庫所蔵の国絵図について（続）」北の丸（国立公文書館報）一〇、三―二三頁.
細井将右、二〇〇六「明治初期フランス人地図測量教育者―ジュルダンとヴィエイヤールについて」創価大学教育学部論集、五七、三五―四五頁.
渡辺理絵・小林茂、二〇一七「二〇世紀初頭の清国学生の陸地測量部修技所への留学」片山剛編『近代東アジア土地調査事業研究』大坂大学出版会、二三―五一頁.
Torge, W. 2005. The International Association of Geodesy 1862–1922. Journal of Geodesy, 78: 558–568.

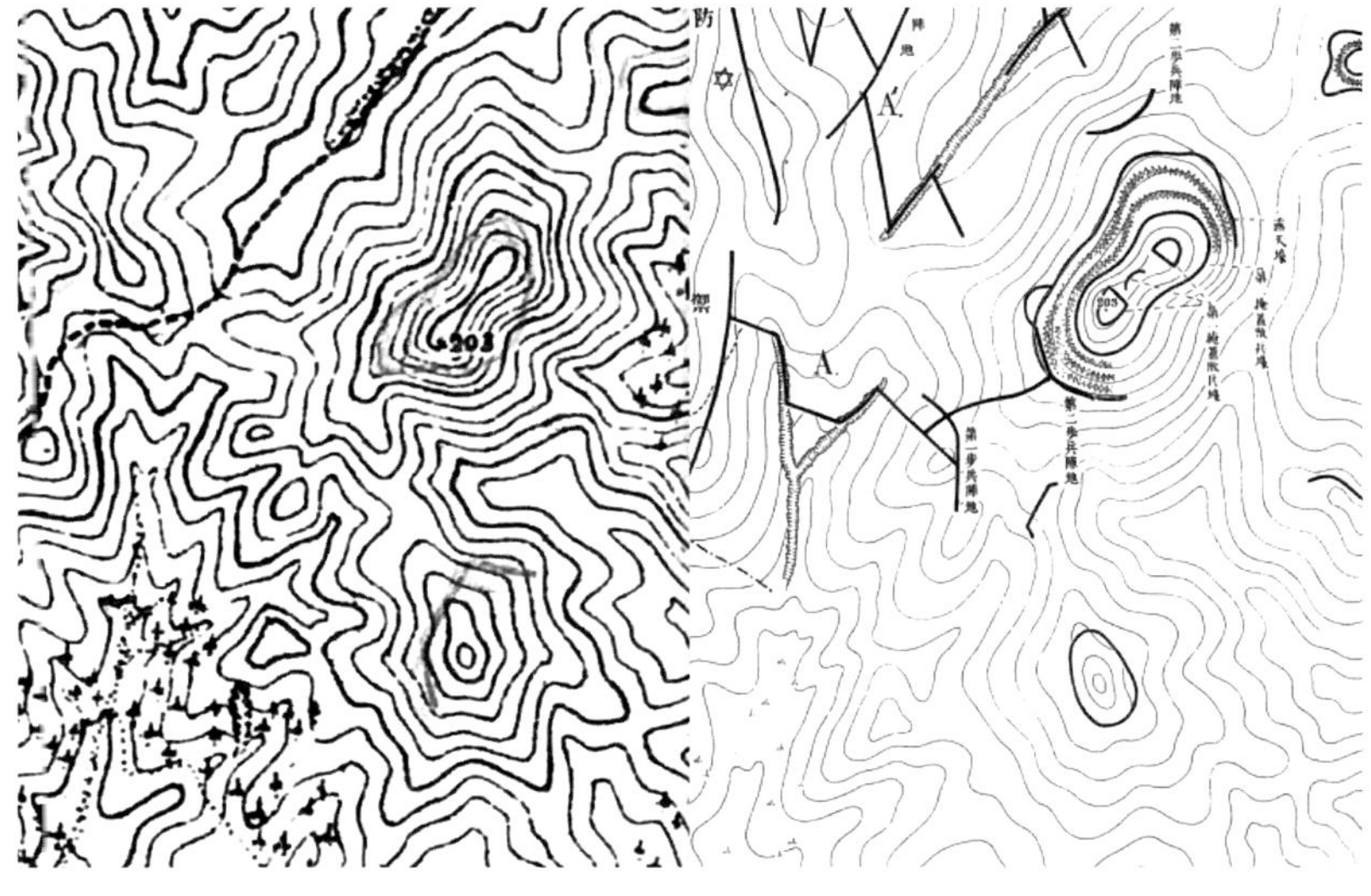

図A：旅順口近傍圖第六號「椅子山」（原図２万分の１［アジア歴史資料センター、小山史料、C13010146700］1885年５月製版）

図B：第七師団「二〇三高地附近一般圖」（原図５千分の１［アジア歴史資料センター、C13110503700］1905年７月）

日露戦争期に活用された日清戦争時の戦史用測量図

旅順は日清戦争でも戦場となり、その戦史用地図に、日露戦争で有名になる「二〇三高地」の記入があることが座談会で言及されている。第二軍司令部測量班の測量手、野汳喜代松・中柴鑅三郎・杉郁信臣らが1894年11月下旬以降の測量により作製した図Aでは、高まりの一つに小さく「203」と標高が記入されていたのである。日露戦争になって、この目立たない山が注目を浴びたのは、そこから旅順の入り江に停泊するロシア艦隊を俯瞰できるからで、ここに構築された難攻不落の陣地の攻撃のために、野坂らの地図は繰り返しトレースして利用された（図B）。

一　「外邦測量の沿革に關する座談會」の記録・解説　小林茂

一九三六（昭和一一）年七月二五日に九段軍人会館（戦後は九段会館、今日の九段会館テラス）で行われた「外邦測量の沿革に關する座談會」は、参謀本部・陸地測量部・北支那方面軍司令部の関係者が組織したもので、主催者側のほかに、外邦測量に従事した古参の測量師・測量手のほか、一名の陸軍将校が参加した。この記録はタイプ印刷されて陸軍省の『陸支密大日記』に保存され、今日ではアジア歴史資料センターが公開している画像を容易に閲覧することができる（レファレンスコード、C04121449200：C04121449300）。その基本的な内容は、各時期の外邦測量に参加した測量師や将校の回想で、『陸地測量部沿革誌（稿本）』にみられる概括的な記事とはちがい、その現場の状況を生々しく示しており、他に得がたい資料となっている。この概要についてはすでに『外邦測量沿革史 草稿』の解説（小林、二〇〇九、九―一〇頁、一六―一七頁）および『外邦図―帝国日本のアジア地図』（小林、二〇一一、九三―九五頁、一〇七―一〇九頁、一四七―一四八頁）で紹介したが、ここでは改めてこの座談会が開かれた経緯、参加者の履歴、さらに示された回想の背景について解説し、その理解の一助としたい。またあわせて、座談会の記録の本文には注を付して、語句の背景等を示すこととする。

日本陸軍の組織的な外邦測量は、参謀本部出仕の将校たちによる一八八〇年代の中国大陸と朝鮮半島の偵察旅行によるものから始まり、日清戦争期、日露戦争期の臨時測図部による戦時測量、さらにその後に主流となる秘密測量と多彩に展開した（小林、二〇一一）。その成果としての地図は軍事行動に際し参照されたとはいえ、測量の経緯は、日本の主権の及ばない地域で行われたため、基本的に秘密とされ、当事者だけが知る場合が多かった。他方外邦測量には危険がつきまとい、とくに秘密測量になると、活動地域の官憲の取り締まりや民衆の追究、妨害、さらには迫害にしばしば直面し、ときには生命を失うという場合が発生しても、その事績は対外的には個人の行動とされ、戦死者のように靖国神社に合祀されるというかたちで顕彰されることもなかった。またほとんどの外邦測量では、本格的な測量技術を用いておらず、とくに秘密測量によるものは精度が低く、空中写真の登場とともにその意義が低下して、一九三五年を最後に行われなくなった。翌年から始まったのが、外邦測量に関する資料を掘り起こし、冊子にする作業で、これは上記の『外邦測量沿革史 草稿』全二九巻として秘密裏にタイプ印刷され、関係者に配布されたと考えられる。またこれは全四巻に縮刷され、解説（小林、二〇〇八・二〇〇九）を付して不二出版から二〇〇八・二〇〇九年に復刊された。

この編集作業を担当したのが、支那駐屯軍嘱託の岡村彦太郎で、もとは日露戦争後も継続して海外に派遣された臨時測図部の通訳であった。支那駐屯軍（のちに北支那方面軍）は、一九一三年以降中国大陸で秘密測量を実施した少数の測量技術者の雇用者のような役割を果たし、関係資料をもっており、多くの技術者に随行してきた岡村を雇用することになったと考えられる。岡村はその作業着手に際し上京して初期の外邦測量の担当者を訪問しており、この座談会が企画された。外邦測量の沿革史編纂の指導者とされる引地武雄陸軍少佐（陸地測量部班長）が司会を担当しているところからしても（座談会記録冒頭の「謹告」と冒頭の引地の発言）、陸地測量部が岡村と古参の測量技術者を引きあわせるために企画したものであろう。ただし司会者の質問とそれに対する技術者の対応は必ずしも整合しておらず、引地が初期の外邦測量について充分な知識を持っていなかったことが明らかである。

出席者の顔ぶれを見ると、測量技術者を養成する陸地測量部修技所（一八八八年開設）で学んだ一期生（アジア歴史資料センター資料、C07081484100）が多い。日清戦争初期に派遣された第一軍司令部測量班（朝鮮半島に上陸、全一二名）に参加した豊田四郎・別府八百衛、第二軍司令部測量班（遼東半島に上陸、全一二名）に参加した野坂喜代松・中柴鑅三郎である。また第一期生ではないが、杉郁信臣・森田辰次郎も第二軍司令部測量班に参加している。なおこの二つの測量班については、大田（二〇二一、三〇—三二頁）でその参加者の構成と行程を知ることができる。

第一軍司令部測量班の豊田・別府の回想でおどろくのは、戦線の後方の測量を支援する仕組みがほとんどなく、また充分な測量器具もない状態で作業を始めねばならなかったという点である。初めての外邦測量で、現地の事情もわからずに技術者が進出し、指揮命令も行き届かず、一時期はそれぞれの自主的行動に任されるという状態になっていたことがよくわかる。また野外での写生に使う画板のような携帯図板だけによる作業から、彼らの使い慣れた三脚つきの測板（平板）を中心的に用いた作業に移行していった点も興味深い。

　他方第二軍司令部測量班に属した野坂・中柴・杉郁は、清国側が要塞を構築していた旅順で、占領後に測量を行い、日露戦争の旅順包囲戦で有名になる二〇三高地（標高により命名）を測量したのは自分たちと回想しているのも注目される。この標高は後の本格的な測量でさらに数メートル高いことが判明するが、彼らの作製した二万分の一地形図は、日露戦争の旅順包囲戦で盛んに用いられることになった。なお第二軍司令部測量班の初期の活動については、野坂らに同行した中島可友の回想「明治二十七八年戦役に於ける測量隊従軍日記」がある（中島、一九四四）。遼東半島上陸後に測量しながら大連方面に進み、金州で発生した戦闘について記している。また携帯図板による作業でも、測図ルートを出発点にもどるように設定して誤差を把握しているのは注目される。このときの誤差は五〇〇メートルであったという。

　ところで野坂は、やはり第二軍司令部測量班に属した他の四名とともに一二月に威海衛に派遣され、日本軍が占領した砲台の測量に従事したとしている。また中柴・杉郁・森田は翌一八九五年三月に他の七名とともに後発の臨時測図部に配属され（大田二〇二二、三二頁参照）、さらに各地で測量をつづけた。臨時測図部は、近代的測量の進んでいない中国大陸や朝鮮半島で、多数の技術者とその補助者を投入して戦時測量を行うための組織で、日清戦争・日露戦争だけでなく、シベリア出兵に際しても編成された。日清戦争時の臨時測図部の参加者名簿は、『陸地測量部沿革誌（稿本）』の明治二七年の記載に示されている（「臨時測圖部編制表」）。ただし中柴・杉郁・森田らの名前はこれにまだ登場していない。この名簿は、臨時測図部が中国大陸に出発する前の状態を示していると考えられる。

　他方この表には、臨時測図部の本部に所属した小原乙次郎の名前が見え、座談会でもその活動を紹介している。本部の役割は、遼東半島の各地に分散した測量班（第一～第五）を巡回して、その視察・監督を行うところにあったことがわかる。また作製時期が明確でないが、『外邦測量沿革史　草稿』掲載の「明治二十七、八年臨時測圖部員一覧表」（小林解説、二〇〇八、二〇頁）の第二班に名前が見えている鳥居鑛太郎は、旅順から臨時測図部の本部が置かれた金州までの行軍に言及している。

以上のような日清戦争期の測量に参加した技術者の間では、それより早く海外での作業に従事した同僚として藤田五郎太がいたことが話題になった。藤田は日清戦争直前の一八九三年から一八九四年にかけて、参謀本部の将校、倉辻明俊（ただし倉辻は朝鮮側には技師と届けている）と朝鮮の北部国境地帯や南部を旅行した（渡辺・山近・小林、二〇一七、一四一頁）。この旅行で藤田がどんな測量を行ったかは不明であるが、つづいて上記の第一軍司令部測量班にも参加しており、陸地測量手としては最も早く海外に出た人として記憶されていたわけである。

ところで藤田の随行した倉辻は、一八八〇年代に中国大陸を旅行した参謀本部出仕の将校の代表的人物で、満洲北東部の寧古塔にまで達し、清国の官憲に捕らえられたこともある。剃髪して中国服を着ていたこともあり、日本人の中国人変装を禁ずる日清修好条規第一一条違反などが疑われたのである（小林・山近・渡辺、二〇一七）。そのような将校たちの活動にふれて、豊田は第一軍の測量班に参加した頃の「朝鮮及関東州ノ地圖ハ（中略）皆將校ガヤッテ居ラレタヨウデ（後略）」と話しているところからすると、彼らの事績については、古参の測量師でも漠然とした知識をもっていただけであることがわかる。ただし倉辻の名前が知られていたのは、藤田五郎太が朝鮮で随行した将校の氏名としてであった。

なお座談会で話題となった外邦測量としてさらに触れておかねばならないのは、日清戦争終了後に行われた朝鮮と台湾における測量で、とくに朝鮮では住民の妨害活動により、測量従事者に死者が出て、作業が全面的に中止されたこともあって、小原乙次郎が概要を話している。さらに、日露戦争直前の一九〇三年に朝鮮北部の中国国境地帯で行われた秘密測量については、小原のほか別府八百衞・野坂喜代松が住民との交渉も含めて詳しく経過を語っている。なおこの秘密測量は、当時朝鮮から清国盛京省（現遼寧省）にいたる進撃路の現状を確認するために行われたもので、緊急性の高いものであった。彼らが回想する、参謀本部次長の児玉源太郎の対応にもそれがあらわれている。

野坂の話でとくに解説しておきたいのは、彼らの作業内容である。技術者たちには当たり前の話で、座談会でもこれが話題になることはほとんどないが、下記から、条件の整わないところでも測量の手順をこなしていることがわかる。

（前略）聳峴郡（所在不明）トイフ所へ行ツテ、表面ノ測量ニ掛カリマシタ。（中略）縄ヲ用意シテ、基線ヲ引イテ、測板ヲ以テ交會法ヲ以テ目標ヲ見テハ作業ヲヤツタノデシタガ、夜ニナルトソレヲ各人ニ分配シテ各人各個ニ仕上ゲテ、翌日ハ二里ナリ三里ナリ、或ル村ニ集合スルトイフ方法ヲ執ツテ仕事ヲシテ行ツタ、（後略）（括弧内は引用者）

まず長い縄を直線状に延ばして基線とし、平板上に貼り付けた用紙にも縮尺に合わせて基線となる直線を記入する。つぎに平板をその一方の端に設置して、平板上の直線と基線の方向を一致させてから、図根点（測量の基準点）となる地点をアリダードで見通し、その方向線を引く。つぎに基線の他方の端に平板を移して、やはり平板上の直線と基線の方向を一致させてから同じ図根点を見通して、その方向線を引き、二つの方向線の交点を図根点の位置とするわけである（交会法）。この場合、図根点となる点はいくつも記入し、基線の両端と図根点の位置関係をしっかり把握する。グループの各技術者は、それぞれの受け持ち地域に分散して、これら図根点によりつつ測量を行うことになる。図根点の位置関係はすでに把握されているので、各人の成果は容易に集成できる。

『陸地測量部沿革誌（稿本）』に示された、日清戦争に際して派遣された臨時測図部の測量方法に関する、つぎのような指示（一八九四［明治二七］年）を見ると、こうした図根点を基準とした細部測量は「路上測図」といわれる手法（小林、二〇一七）であることがわかる。

（前略）小測板測斜照準儀（アリダード）ヲ用ヒテ地形図根点ヲ組成シ此図根点ニ依據シ携帯図板ヲ用ヒテ砕部測

図ヲ施行スル（後略）（括弧内は引用者）

測板と測斜照準儀（アリダード）による平板測量で図根点の位置を把握してから、その図根点によりつつ携帯図板による砕部（細部）測図に移るとされる。携帯図板は「路上測図」の最も基本的な道具であり、これに方眼紙を貼って、コンパスにより方位を合わせて、測図ルートおよびその両側の事物を記入していくことになる。

このように見てくると、秘密裏におこなわれた朝鮮北部の緊急作業でも、基線を基準にして図根点の位置関係を把握しつつ、細部の測量が行われていたことがわかる。明らかにこの方法によることがわかる例はまだ確認していないが、しっかり行われていれば、局地的には問題の少ない図ができたと考えられる。

出席者の紹介にもどろう。さらに触れておかねばならないのは、出席者名簿に見える村上千代吉および高田清に加えて、名簿に登場しないものの発言の記録されている岡田である。まず岡田からみると、座談会では一九〇〇年に発生した北清事変（義和団事件）の際の測量について語っているところからして、岡田扇太郎と考えられる（小林・小林、二〇一三、五五頁の名簿参照）。北清事変に際しては列強各国が中国北部へ出兵し、日本は北京付近の地図作製にとって格好の機会ととらえ、全一二名（将校一名、測量手九名、通訳一名）の測量班を派遣した（大田二〇一二、三二頁参照）。またその一部は山海関に派遣され、附近の二万分の一地形図を作製した（小林・小林、二〇一三）。くわえて岡田の名前は、上記の『陸地測量部沿革誌（稿本）』所載の「臨時測圖部編制表」の第四班にみえており、日清戦争期にも外邦測量に従事していたことがわかる。

他方村上千代吉は、その残した手帳から履歴が詳細に検討されている（牛越、二〇一一、三四―七八頁）。村上の測量歴は日清戦争後の台湾で土地調査事業に従事したところから始まり、日露戦争では、一九〇五年五月に陸軍省雇員として採用され、遼陽西北方で測量に従事した後、一九〇七年三月になって再編成された臨時測図部の測量手となった。村上はその後も外邦測量に従事し、一九一三年以後は支那駐屯軍に付置された少数の技術者による秘密測量の中核として活動して、一九二九年に陸地測量師となって退職した。このような経歴から、村上は日露戦争以後の外邦測量について語ることが期待されていたと考えられるが、残念ながら座談会での発言は一部記録されただけである。

高田清も一九〇七年以降臨時測図部で活動したようで、その後は村上千代吉と同様に秘密測量に従事しているが、やはり発言が記録されていない。

座談会の末尾は、陸軍将校、藤坂松太郎（当時歩兵中佐）の日露戦争期の測量経過の紹介である。藤坂は日露戦争期にも組織された臨時測図部（日清戦争時の臨時測図部を第一次として、第二次臨時測図部といわれることもある）の第二班長として、鴨緑江河口の安東上陸以後、一九〇六年末まで二年七ヵ月にわたって班員の作業を指揮した。またこの時期の戦時測量を俯瞰的にながめる立場にあり、まず日清戦争期の臨時測図部の作製した地図（五万分の一図）を戦死したロシア軍将校の持っていた地図と接合する作業を行ったとするなど、注目される談話が多い。さらに日露戦争の戦闘が一段落した後、朝鮮北西部、旅順、内蒙古へと進み、護照（身分証明書）発給をめぐる賓図王府との交渉、測量分班員を殺害した犯人からの賠償金の取り立てなど、詳細に外邦測量に関連する現地側との交渉を語っている。末尾では、吉林省での彼らの作業の警備に当たった陸軍将校とのトラブルにより、参謀本部から派遣された検閲者、竹島音次郎中佐とのやりとりも示して興味深い（小林、二〇一一、一四七―一四八頁）。野外での測量に加えて、屋内でのデータ整理作業が必要な測量技術者の行動が、前線の野戦指揮官にはなかなか理解されなかったようである。

以上から日清戦争以後、戦争状態が発生した地域には必ずといってよいほど陸地測量部の測量技術者が派遣され、附近の測量を行っていること、また日露戦争直前には、朝鮮北部で当事者自身が秘密測量と考えるような作業が行われたこともわかる。後者では、彼らの行動を不審に思う現地住民との複雑な関係があった。日露戦争後の内蒙古での測量では、護照を得るためには、王府の関係者と親密な関係を築く必要があった点も興味深い。

このような彼らの測量は、その行われた状況から大きく戦時測量と平時の秘密測量に分けることができるが、末尾の藤坂松太郎の回想からもわかるように、両者は明確に区別できるようなものではなかった。日清戦争や日露戦争に際して組織された臨時測図部の測量作業は、講和とともに変化し、平時になるにつれて秘密測量の性格が強くなっていったからである。藤坂らが帰国してからの臨時測図部の活動は、最終的には秘密測量そのものになった。

この座談会で話題となった測量の概要がほとんど『陸地測量部沿革誌（稿本）』に記載されたのは、その執筆当時、とくに秘密にする必要がないと判断されたからであろう。その「凡例」に「三、事ノ機密ニ關スルモノハ本誌ニアリテハ總テ之ヲ闕如セリ」とあるが、「機密」とされなかったわけである。しかし、一九二二年に刊行された『陸地測量部沿革誌』（正篇）で、そのほとんどが削除されたのは、この「凡例」で「六、外邦測圖ニ關シテハ別冊トシテ其ノ沿革ヲ編纂セリ」としているからと理解されるが、当該の別冊が刊行された気配はない。その背景は、「稿本」の解説に述べているとおりであるが、こうして外邦測量の記述が削除された『陸地測量部沿革誌』（正篇）を、座談会の参加者がどう考えていたかは関心のひかれるところである。座談会の記録にそれをうかがわせるものがみつからないが、一九三六年になって始まった外邦測量の記憶を掘り起こす最初の事業として開かれたこの会については、歓迎する姿勢であったと理解される。それぞれの参加者は、長い間心に留めてきた、他人に話せない思い出を語ったと考えられる。ただし、この座談会記録は、その後ほとんど参照されず、『外邦測量沿革史 草稿』の編集でも、積極的に利用した形跡をうかがうことは困難である。その点でこの座談会記録は、不明なことの多い初期の外邦測量に関する貴重な資料として、今後は多面的に検討すべきである。

なお、この記録の「謹告」には、出席を要請したにもかかわらず、参加できなかった関係者の氏名がみえ、これについても言及しておきたい。まず「木村閣下」は一九〇七～一二年と長く臨時測図部長を務め、外邦測量の恒常化をはかった木村平太郎（一八六五～一九四四年）であったと考えられる。木村はつづく一九一二～一三年に陸地測量部地形科長も務めた（小林解説、二〇〇八、一二八頁、陸地測量部、一九二二、二六二、二六七頁）。「久間測量師」は久間金五郎で、日清戦争時の臨時測図部第二班で活動したほか、一九〇〇～〇二年に福建・浙江省で迅速測図、さらに一九〇三年には朝鮮北部での偵察測量を行った（『陸地測量部沿革誌（稿本）』解説の表1を参照）。なお「班長」を務めたという「大内、中川、酒出」については、特定が容易でないが、将校とすれば、「中川」は一九〇三年に朝鮮偵察を指揮し、その後も臨時測図部で班長を務めた中川福雄の可能性が高い（アジア歴史資料センター資料、C09123104700、小林解説、二〇〇八、一二八頁）。木村や久間、中川が出席していたらさらに有意義になったと思われるが、設定された座談会の時間もあまりに短かったようである。

こうした測量技術者の「作品」ともいえる地図についてはまだ充分に研究が進んでいるとはいえないが、日清戦争の初期の第一軍司令部測量班と第二軍司令部測量班の測図による二万分の一地形図については、小林（二〇一一）が、また第一軍司令部測量班が最初期に作製した五万分の一地形図「成歡驛」図幅の一部は、解説とともに『外邦図研究ニューズレター』一三号の表紙に掲載している。加えて、北清事変期の測図による山海関の二万分一地形図については、小林・小林（二〇一三）が紹介した。外邦図の作成過程は、詳細がわからないものがほとんどであるが、測量の背景や従事者の作業がこのようにわかる例は貴重で、今後も彼らの作製図の探索に努めたい。

なお、このような古参の測量技術者の座談会は、一九四三〜一九四四年初頭頃にも行われた。「明治三十七八年戦役と測量」というタイトルで、「外邦測量の沿革に關する座談會」にも出席した野坂喜代松のほか、和田義三郎、さらに平木安之助の三名が参加している（野坂ほか、一九四四）。野坂は上記のような日露戦争直前の朝鮮北部での測量に際して出会ったロシアの測量隊と日本側の外邦測量を比較する。ロシア側は軍装で堂々と測量するのに日本側の技術者は変装して「ちょこちょこ」行う調査で、あまりに対照的であり、ロシアが朝鮮側と測量に関する密約を結んでいたことを推測させる。また製図科の和田は日露戦争の戦跡模型作製を準備する班に属し、この座談会のあと再度談話を求められ、その記録を残している（和田、一九四四）。旅順陥落を大きくさかのぼる時期から、その地形模型作製の準備が開始されたことがわかる。三角科の平木は経緯度測量班で分班長をつとめ、同じ班の分班長であった古田和三郎が行った重砲による砲撃のための測量を紹介している。日本側の砲撃の精度を高めるため長い基線を設定し、経緯儀による交会法でロシア軍の陣地までの距離を精密に測量して、砲弾を命中させるのに貢献したとする。

なお別の文章で平木は、日露戦争での経度測定に際し、時辰儀（クロノメーター）の使用を禁じられたことを紹介している（大田、二〇二二、二二頁）。古田和三郎の回想によれば、経度測定は「太陰南中法」によると臨時測図部の規定に記されていることを根拠に、この禁止が命令されたようである（大田、二〇二一、六七頁）。古田はまた、後任が「太陰南中法」を実験的に行ってみたところ、陸上での経度測定には使えないことが確認されたと述べている。このような経過からすれば、日露戦争時の経緯度測量班は、経度の測定という点ではほとんど何もできなかったと考えられる。

日露戦争時の臨時測図部の幹部が、経度測定に際しクロノメーターの使用を禁止した背景については、不明な点が多いが、この経過が一九四〇年代の回想にあらわれることになったのは、日露戦争以後長期間語ることができなかったためと思われる。そうした点でもこの時期の回想は陸地測量部や臨時測図部の事蹟を検討する上で重要な意義をもっており、大田（二〇二一、二〇二二、二〇二三）につづいて、さらにこの時期の古参技術者の回想の公開が待たれる。

文献

牛越国昭、二〇一一『対外軍用秘密地図のための潜入盗測―外邦測量・村上手帳の研究、第二編』同時代社.
大田寛之、二〇二一「『測量随録 原稿』とその内容について」外邦図研究ニューズレター、一二、五六―七〇頁.
大田寛之、二〇二二「『測量随録 原稿』とその内容について（2）」外邦図研究ニューズレター、一三、一九―四二頁.
大田寛之、二〇二三「『測量随録 原稿』とその内容について（3）」外邦図研究ニューズレター、一四、二三―四九頁.
小林茂、二〇〇九「解説」小林茂解説『「外邦測量沿革史 草稿」解説・総目次』不二出版、五―二七頁.
小林茂、二〇一一『外邦図、帝国日本のアジア地図』中央公論新社（中公新書、二一一九）.
小林茂、二〇一七「路上測図」小林茂編『近代日本の海外地理情報収集と初期外邦図』大阪大学出版会、一一四―一一六頁.
小林茂解説、二〇〇八『外邦測量沿革史 草稿、第一冊』不二出版.

小林茂・小林基、二〇一三「北清事変に際して作製された二万分一「山海関」地形図（大阪大学蔵）―解説と目録」外邦図研究ニューズレター、一〇、五三―五九頁.
小林茂・山近久美子・渡辺理絵、二〇一七「中国大陸における初期外邦測量の展開と日清戦争」小林茂編『近代日本の海外地理情報収集と初期外邦図』大阪大学出版会、七六―一一一頁.
中島可友、一九四四「明治二十七八年戦役に於ける測量隊従軍日記」研究蒐録地圖（昭和一九年三月）、六〇―六三頁（小林茂・渡辺理絵解説『研究蒐録地図、第三冊』、二〇一一年、不二出版所収）.
野坂喜代松・和田義三郎・平木安之助・高木菊三郎・松井正雄、一九四四「明治三十七八年戦役と測量（座談會）」研究蒐録地圖（昭和一九年三月）、四一―五四頁（小林茂・渡辺理絵解説『研究蒐録地図、第三冊』、二〇一一年、不二出版所収）.
陸地測量部、一九二二『陸地測量部沿革誌』陸地測量部.
和田義三郎、一九四四「明治三十七八年戦役に於ける大本營寫景班の活動」研究蒐録地圖（昭和一九年四月）、五四―五八頁（小林茂・渡辺理絵解説『研究蒐録地図』第三冊、二〇一一年、不二出版所収）.
渡辺理絵・山近久美子・小林茂、二〇一七「朝鮮半島における初期外邦測量の展開と『朝鮮二十萬分一圖』の作製」小林茂編『近代日本の海外地理情報収集と初期外邦図』大阪大学出版会、一二〇―一六三頁.

二　「外邦測量の沿革に關する座談會」復刻

「外邦測量の沿革に關する座談會」 凡例

（1）本影印版は、「陸支受大日記（密）第六六号　昭和一四年自一〇月一〇日至一〇月一六日（防衛省防衛研究所所蔵）」に所収され、アジア歴史資料センターで公開されている、「外邦測量の沿革に関する座談会の件（一）」（レファレンスコードC04121449200）、「外邦測量の沿革に関する座談会の件（二）」（レファレンスコードC04121449300）を割り付け、注記（小林茂）を設けたものである。

（2）注記を設けるために、資料中に傍線と注記番号を付した。

（3）座談会記録の本文は、主催者の編集や参加者の校閲を受けていない粗原稿と考えられ、誤記と思われる箇所がめだつ。これらは注で正しいと考えられるものを示した。

（4）座談会で示された体験談では、測量作業の目的や背景に関する充分な解説を欠いている場合が多く、これらについては、登場する人名などもあわせて、参考になると思われる事項に触れた。

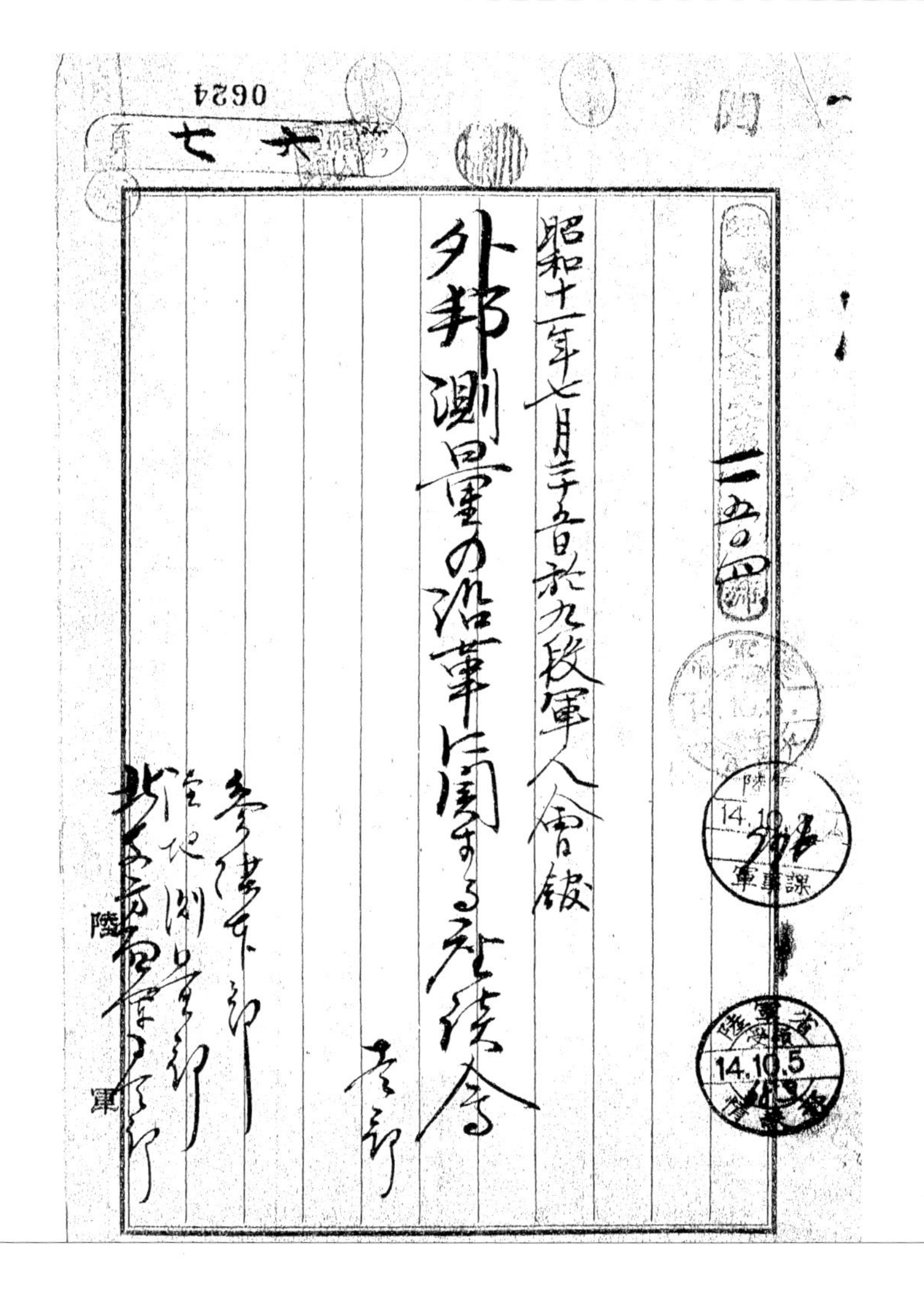

二五〇四

昭和十一年七月二十五日於九段軍人会館

外邦測量の沿革に関する座談会

主務

参謀本部

陸地測量部

北支那方面軍司令部

陸軍

昭和十一年七月二十五日於九段軍人會館

外邦測量の沿革に關する座談會

0626

謹告

一、本座談會は外邦測量沿革史編纂に就き資料蒐集の爲本編纂の軌範たる可き上司先輩各位を歴訪し御高見を拜聽し且一堂に御參集を賜はり座談會を催して資料の源泉を得たく伺候したるに目下灼熱にも御厭ひなく別紙記名の諸官には早速御快諾下され又參謀本部よりは尾川參謀(1)御繁劇の御中より御臨席を給ひ陸地測量部の引地班長は編纂に關する指導者として特に斡旋の勞を採られしか玆に慫慂とする處は本編に就ては根源とも迎ふ可き木村閣下(2)か嚮地療養光臨なきことは單に主催者而已ならす御臨席各位の等しく期待を空しくせし憾なしとせす尙ほ滿鮮蒙古は申す迄もなく支那各地の事情に精通せられたる久間測量師(3)始め大内、中川(4)、酒出等の各班長か出張或は事故缺席せられたるは之は洵に不得已事にして今回御參集下されたる諸官より拜聽したる資料は勿論其他諸事項尠少ならす本文編纂の上に多大なる光彩を放つことを深く歡喜に堪へす他日脫稿御閲覽の上は恐縮なから御批判を切に希ふ座談會筆記は原筆記の儘發表し之は御出席諸官には特に興味あるもの

※注記を設けるため、資料中に傍線と注を付した。

(1) 尾川参謀　昭和期の航空将校、尾川勘治と推定される。

(2) 木村閣下　日露戦争期以後、臨時測図部長、陸地測量部地形科長をつとめた木村平太郎(一八六五―一九四四年)と推定される(解説本文参照)。

(3) 久間測量師　日清・日露戦争期以降、外邦測量に従事した久間金五郎。

(4) 中川(班長)　日露戦争直前の北韓偵察などで班長を務めた中川福雄陸軍歩兵太尉(当時)。

として拜呈す
今回御參集下されたる各位に對し謹て御禮申上併せて將來共一層御指導を懇請する次第なり

出席者

元陸地測量部班長陸軍歩兵中佐　佐坂松太郎(5)
同　陸地測量師　豊田四郎
同　同　別府八百衞
同　同　野坂喜代松
同　同　中柴鎌三郎
同　同　杉郁信臣
同　同　小原乙次郎
同　同　森田辰次郎
同　村上千代吉

(5) 佐坂松太郎　藤坂松太郎。

0628

陸地測量手 鳥居鐵太郎

同 髙田清

參謀本部々員陸軍航空兵少佐 尾川參謀

陸地測量部班長陸軍步兵少佐 引地武雄

支那駐屯軍囑託 岡村彥太郎

0629

引地　甚タ僭越テ御座イマスガ私ガ測量部ニ勤務致シマシテ只今外邦測量ニ關係シテ居ル所カラ御挨拶ヲ申述ベサシテ戴キマス。岡村サンガ參謀本部ノ命令ヲ受ケマシテ待望ノ外邦測量ノ沿革史ヲ編纂スルコトニナリ其ノ資料蒐集ノ爲ニ還般上京シマシテ先日來皆樣ヲ御訪問ノ上格別ナル御便宜ト多大ナル御援助トヲ蒙リ又本日ハオ暑イ所遠路オ出掛ケ下サイマシテ此事業ニオ力添ヘヲ戴キ深ク感銘致ス所デゴザイマス。尚ホ參謀本部ノ尾川大尉殿ニハ此件ニ付キマシテ種々御配慮ヲ煩ハシ本日ハ御多忙中御臨席ヲ得マシテ厚ク御禮ヲ申上ゲマス便宜上私ガ進行係ヲサシテ戴クコトニナリマシタカラ御諒承願ヒマス

ソコデ早速始メテ戴キマスガ第一番ニ外邦測量ノ起源ト申シマスカ明治二十一年陸地測量部創設前後韓國及清國方面ノ旅行圖調製ニ付テ御記憶ノコトガアリマシタラ御伺ヒ致シタイト存シマス測量部創設前ノコトデアリマシテ大分古イ話デアリマスガ藤坂サン如何デセウ

藤坂　其コトハ知リマセヌネ

引地　豊田サン御存ジアリマセヌカ

(6) 岡村サン『外邦測量沿革史　草稿』の編集を担当した支那駐屯軍嘱託、岡村彦太郎。

(7) 明治二十一年陸地測量部創設前後韓國及清國方面ノ旅行圖調製　一八八〇年代に参謀本部の若手将校が行った偵察による地図作製をさす。主にこの図により「清國二十万分一圖」と「朝鮮二十萬分一圖」が作製された。この手描き原図はアメリカ軍に接収され、現在約五〇〇枚が、アメリカ議会図書館（ワシントン）に収蔵されている（小林編、二〇一七参照）。

豊田　私モ其時分ニハマダ能ク知ッテ居リマセヌシ明治二十一年カラホンノ子供ミタイナ陸地測量部ガ出來マシタノデ一向聞イテ居リマセヌ只日清戰爭ノ際ニ第一軍ガ編成サレタ時ニ第一軍ノ測量班付キトシテ私ハ一番早ク參リマシタ其ノ時分ノ朝鮮及關東半島ノ地圖ハドンナモノデアッタカトイフコトヲ記憶シテ居リマスガソレハ陸地測量部ノ前身タル參謀本部ノ測量課トイフモノハ餘リ關係ガ無カッタノデハナイカト思ヒマスソレハ皆將校ガヤッテ居ラレタヤウデ測量官ガ行ッタノハ日清戰爭ノ直前カラ二十五年カ六年迄ト思ヒマスガ其際ニ地形課ノ藤田五郎太君(8)ガ參謀本部ノ方ニ付イテ行ッテ測圖ヲ書イタコトガアリマスガソレハ恐ラク私ハ陸地測量部デ外邦測量ニ關係シタ一番始メデハナイカト思ヒマス勿論參謀本部ノ方カラオイデニナリマシタ將校ガ之ヲ纏メ製版ヲスルコトハ勿論測量部デヤラレタト思ヒマスガ兎ニ角外邦測量ニ從事シタノハ其藤田五郎太君ガ最初デ二十五六年ニ殆ド朝鮮全道ヲ廻ッテ居リマスドウモ其前ノコトハ餘リ聞イテ居リマセヌ何デモ日清戰爭ノ頃ニハ朝鮮ノ地圖ハ網ノ目ノヤウニ出來タノヲ使ッテ

(8) 藤田五郎太　日清戦争直前の一八九三～一八九四年に、参謀本部の将校、倉辻明俊と朝鮮半島を広範に偵察した陸地測量手（渡辺ほか、二〇一七、一四一頁）。

(9) 日清戰爭ノ頃ニハ朝鮮ノ地圖ハ網ノ目ノヤウニ出来タノヲ使ッテ居リマシタ　一八八〇年代に若手将校が行った偵察旅行は主要交通路を経由するだけで、できた地図は主要都市とそれを結ぶ交通路の周辺を示すだけで空白が多く、これを「網ノ目」と表現している。

居リマシタ中ニハ朝鮮ノ古イノヲ嵌メ込ンダリ何カ足シテ使ツテ居リマシタ路上測量ハ參謀本部ノ將校ガアツチデ分解サレテ測量ヲオヤリニナツタモノト聞イテ居リマシタ測量部トシテハ多分二十五六年ガ外邦測量ヲヤツタ初メデハナイカト思ヒマス ⑨

引地 第一ノ問題、第二ノ問題ハ今豐田サンノ言ハレタヤウニ參謀本部ノ方ガ路上ノ測量ヲヤツタノカモ知レマセヌガ書類ニモソレガ載ツテ居リマス

小原 一寸一言申上ゲテ置キマスガ名ハ忘レマシタガ木村トイフ將校ガ居ラレマシタ其人ガ多クハ外邦測量ニ當ラレテ居リマシタガ當時ノ記錄カ何カニ木村トイフ將校ガ居ラレマセヌカ

引地 其時代ハ名前ハ書イテアリマセヌソレデハ次ニ明治二十一年陸地測量部設置後日清戰爭開始前迄ノコトニ付テ何カオ話ガアルコトト思ヒマスガ此コトニ付テ一ツオ聽キ致シタイト思ヒマス野坂サン如何デセウ

野坂 私ハ日清戰爭迄ノコトハ一向關係モシマセヌデシタ

小原 第一世ノ地形測量官ノ寫眞ヲ此處ニ出シテ置キマス（寫眞一枚出ス）

引地　岡田サン日清戰爭前ノ話ヲ一ツドウゾ――――――

岡田　其間ニ於ケル經路ハ可成澤山アルヤウデアリマスカ其梗概ダケヲ一寸オ話シテ見ヤウト思ヒマス明治二十一年頃トイフト記憶ヲ辿ッテ見ルト丁度陸地測量部トイフモノガ出來タ頃デスソレデソレ迄ハ參謀本部測量局ト言ッテ居リマシタ明治十四五年カラシテ――――――

引地　外邦測量ニ付テドウゾ

岡田　外邦測量ノコトニ付テハ私ハ一寸承知致シマセヌ

引地　ドナタカ日清戰爭前ノ外邦測量ノコトニ付テ其當時話ヲオ聽キニナッタヤウナコトハゴザイマセヌカ

藤坂　山本君ガ滿洲方面ニ行ッタノハ何時頃ダッタカネ

岡田　サア、二十七八年迄外邦測量ヲヤッタノハ久間君ガ支那ヘ行ッタンジャナイカネ

豐田　久間君ハ日清戰爭後ダラウ

村上　久間サンノ行カレタノハ日清戰爭後デス

豐田　アレハ大分方々ヲ步イテ來タヨ

森田　倉辻サント一回行ッタコトガナイカネ

豐田　倉辻大尉カ、アノ人ニ隨イテ行ッテ來タンダ

藤坂　倉辻サンハ支那デセウ

豐田　日清戰爭前ハ朝鮮デス日清戰爭ノ時ニハ民政部トイフカ何カニ居ラレタ

引地　ソレデハ其次ノ問題ノ明治二十七八年戰役ノ測圖ニ付キマシテ最初八月一日宣戰布告ト同時ニ第一班第二班ヲ編成サレマシテ占領地域ノ測量ニ當リマシタガ其次ニ臨時測圖部ノ編成ガ明治二十八年一月十七日ニアリマシテ工兵中佐闞サン(10)以下三百九十七名ノ臨時測圖班(11)ガ編成サレマシタ之ヲ第二トシテ第一班ニ伊藤中尉以下十名(12)、第二班歩兵大尉服部氏以下二十七名(13)トイフ臨時測圖部ノ出來ル前ノ測量部ニ付テ何カ逸話ノヤウナモノガアリマシタラオ伺ヒ致シタイト思ヒマス

豐田　第一班ト仰シヤイマシタガ第一軍司令部測量班ト言ヒマシタソレハ九月一日ニ第一軍ト一緒ニ出征ヲシマシタソレノ編成ハ八月一日ヨリモットカ遲カッタト思ヒマス

5

(10) 工兵中佐闞サン　闞定暉。

(11) 臨時測圖班　臨時測圖部が正しい。

(12) 第一班ニ伊藤中尉以下十名　豊田がつぎに発言するように、「第一軍司令部測量班」とするのが正しい。班長は依田正忠歩兵太尉で構成員は全十二名（大田、二〇二二、三〇―三一頁）。

(13) 第二班歩兵太尉服部氏以下二十七名　「第二軍司令部測量班」が正しい。班長は服部直彦で構成員は全二十二名（大田、二〇二二、三一頁）。

別府　八月二十日頃ダラウ

豊田　九月一日ニ出發シタノハ第一軍測量部デ其逸話トイフノハ言ヒ出スト切リガナイガ其頃ハサウイフ仕事ノ方ダッタモンデスカラ非常ニ氣込ンデ殆ド其當時ハ戰地ヘ行ッタラ測板(14)ハ使フ譯ニイカヌ携帯路板デヤルベキモノダトイフノデ測板ヲ持タズニ行ッタ所ガ私ハ測量ノ本職デスカラ測板バカリデヤッテ居ルノデ携帯路板(15)デヤッタコトガナイカラ實ニ弱ッタ

抑私共ハ仁川ニ上陸シテソレカラ測量班ガ半分ニ分レテ半分ハ軍ニ隨イテ平壤ニ行ケ半分ハ牙山及成歡(16)、アレハ日清戰爭ノ皮切戰デ成歡及牙山ノ戰地ノ測量ヲシテ來イ斯ウイフ譯デシタソレデ一番上席ノ測量官ガ主任ニナッテソレニ私共三四名隨イテ軍ハ北ヘ進ンデ行クガ吾々ダケハ南ノ方ヘ進ンデ牙山及成歡ニ行ッタ所ガ其頃兵站部ハ北ノ方ヘ行ッテ居ッタ爲ニ南ニハ何モナイマルッキリ朝鮮人バカリデ日本人ハ居ナイノデ非常ニ困難ヲ致シマシタ殊ニ物指ヲ傭イテ携帯路板デ可成廣イ面積ヲ測量シテ來イトイフノニハ非常ニ弱ッタ實ニ苦シイ思ヒヲ

9

---

(14) 測板　三脚付き平板。

(15) 携帯路板　野外での写生に使う画板のように使用する。ふつう「携帯図板」という。

(16) 成歡　豊田らが作製した五万分の一「成歡驛」図幅は、外邦図研究ニューズレター、一二号の表紙を参照。

シテドウヤラ斯ウヤラ成歡ヲ纏メテ牙山へ行ツタ時ニ傳令ガ來テ平壤ノ方ヲ急グカラ歸ツテ來イトイフノデ纏ラナイデ出來タ分ダケ持ツテ歸リマシタサウシテ平壤へ行ツタ所ガ班長與田工兵大尉(17)ガ平壤ノ戰爭ノアツタ部分ノ測量ヲシロトイフノデ私共行キマシタガ既ニ測量ヲ始メテ居リマシタ其時ニハ携帶路板デハヤリ切レナイノデ軍司令部ノ工兵部トイフカ何トイフカ其方カラ測板脚ガアツタノヲ借リテ測量ヲヤリマシタガ他所カラ器械ヲ借リテヤルノハオカシナ話デシタガ其頃ハ借物ノ器械デ測量ヲシタヤウナ譯デアリマスソレデ平壤ハ内地ト同ジク二万分デ測量シマシタソコガ濟ミマシテカラ軍ハ既ニ安平縣へ行ツテ居ルノデ追掛ケテ安平縣へ行キマシタ其頃ハ既ニ鴨綠江ノ戰爭モ濟ンデ居ツタノデ今ノ新義州カラ安東縣、アノ一帶ヲ矢張二万分デ鴨綠江ノ河口迄測量(18)シマシタソレカラ鳳凰城へ行ツテ鳳凰城ノ戰爭ガ濟ンデカラ測量(19)シタガ其頃ノ戰爭ノ困難ハ洵ニオ話ノ外デ今日ノ若イ方ニハ想像モ出來ナイモノデシタ山縣閣下(20)ガ安東縣デ病氣ニナラレタガ其時軍醫部デ何モ滋養分ヲ差上ゲルコトガ出來ナイ片栗粉ハアルガ砂糖

7

---

(17) 班長與田工兵大尉　班長の依田は歩兵太尉。

(18) 今ノ新義州カラ安東縣、アノ一帯ヲ矢張二万分デ鴨緑江ノ河口迄測量　「九連城近傍圖」（全五枚）（小林、二〇二二）。『明治二十七八年日清戦史、附圖』第拾貳、「虎山附近戰闘圖」（參謀本部編、一九〇四）はこれによると考えられる。

(19) 鳳凰城ノ戰爭ガ濟ンデカラ測量　「鳳凰城近傍圖」（全四枚）（小林、二〇二二）。『明治二十七八年日清戦史、附圖』第拾參、「鳳凰城之防戰圖」（參謀本部編、一九〇四）はこれによると考えられる。

(20) 山縣閣下　第一軍司令官、山縣有朋（一八三六―一九二二年）。

ガナイノデ砂糖ハアルマイカ砂糖ハアルマイカト一々吾々ノ所迄聞キニ來ラレテソレデ銘々ノ持ッテ居ル砂糖ヲ差上ゲテ漸ク葛湯ヲ召上ルトイフヤウナ譯デ其頃ハドライミルクナントイフモノハナシ其頃ノ一般ノ給與ノ悪カッタコトハ實ニオ話ニナラヌ忘レモシマセヌガ吾々ハ十二月三十一日ニ初メテ毛布一枚貰ッタソレ迄ハ十二月デスカラ内地ト違ッテ非常ニ寒イノデスガ毛布モ何モ無シニゴロ寢ヲシタモンデスサウイフ状態デ吾々ハ殊ニ軍屬デスカラ――所謂電信柱ニ花ガ咲ク(21)ト言ハレタ時代デスカラ非常ニ困難ヲシタ今日ノ人デハ迚モ辛抱出來ナイ樣ナ苦ミヲシタ平壤カラ安東縣迄毎日梅干ニ握飯デヤルトイフヤウナ有樣デ洵ニ困難ナモノデシタ米ヲ貰ッテモ仁川カラ運ンデ來ルンデスカラ二斗俵ト言ッテモ途中デ取ラレタリ何カシテ一斗位シカナイソレデ腹ガ減ッテ腹ガ減ッテ迚モ苦シイ思ヒヲシマシタソレデ日露戰爭ニ行ッタ人ハ實ニ今度ノ戰爭ハ殿樣ノヤウナモノダト言ッテ喜ンダサウデス併シ其頃ハ總テノ準備ガ出來テ居ラナカッタ爲ニ大變困難ヲシタノデ未ダニ記憶シテ居リマスソレカラ鳳凰城ガ濟ンデ海城ノ方ヘ行

8

(21) 所謂電信柱ニ花ガ咲ク　軍需物資の輸送にあたる旧日本軍の輜重兵の地位の低さをあざける「輜重輸卒が兵隊ならば、蝶々トンボも鳥のうち、電信柱に花が咲く」という文句による。軍属に位置づけられた測量技術者の待遇の低さを、これにかこつけて表現している。

ツテ戰爭ノアツタ所ヲ測量シマシタ第一部ハ第二部ト違ツテ(22)戰爭ノ前線ヘ出ルコトガナイノデ彈丸ガ飛ンデ來ルコトハナイガ海城デハ隨分危イ所ヘバカリ出掛ケテヤリマシタ(23)併シ其外ハ砲弾ノ飛ンデ來ルヤウナ所ヘハ一遍モ行カナカッタマア大体ソンナ風デ測量器械モ後カラ來タッタネ君（別府氏ニ）

別府　後カラ來タッタ

豐田　ソンナヤウナ譯デ戰爭ガ濟ンダ後タヲ測量シテ行ッタヤウナ譯デシタガ隨分其頃ハ病人ガ多ク出來テ十人行ッタ中一緒ニコッチヘ歸ッタノハ半分位デシタ詳シク言ヘバ餘リ時間ガ掛リマスカラ是位ニシテ置キマスガ第二部(24)ノ方ハ戰爭ノ前線ヘ出ラレテ非常ニ活躍ヲサレタンデスカラ嘸面白イコトガアルト思ヒマス

別府　現在其當時ノ十人ノ中生存者ハ豐田君ト私ト荒井君(25)トソレ切リデス私ガ詳シク申上ゲルノハ蛇足デスガ今ノオ話デ豐田君ハ南ヘ、私ハ平壌ヘ行キマシタカラソレヲ補足シマス仁川ヘ上陸スルト先ヅ山縣司令官ニ敬意ヲ表シソレカラ約一中隊ノ兵ガ護衛ヲシテクレマシタ其時

---

(22) 第一部ハ第二部ト違ツテ　第一軍（の測量班）ハ第二軍（の測量班）ト違ツテ…

(23) 海城デハ隨分危イ所ヘバカリ出掛ケテヤリマシタ　「海城近傍圖」（全一五枚）（小林、二〇一一）。

(24) 第二部　第二軍（以下同じ）。

(25) 荒井君　新井季吉。

ノ吾々ノ服裝ガ面白イ內地カラ冬ノ背廣服ニ鳥打ヲ被ッテソレニズタ袋ヲ背負ッテ行ッタンデスガソレデ通シテシマヒマシタ何モ不平ヲ言フノデハナイガ軍隊ノ中ニ入ッテ餘リ馴レナイモンデスカラ九月ノ半バ頃ノ炎天ニ一時間モ行軍スルト休ムンデスガ今日以上ノ暑サデスソレニ御承知ノ通リ水ガ惡イモンデスカラ水ヲ飲ムコトガ出來ナイ水筒ハ持ッテ居ルガ飲メナインデス牙龍洞トイフ所デ初メテ先發ノ兵ガ水ヲ見付ケタガソレモ泥水デス四斗樽ニ何杯カアッタンデスガ兵モ居ルカラサウ澤山ハクレナイシ而モ晝飯ハパンノカチカチデス迚モ食ベラレタモノデハナイサウイフヤウナ工合デ私ハ平壤へ行ッテアノ邊ノ測量ヲシタソレカラ九連城へ行ッテ豐田君ニ落合ッタ其頃ノ測量ハ別ニ照程規定モナシ拙速ヲ尊ブノデ私ハ平壤ノ北ノ方ノ擔當ヲ命ゼラレマシテ一方里位ノ面積ヲベラベラト一日デ書イテ斷ッタ所ガ主任ガ是ハ餘リ酷イモット叮寧ニ書イテ來イトイフノデ一週間バカリ掛ッテ書イテ來タコトガアリマシタ後デハ測板ヲ當テガハレテ比較的立派ナ測量ガ出來タガソレ迄ハ器械モ何モナイノデ實ニ弱ッタ併ナガラアアイフ

戰線デスカラ出來ルダケ詳シク書イテクレトイフ注文ナノデ可成時日ハ掛ツタヤウニ思ツテ居リマス。マア大体ソレ位ニシテ置キマス

引地　ドナタカ第二部ニ付テ一ツ――――。

杉郁　野坂サンガ一番ヨク知ツテ居ラレルデセウ。

引地　ソレデハ野坂サン一ツ教ヘテ戴キマセウ。

野坂　私モ其當時ノ記錄ハ持ツテ居リマシタガ、震災ノ時ニ皆無クシテシマヒマシタ。今ハホンノ記憶ニ存スルダケヲオ話申上ゲタイト思ヒマス。其時ニ行ツタ人デ今此處ニ居ルノハ、別府君、杉郁君、中柴君、ソレニ私ト四人位デス。ソレデハ僕ガ初メヤルカラ話ガ前後シテ足リナイ所ハ君等一ツボツボツ思出シテヤツテクレ給へ、掻摘ンデ逸話ダケヲ申上ゲマス。第二軍ガ編成サレルト共ニ吾々モ服部大尉以下二十一名ガソレニ配屬シテ軍ト共ニ花園港ニ上陸シテ、アノ邊ヲ中心トシタ大部廣イ方面ノ測量ヲシマシタ。其時ノ吾々ノ測量ノ方法トシテハ軍ガ進軍スレバ其後ニ隨イテ俗ニ言フ路上測圖(26)ヲヤルシ、軍ガソコニ若干滯在スルト滯在地ヲ中心トシテ其附近ノ表面測量ヲシテ軍ト共ニ

11

(26) 路上測圖　三脚付きの平板ではなく、携帯図板を用いておこなう測量を路上測図という（小林　二〇一七）。

進ンデ行ツタノデス。サウシテ愈金州ヲ占領シテ軍ガ休養ヲシテ居ル間ニ金州ヲ中心トシタ大分廣イ部分ヲ測量シタ。ソレカラ愈旅順口攻擊ノ時ニハ吾々ハ枝隊ノ方ニ屬シテ、只今申上ゲマシタヤウニ軍ノ行進ニ伴フテ路上測量ヲヤリナガラ行キマシタ。此時ノ逸話トイフト、丁度旅順口ノ背面攻擊ノ時ニ一ツ戰爭ノ狀況ヲ見ヨウト思ツテ附近ノ山ノ上ニ上ツタラ――夜明ケ頃デシタガ、兵ガ二三名着劍デ追掛ケテ來テ君ハ敵デハナイカトイフノデモウ少シデ突カレサウニナツタ。ソレデ一生懸命自分ハ日本人デ測量班ノ者ダト言フト、ソレデハ宜カラウト言ハレテ歸ツテ來タヤウナ譯デス。ソレカラ後へ下リマシテ衞生部ノ方へ行ツタ。所ガ愈戰爭ガ盛ンニナリマシテソコモ危險ニナリマシタノデ又後へ下リマシタ。併シ何トカシテ戰線へ行ツテ見タクテ仕樣ガナイ。サウスルト先發部隊ガ出掛ケテ行ツタノデソレヲ追掛ケテ十一月二十一日ノ日ノ暮三時カ四時頃デシタカナ、一緒ニ黄門砲臺へ上ツテ行ツタ。ソコデ暫ク狀況ヲ見テ居リマシタ。ソコデ部隊ト一緒ニ居レバ宜イモノヲ、ソコガ何モ知ラナイ悲サ、元居ツタ附近ニ大行李ガアツタノデ、ソコヘ行ケバ部隊ト一緒ニナレルト思ツテソツチコツチ見テ歸ツテ來テ見ルト戰況ノ進ムト共ニ部隊ハ大分前ヘ進ンデ行ツテ誰モ居ナイ、サア日ハ暮レルシ、ドウシヨウカト思ツテ居ルト電氣ガ見エルカラ行ツテ見タ、所ガソコニ日本人ガ一人居テ、自分モ戰線ヘ行クカラ一緒ニ行キマセウトイフ譯、其中ニ雨ガ降ツテ來ル、ドウシテモ止マナイカラ其人ト一緒ニ空家ニ入ツテ高粱ヲ持ツテ來テ焚火ヲシヨウト思ツタガ濡レテ居ツテ火ガ付カナイ。仕方ガナイカラ其儘ソコデ夜ヲ明カシテ本隊ヘ行カウトシテソコヲ出タ所ガ、前夜ノ雨ニスツカリ服ガ濡レタモンデスカラ北風ノ寒イノニ遭ツテ忽チ凍ツテ、体ヲ動カストマルデビリビリツトイフ音ガスル。ソレニ前ノ日カラ飯モ食ハナイノデ餘計參ツタ。ケレドモ何トカシテ本隊ヘ行カウト思ツテ一生懸命氣張ツテ歩イテ居ルトヒヨツコリ中柴君ニ會ツタ。所ガ物ヲ言ハウト思ツテモ中々言ヘナイ。手眞似半分デヤルヤウナ譯デス。ソレデ兎ニ角旅順ハ日本ガ取ツタカラ旅順迄行カウトイフノデ一緒ニ行ツタ。サウダツタネ。

中柴　サウサウ、アノ時ハ隨分ヘバツテタネ。

野坂　サウシテ君ト出遭ツテ寒クテ仕様ガナイノデ支那兵ノ寢テ居ツタ毛皮ヲ剝イデアレヲ被ツテ行ツタ。ソレカラ旅順ノ入口ニ行ツタ所ガ支那人ガ二三人居ツテ茶ヲ沸シテ居ツタノデ、其湯ヲ分ケテ貰ツテ君カラ辨當ヲ貰ツテ漸ク口ガ利ケルヤウニナツタ。ソレカラ二三日シテ十一月二十四五日頃カラ愈旅順方面ノ測量ニ掛ツタ。

杉郁　アノ邊ハスツカリヤツタネ。

野坂　ソレカラ二百三高地ナンカモ其當時測量シタンダネ。(27)

中柴　一番初メニ二百三トイフ標高ヲ取ツタノハ吾々ナンダ。

野坂　新市街ノ畑地ヲ君ト（杉郁氏ニ）二人デ測量シテ居ツタ時ニチヤンコロノ死体ガアツタガ、君ガ不幸ナ奴ダト言ツテ腹ヲボント蹴ツタラコントイフ音ガシタ。ソレデ腹ヲ割ツテ見タラ馬蹄銀ヲ呑ンデ居ツタ。是ハウマイモノガアツタトイフノデ二人デ分ケタコトガアツタネ。所ガ人夫ガソレニ味ヲ占メテ死体ヲ見ル度毎ニ腹ヲ捌ケテ見ルンデス。是ニハ弱リマシタネ。ソレカラソコヲ終ヘマシテカラ一旦金州へ

（27）二百三高地ナンカモ其當時測量シタンダネ　「椅子山」図幅（二万分一「旅順口近傍圖」第六号、アジア歴史資料センター資料、C13010146700）および『明治二十七八年日清戦史、附圖』第拾五、「旅順口戰闘圖」（參謀本部編、一九〇四）参照。また本書第Ⅱ部の扉頁の図と解説も参照。

全部引上ゲテ、ソレカラ威海衛ノ攻擊ニ軍ガ進發スルノデ、ソレニ配屬サレテ威海衛ニ行ツテアノ方面ノ測量ヲシ、日東砲臺(28)、尹賢砲臺ノ測量ヲ始メタ時ニハ定遠、鎭遠(29)ガマダ灣内ニ遊弋シテ居ツテ時々砲擊シテ居ツタガ、吾々モ時々砂ホコリヲ被ツテヤラレタト思ツタコトガ度々アツタ。ソンナ思ヒヲシテアノ附近ノ測量ヲシテ、愈軍ノ引上ゲル迄ニ豫定通リ終ツタモンデスカラ軍ト一緒ニ歸ツテ來マシタ。サウシテ愈軍ト一緒ニ運送船ニ乘込ンダラ停船命令ガ下リテ船カラ降リテ金州へ行ツテ暫ク滯在シテコチラニ歸ツテ來タ。ソレカラ其時ニ一面ハ東京ニ於テ臨時測量部ガ編成サレテ、サウシテ今ノ關サンガ臨時測量部長トシテ旅順口へ上陸サレテ、ソレト共ニ若干名ヲ軍ニ寄越シテ、他ノ大部分ハ金州ノ方へ行ツタ。ソレデ吾々ハ軍ニ隨イテ歸ツテ來マシタガ、ソレニ配屬サレタ者ハ後ニ殘ツタ譯デス。ソレカラ先程カラオ話ガアツタヤウニ吾々ハ非常ニ困難モシ、苦勞モシマシタガ、其中デ一番嬉シカツタノハ、吾々ハ何時モ軍ニ隨イテ行クノデスガ、師團長ノ宿舍ハ何時デモ其部落ノ金持ノ家ガ宿舍ニナル。所ガ或ル時師

(28) 日東砲臺　日嶋砲臺。
(29) 定遠、鎭遠　清国海軍の戦艦。

團長ガ戰況ノ都合ニ依ツテ歸ラレナイノデ吾々二人ガ師團長ノ宿舍へ泊ツタ。其時ニ何カ食ベ物ハナイカト思ツテ搜シテ見タラ支那ノ菓子ガ澤山アル。是ハ何故カトイフト二三日經テハ支那ノ舊正月ニナルノデオ金持ダツタモンデスカラ菓子ヲ澤山買ツテ置イタ。ソレデ非常ニカツレテ居ツタノデ此時トバカリウント食ベタ。オマケニズタ袋ニ一杯入レテ道々食ベテ行ツタコトガアリマシタ。此時ハ非常ニ嬉シカツタデスネ。

引地　ソレデハ臨時測量部ニナリマシテカラノオ話ヲ一ツ、小原サンドウゾーーーーー。

小原　私ハ臨測ニナリマシテカラズツト關部長ノ下ニ居リマシタカラ其編成カラ最後迄ノオ話ヲシマス。聊カ蟲ノ食ツタ日誌ノヤウナモノガアリマシテ色々雜事モアリマスガ、其中ノ極ク重要點ダケヲ拔イテ參リマシタカラ尙ホ之ヲ取捨シテオ聽キ願ヒタイ。中ニハ言ハズモガナノコトモアリマスガ、ソレハ毫篠ノ結果ト御諒承願ヒマス。又間違ツタコトガアリマシタラ言ツテ下サルト後へ殘スニモ大變宜カラウト思ヒマスカラ何ヨリモ先ニソレヲオ願ヒシテ置キマス。私ノ測量部在職中戰役ニ從事セルハ明治二十七八年日清戰役ト同三十七八年日露戰役ノ兩回ニシテ、其間北淸駐屯軍附トナリシモ是等ハ其戰役ノ事業ニ附隨シタルモノト見テ可ナリデスカラ主ニ兩戰役ニ付テオ話ヲ致スコトニ致シマス。先ヅ之ヲ時日ノ順ニ極ク略述スレバ細カキ挾話ヲ省キ、私ハ明治二十七年春季廣島地方ニ出張シ受持區ハ廣島市ト南方宇品ヲ懸ケテデアリマシタ。時恰モ宣戰ハ布告セラレ宇品港ハ出兵準備ニ雑鬧スルヲ見ナガラ歸京シ早速臨時測圖部ノ編成ニ取掛リ測圖手ノ募集ヲスルナド漸ク編成ヲ完備シ、明治二十八年二月ノ節分ノ日ーーー節分ハ三日カ四日デシタカ能ク記憶致シマセヌガーーーー東京ヲ出發、同月九日宇品出港、十三日旅順ニ投錨シマシタ。玄海灘モ至極平穏ニテ「朝日サス我大島ノ稜威ニハ高麗ノ海原タツ波モナシ」ナドハ當時ノ思出デス。

先ヅ部隊ト事務長ト書記ト私ト上陸協議ヲ了リ當日上陸水師營ニ泊リマシタ。十四日水師營發、中萬大尉ノ慘殺ノ跡ヲ弔ヒ十七日金州(30)ニ滯

(30) 金州　日清戦争時の臨時測図部の本部が置かれた。

0645

、城外ノ兵營ニ宿スルコトトナリ、本部ハ關帝廟、ココハ大連街道トノ分岐點ニシテ大和尚山ニ對シ、此地點コソ後年乃木將軍ガ「山川草木轉荒涼　十里風醒新戰場　征馬不前人不語　金州城外立斜陽」ト詠ゼラレタ地點デアリマス。將軍ヘノ思慕ヲ深ク致シマス。金州ニハ第二軍測量班アリ上田、中島兩氏(31)ト久々ニテノ囘遇ヲ喜ブ、翌日ハ虱狩リ洗濯ナドノ閑日月、「穢ナシト日ニ日ニ笑フ唐衣ソハ我身ナリケリ」二月三日ヨリ部長巡廻ニ隨伴シ滿洲方面普蘭店迄見廻ル、昨今氣温零下二度中々ニ寒シ、折柄清人ノ旅舍ニ泊リ主人中々ニ接待薪火ヲ焚キ變梃ナ酒ヲ勸ム。關部長一詩アリ「風雪排途征馬停、終朝無事睡濃醒、主人推得客求酒、命僕南郊沽一缾」是缾ハ關部長ヲ追慕スルニ良キ材料ダト存ジマス。折柄傍ニ居リマシタ私モ默シテ居ッテハ禮ニアラズト「西明寺思ヒ出シタリ薪一把」ト時ニ取ッテノ笑柄デシタ。三月十八日金州ニ歸リ歸途第二軍ノ野坂、中田兩氏(32)ト午餐ヲ共ニス。四月二十二日ヨリ四十五日間ノ見込ニテ　子窩(33)、大孤山、岫巖、海城、蓋平ヲ經テ營口ヲ巡廻サレマシタ。「淨地松風吹客袍、海天万里入眸

(31) 上田、中島両氏　先発して測量に従事していた第二軍司令部測量班の上田浩と中島可友（大田、二〇二二、三〇―三一頁）。
(32) 第二軍ノ野坂、中田両氏　第二軍司令部測量班の野坂喜代松と中田三郎（大田、二〇二二、三〇―三一頁）。
(33) □子窩　貔子窩。

發、山如螺髻水如綫、回首奇巖歷歷高」大孤山ノ拙詠、マヅクトモ戦時ノ追懐デス。營口ヲ小汽船ニテ渤海ヲ航シ四月二十九日激浪ヲ軍艦扶桑ノ艦腹ニ扶ケラレタ同夕刻上陸致シマシタ。五月四日大總督府(34)ヲ訪ヒ測量部ノ事務報告ヲ致シマシタ。同月八日午后十一時三十分平和條約批准交換ヲ終リタル發令アリ、同十七日大總督府ハ午后三時殿下ハ威海丸ニ御乗船港外ニ出ントシテ俄然進航ヲ止ム、淺瀬ニ乗上ゲタルモノノ如シ、殿下ハ一旦御歸港更ニ橋濱丸ニ御乗替翌未明ニ無事御出港御凱旋アラセラレマシタ。ソレカラ吾等モ段々凱旋ノ仕度ニ取掛リマシテ六月初旬ニ無事東京ニ歸リマシタ。先ヅ日清戦爭ノ臨時測量部部ニ付テハ是ダケニ致シテ置キマス。

鳥居　旅順ニ上陸シテ測圖班全部ニ背嚢ヲ背負セテ無理ニ行軍シテ金州ヘ行ツテ捨テテシマツタコトガアリマシガ、アレナンカ隨分無駄ナモノデシタネ。

引地　混成枝隊測圖班(35)トシテ遼東半島ノ測量ヲ爲サレタ矢田敬三郎君以下四名トダケデ名前ガ書イテアリマセヌガ、ドナタカ御承知ノ方ハア

(34) 大總督府　一八九五年三月に大連に到着した、征清大總督、小松宮彰仁親王の軍営。

(35) 混成枝隊測圖班　混成枝隊は台湾澎湖島の占領のために派遣された海軍と陸軍の混成部隊で、遼東半島の測量を行っていた臨時測図部から矢田敬三郎・菊池房三郎・鈴木長三郎・小澤一太郎の四名がこれに配属された（アジア歴史資料センター資料、C06061069200）。稿本（明治二八年）では、このうち矢田がコレラで死亡したとする。

リマセンヌカ。

森田　大澤トイフ人(36)ガ居リマスガ、何デモ臺灣ニ行ツテ居ルサウデス。

豊田　生キテ居ルノハ大澤市太郎(37)ニ青山良敬位ダラウ。

引地　陥中佐ノ臨時測圖班ハ六月ニ戰時編成改正ニナツテ服部直彦中佐ガ班長トナツテ三百三十一名デ韓國ト臺灣ノ測量ヲサレマシタ。六月カラ九月十五日迄此作業ヲ繼續サレタノデスガ、ドナタカ其當時臺灣ヤ韓國ニ行カレタ方ハアリマセヌカ。

小原　私ハドチラモ參リマシタ。

引地　ソレデハ日清戰爭ノ方ハ大体後カラ岡村サンガ御伺ヒスルコトニシテ、三十三年ノ北清事變ニ玉井大尉以下十一名ガ北京、塘沽、山海關一帯ヲ測量シタ。之ニ付テ岡田サン一ツドウゾ―――。

岡田(38)　ソレハ人數ヤ何カ矢張本省ニハスツカリ殘ツテ居リマスカ。

引地　人員ヤ名前ハ載ツテ居リマセヌガ、玉井大尉(39)以下十一名トナツテ居ルダケデス。鳥居サンハ中途カラ歸ツテ來ラレタサウデスガ、荒井(40)サンハ殘ツテ居ラレタサウデス。

(36) 大澤トイフ人　混成枝隊に配属された小澤一太郎と考えられる。

(37) 大澤市太郎　混成枝隊配属の小澤一太郎と考えられる。

(38) 岡田　岡田扇太郎（大田、二〇二二、三二頁）。

(39) 玉井大尉　玉井清水歩兵太尉（大田、二〇二二、三二頁）。

(40) 荒井サン　新井季吉（大田、二〇二二、三二頁）。

岡田　主ナ人ハ大体分リマスガ、十一名トシテ假イテモ宜イデセウ。私ハ確カ三十三年ノ九月ニ命ゼラレマシテ、サウシテ完成ヲシテ歸ッタノハ確カ十二月末、日ハ記憶致シマセヌガ――――。

引地　歸朝命令ハ十二月六日トナッテ居リマス。

岡田　多分出發ハ九月二十幾日カデシタ。先ヅ第一ニ汰沽ニ着キマシテ、汰沽カラ塘沽ニ出マシタ。其目的トイフノハ塘沽カラ北京迄本道カラ左右ヘ八千米ノ延長ヲヤラウトイフ目的デシタ。其八千米トイフノハ段々今迄才話ニナリマシタ通リ五万分ノ測圖デアリマシテモ器械ガ不足デスカラ中々出來マセヌノデ、丁度四千米ノ道路測圖ヲ作ッタ。詰リ道路測圖トイフモノモ四千米デスカラ若干ノ平面測量トイフヤウナコトモ構ヒマセヌガ、確カ四千米、合セテ八千米デ北京迄ヤッタ。北京 天津ヲ合セマシテ一万米ヤッタ。ソレカラ尚ホソレヲ主線トシテ、丁度其眞中ニ南蔡村トイフ部落ガアッテ、ソレカラ武清縣トイフ一ツノ市街地ガアリマス。ソレガ城郭ヲナシテ居ルガ、ソレ迄ノ所ヲ測量シマシタ。此時ノ兵站司令官ハ日清戰爭ノ時ト違ヒマシテ見習士官デシタ。今迄ハ兵站司令官ハ現役將校デシタガ、アノ時ニ限ッテ見習士官デシタ。現役將校ハ今迄經驗ガアルカラ測圖班ニハ割合理解ガアルガ、見習士官ニハ實ニ弱リマシタ。吾々ニ對シテ極メテ冷淡ナンデスネ。詰リ吾々一名ニ三名ノ護衛兵デ測量シタ。所ガ三名位ノ護衛兵デハ中々危險ナノデ五名ヲ要求シタガ拒絶サレテ三名ニサレタ、ソレデ若干葛藤ヲ生ジテ測量ガ出來ルトカ出來ナイトイフ逸話モアッタガ、恰モ其時ニ司令官カラ命令ガ來テ、測量ヲ保護シナケレバイケナイトイフノデ漸ク三名ヲ五名ニシテ貰ッテ測圖ニ從事シタコトハ聊カ心強カッタ。其間ニ武清縣ニ行ク迄ニ殘兵ガ居ッテ五名ヤ三名ノ護衛兵デハ迚モ武清縣迄行カレヌ、然ル所南蔡村ニハ敗殘兵ガ逆襲スルトカ何トカイフテ四方ニ敵兵ガ五名位ヅツ立ッテ居ルトイフノデ、斥候ガ出テ樣子ヲ窺ッタリシタ。然ルニ時日ガナイモンデスカラ早ク武清縣ヘ行ケトイフ命令デス。サウイフ工合デ南蔡村迄三名ヤ五名位ノ護衛兵デハ行ケルトカ行ケナイトカイフ應答ガアリマシタガ、結局ソレデハ三名デモ行カウトイフコトデ、吾々ガ丁度三里バカリ――――武清縣ハ南蔡村カラ五里バカリアリマスガ、行ッテ見ルト格別ノコトモナク、ドウヤラ村落ノ人ニ聞イテ見ルト武清縣ヘ行ケサウデアル。ソレカラ翌日進ンデ武清縣ヘ入ッタ所ガ殘兵ハ凡ソ十日程前ニ逃ゲテ、武清縣ノ城郭ニハ日本ノ國旗ガ幾ツモ立ッテ居ル。ソンナ譯デ吾々ハ兎ニ角測圖ヲスルト同時ニ南蔡村ノ撤兵ヲ容易ニシタ。旁吾々ハ斥候モシタトイフヤウナ面白イ話モアリマシタ。サウシテ辛ウジテ兎ニ角南蔡村カラ武清縣ノ測量ヲ終ヘ北京迄進ンダトイフヤウナ譯デアリマス。ソレカラ玉井大尉ガ腸チフスデ入院サレマシタガ、此間ノ逸話ハ、測圖ヲシテ居ル時ニ、便所ヘ行ッテ居ル間ニ器械ヲ取ラレテ狼狽シタトイフヤウナコトモアリマスガ、コンナコトハ大シテ面白クモアリマセヌカラ先ヅ是位ニシテ置キマス。

引地　ソレデハ最後ニ三十七八年ノ測圖ニ移リマスガ、コチラノ本ニハ日露國交ガ險惡トナル前ニ日韓方面ノ地圖ガ必要ニナッテ三十六年十月以來三回ニ亘ッテ概ネ二十名内外ノ測量官ヲ派遣シテ五萬分ノ一ノ表面測圖及線路測圖ヲヤッタトイフコトガ書イテアリマス。是レハ皆様ノ仰シヤッタ日露戦争前ノ測圖ダラウト思ヒマスガ－－－。

小原　其前ニ二人死ンデ居リマスカラ之ヲ是非記録ニ殘シテ頂イテ戴キタイト思ヒマス。ソレハ服部臨時測圖班ガ朝鮮ヘ行ツテ、朝鮮ニ暴徒ガ起ツテ到底仕事ガ出來ヌノデ臺灣ヘ渡ツタ譯デアリマスガ、其場合ニ此班デ測圖手ガ二人殺サレテ居リマス。ソレハドウイフコトニナツテ居ルカ、此際御考慮ニ入レテ頂イテ戴キタイト思ヒマス。是モ詳シク申シマスト、二十八年九月二十七日尾張丸デ宇品ヲ出帆シテ朝鮮ニ行ツタノデアリマス。私共ハ菊地和太郎大尉ノ第二班ニ属シテ參リマシタ。其時ノ檢査係ハ池田活之祐、吉田氏義、吉野捨吉ト私ト四人デシタ。私ノ組ハ柳澤隈雄、勝畑孝次郎、日置市二、秋山泰次郎ノ四人デ十一月三十日洛東デ子午線ノ測定ヲ終ヘ、鳥嶺ヲ越エ安保驛温井里ヲ根據トシテ四方ヘ手ヲ擴ゲマシタガ、丁度其時朝鮮到ル所ニ暴徒起リ驪州ニ居ツタ北川氏ハ京城ニ避ケ川村氏ハ(41)私ノ所ヘ逃ゲテ來マシタ。段々暴徒ノ暴シクナツタノハ二十九年一月頃カラデ、二月八日ニ參謀本部局員齋藤力三郎少佐ハ私ニ面會シタキ趣キニテ兵站部ニ來ラレ

(41) 北川氏・川村氏　玉井清水を班長とする第二班所属の北川益深と川村七次測量手（アジア歴史資料センター資料、C13110020900）。

種々打合ノ上京城ニ向ヒ暴徒ヲ避クベク迂回シテ出發セラレマシタ。十六日可奥ノ三宅大尉ヨリノ報ニ植田、小川兩測圖手(42)捕ハレテ市ニ洒サレ慘殺セラレタリトノ報告ガアリマシタ。私ハ急使ヲ柳澤、勝畑兩人ノ許ニ走ラセ兩人ハ僅ニ無事歸着シマシタ。此際三宅大尉ヨリノ報ナリシガ、植田氏ハ小川氏ト共ニ捕ハレタル使役人韓人ノ側ニイザリ寄リ捕繩ヲ夜ニ入リ嚙切リ言フテ曰ク、日本人ハ到底遁ルル能ハズ汝ハ朝鮮人ナリ早ク遁レテ追跡ヲ免レ我等ノ慘殺セラレタルヲ告ゲヨ」ト、此悲痛ノ報ヲ得テ切齒悲涙ニ噎ビタルコトデス。後デ此殺サレタ二人ノ仇ヲ取ッタ餘談ナドガアリマスガ、兎ニ角測圖ガ出來ヌノデ引上ゲテ釜山へ歸リマシタ。其時ニ藤坂松太郎中尉ニ遭ヒマシテ色々御世話ニナリマシテ、ソレカラ四十一年今日迄來タノデアリマス。此植田、小川ノ兩人ガ測圖ノ爲ニ斯ウイフ悲慘ナ最期ヲ遂ゲテ居ルトイフコトヲ是非記錄シテ置イテ戴キタイト思ヒマス。

藤坂　何デモ當時僕ハ守備隊ノ副官ヲシテ居ッタカラ其殺サレタ方ノ搜索索ヲシタリ何カシマシタ。三宅大尉ハ僕等ノ中隊ノ人ダッタ。

25

(42) 植田、小川兩測圖手　陸軍省雇員の植田鹿太郎と小川茂幾（アジア歴史資料センター資料、C13110020900）。

小原　甚ダ散漫デスガ、次ニ三十六年十月頃ニハドウイフ器械ヲ持ッテ行ッタカ。明治三十六年十月私ハ下總成田地方ニ出張シテ居リマシタガ、日露ノ形勢漸ク險悪トナリ秘密測量ニ潜行ノ命令アリ、同月二十三日歸京、山岡寅之助大尉(43)ヲ班長トシ檢査掛ハ原忠貞、別府八百衞ノ兩氏、而シテ予等ハ別府氏組ニシテ山田良駿、松崎時雄、下村錥三郎、酒出捨夫ノ四氏ト予ノ五人、氏名ヲ淺原芳二ト變名シテ向フヘ行ッタノデス。此時ノ器械ガ中々奇々妙々ノ器械デスカラ一寸オ耳ニ入レテ置キタイト思ヒマス。仁川カラ鎭南浦ニ上陸シタノデアリマスガ、測量器具ノ容器ハ夜中大同江ニ投棄シテ、此時ノ測量器械ハ皆ステツキデス。三角ガ握ルト握ルト斯ウナル（恰好ヲ示ス）上ハ皆ステツキデス。是程ノ長サガ三角ニナルノデスカラ是ヨリモット小サイ測板器ヲ拵ヘテ持ッテ行キマシタ。ソレカラ色々變ッタ話モアリマスガ、ソレハ拔キマセウ。其頃ハ露兵ガドンドン鴨綠江流域(44)ニ出沒シテ楚山方面ガ難シクナッタノデ、私ハ昌城廳デ斯ウイフ護照ヲ貰ッテ潜入シマシタ。（護照ヲ示ス）

26

(43) 山岡寅之助大尉　この秘密測量をもとにする山岡大尉の報告書として、「韓国平安道機密測圖地偵察報告」がある（アジア歴史資料センター資料、C09131047000）。

(44) 護照　今日護照は旅券をさすことが多いが、この場合は通行許可証。以下同じ。

引地 鴨綠江ヲ越ヘテドノ邊迄行カレマシタ。

別府 可成リ奥迄行キマシタ。鴨綠江ノ兩岸ヲヤツタンデスカラ―――。

小原 ソレカラ十二月十五日頃ヨリ歸リ仕度トナリ新橋驛ニ歸着セルハ十二月三十一日ノ大晦日デシタ。爾來夜ヲ日ニ次ギ製圖ニ沒頭漸ク完成、翌三十七年一月十三日參謀次長兒玉閣下(45)ヨリノ慰勞祝宴ニ招待セラル。判任官トイフ米粒ニモ足リナイヤウナ者ガ兒玉閣下ガラ招待サレテ宴會ヲ開イテ戴イタコトハ今日迄吾々洵ニ光榮ニ存ジテ居リマス。是ハ其時ノ招待狀デス。(招待狀ヲ出ス)

別府 アノ時山本大尉(46)ハ平壤デ吾々ハ秘密ニ測量ヲシテ居ルノダカラ決シテ口ヲ利イテハナラヌト言ハレテ私ナドハソレヲ正直ニ守ツテ居ツタ。併シソレニハ隨分不平ガアツタラシイネ。ソレニ巡回シテ來テハ隨分難題ヲ言フ。何處ソコノ河ノ深サヲ計レトカ何トカ言フ。ソンナコトハ出來ルモノデナイト言フト、君ハ職務ニ不忠實ダト叱ラレタ。ケレドモ私ハ何モ個人トシテハ恨ンデナンカ居リマセヌ。當時ハサウ

(45) 参謀次長兒玉閣下 児玉源太郎(一八五二―一九〇六年)。正式には「参謀本部次長」。

(46) 山本大尉 正しくは山岡大尉と考えられる。

イフ訓練デシタカラ私ハソレヲ守ッテ來タガ、一面非常ニ反動ガ酷カッタ。是ハ餘談デス。併シ測圖ダケハ今小原君ノオ話ニナッタヤウニポケットニ入ルヤウナ小サナ二十糎位ノ器械デシタガ割合完全ニヤリマシタ又拳銃ヲ握ッテソレヲポケットニ入レテ一晩ヲ寢ズニシマッタナドトイフ危險ナ目ニモ隨分遭ヒマシタヨ。

野坂　今度ハ私ガ、蛇足ニナルカモ知レマセヌガ、御話致シマス。其時今御話ノヤウニ二個班ニ分レテ、吾々ハ中川サン(47)ニ隨シタ。其連中ハ私ニ眞坂中佐デ、其中私ガ殘ッテ居ル。丁度東洋ノ風雲最モ急ナル時ニ吾々ハ四國ニ出張シテ居ッタ。サウシテ普通ノ測量作業ニ從事シテ居ルト、至急歸京命令ヲ受ケテ、倉皇トシテ歸ッタ。即刻閣下(48)カラ命令ガ出タ、其要旨ハ今度朝鮮デ軍ノ作戰上必要デアルカラ斯ウイフ方面ノ測量ヲシテ貰ヒタイ。併シ是ハ謂ハバ外國へ行ッテ、外國ノモノヲアナタニ盜ンデ來イトイフノデアルカラ甚ダ無理カモ知レヌガ、是非盜ンデ來テ貰ヒタイ、併シ一歩違フト國際問題ガ起ルカラ其點ニ注意シテヤッテ貰ヒタイ。要スルニ豪ガッテ、喧嘩シテ自分ガ勝ッタラ

(47) 中川サン　中川福雄歩兵太尉。その報告として「韓國平安道寧遠地方測圖域内偵察報告」がある（アジア歴史資料センター資料、C09131047OO）。

(48) 閣下　この文脈ではこの「閣下」が誰であったか特定するのは困難であるが、一九〇三年一〇月十二日に参謀本部次長に就任した児玉源太郎が朝鮮の測量に積極的であったという点からしても（長南、二〇一九、二三六—二三七頁）、児玉であった可能性が高い。帰国した測量手たちを一九〇四年一月一三日にねぎらったというのもこれに符合する。

豢イトイフノデハナイ、盜ンダモノヲ滿足ニ持ッテ歸ッテ貰ヘバ宜イノダカラ忍ブベカラザル恥辱モ忍ビ、堪ヘザル恥辱モコラヘテ、國際問題ノ起ラナイ程度デ是非測量シテ貰ヒタイ。ソレニ付イテハピストルヲ持ッテ行ケ、併シ是ハ人ヲ殺ス物デハナイ、愈ノ時ニハ自殺セヨ、斯ウイフコトデアッタ。ソコデ早速吾々ハ支度ニ掛ッテ、山川班(49)ノ方ハ只今小原君御話ノヤウニ仁川方面ニ上陸サレ、吾々ノ方ハ元山ニ上陸シタ。其時分ニモ色々アリマスガ、省キマシテ、元山ニ上陸スルト、元山邊リノ居留地ニ始終出入リシテ居ル朝鮮人ハ、日本人サヘ來レバ必ズ秘密測量デ來ルト心得テ居ル。ソレハ前ニ青山良敬(50)サン外若干名ノ人ガ屡此方面ニ秘密ノ要務ヲ帶ビテ行カレタ爲ニ、其土地ノ朝鮮人デ居留地ニ出入スル者ハ幾分知ッテ、別働隊トシテ青山君外二名ガ元山ヘ二三年前ニ上陸シタノデ、青山君一行ノ顏ヲ知ッテ居ルカラ、ハアハア是ハ測量ニヤッテ來タナトイフ噂デアッタ。朝鮮人デ居留地ヘ出入リスル者ハ日本語ガ巧イカラ、又測量ガ出來レバ一儲ケ出來ルノデ非常ニ有ガタイト喜ンデ居ル始末デアル。ソレガ噂ニ噂ヲ生ン

(49) 山川班　山岡寅之助大尉の山岡班。

(50) 青山良敬　日清戦争時の臨時測図部解散後も朝鮮半島で測図をつづけた小グループのリーダーを務めた陸地測量手。日露戦争直前にも小グループを率いて鴨緑江沿岸の滿浦鎮から南東の地域を測量し、「滿浦鎮、東井洞及立石、館垈、岺城巨里間線路測図區域内偵察報告」を、陸地測量手の岡田管次郎、雇員の河野亮之介・由井勇造と連名で提出している（アジア歴史資料センター資料、C09131047OO）。

デ元山方面デハ恐シク評判ガ立チマシテ、日本人ガ測量ニ來ルトイフ騒ギデアッタ。是デハ一日デモ遲レレバ吾々ノ不利デアルカラ、一日モ早ク奥地へ行キタイト考ヘテ、領事館ト相談シタ。吾々ノ進ンデ行ク方面ノ狀況ヲ聞イテ見マスト、目下ノ所ハ頗ル平穩デアッテ、別ニ危險デハナイトイフコトデアッタカラ愈出掛ケルコトニナッタ、併シ行クニ付テハ先ヅ單獨行動ヲ執ラウ、若シ行ッテ事變ガ起ッタナラバ集團行動ヲ執ラウト定メテ、兎角單獨行動デ銘々朝鮮人ヲ雇ッタ。是モ總テ領事警察ノ手ヲ經テ、通譯・人夫ヲ雇入レテ(51)愈準備ガ出來マシテ、元山ヲ出發シテ奥地へ進ンデ行クコトニナリマシタガ、其時ニ餘談デスガ申上ゲルト、一人馬ニ乘ッタ朝鮮人ガ吾々一行ト後ニナリ、前ニナリシテ來ル、ソコデ通譯ニ聞イテ見ルト、愚圖愚圖シテ居ルト元山ノ警察ニ知レタカモ知レナイ、是ハ將來吾々ノ任務遂行ニ付テ由々シイ大事デアルノデ、心配シテ色々考ヘテ見マシタガ是トイフ名案モ出來マセヌ、ソコデ吾々ノ任務ガ遂行出來ナイナラバ非常手段ヲ執ルノ外ナカラウト考ヘマシタガ、吾々ノ方カラ案内ヲ求メテ其朝鮮人

(51) 領事警察ノ手ヲ經テ、通譯・人夫ヲ雇入レテ　元山居留地(日本側が行政警察権を持つ[奥平、一九六九、六二頁])の領事・警察の助力を得て通訳やポーターを雇用したことがわかり、注目される。

ノ通譯ノ話ニハ日本語ガ出來ナイトイフコトデアツタガ中々日本語ガ巧イ、私ハ尚ホ心配ニ思ッテ、愈々手段ガナカッタナラバ人ノ居ナイ所ヘ行ッテピストル自殺ヲシナケレバナラヌカトイフコトマデ考ヘマシテ、サウシテ段々色々話ヲ探ッテ見ルト此方ノ思ッテ居ル程デモナイラシイ、ソコデ彼ヲ款イテ、故意ニ、サウシテ吾々ハ奧地ヘ進ンデ行ッタ。所ガ御承知ノ通リ向フハ山ノ奧ニ行キマスト米ハ一ツモナイ、粟トカ黍トカイフモノバカリ食ベテ居ル、吾々ノ口ニハ合ハナイ、吾々ノ任務ヲ遂行スル上ニ健康ニ支障ガアッテハナラナイトイフノデ非常ニ考ヘテ一ツノ策ヲ講ジマシタ、トイフノハ吾々ト朝鮮人通譯人夫ト合セテ十二三名ノ一行ガ道路ヲ行進中左右ニ別レテ各個ニ卵ナリ、鷄ナリヲ買ッテ、ソレヲ食糧ニ宛テヨウト、手分ケシテヤッタ所ガ奧地ハ未ダ曾テ日本人ヲ見タコトノナイ人間バカリデ、異樣ナ風ヲシタ吾々ヲ見テ、オ前ハ何處ダ、アイヌカトイフ、イヤ日本人ダトイフトアイヌモ朝鮮人モ日本人モ少シモ違ハナイノデビックリシテ居ッタ。吾々ハ實ハ日本人デ朝鮮見物ニ來タ、一行彼此十名居ルガ旅デ水モ變リ、食物モ變リ、ソレガ爲ニ病人ガ始終出テ食モ進マズ實ニ困ッテ居ル、オ前達モ旅ニ出テ斯ウイフ目ニ遭ツタナラバ非常ニ困ルノガ分ルダラウ、吾々モ病人ニナツテ元氣ヲ附ケル爲ニ、ドウカ卵ナリ、鷄ナリヲ分ケテ呉レトイツタ。大体朝鮮人ハ支那人ダト非常ニ恐レルガ、日本人ダト非常ニ馬鹿ニスル、吾々ノイフコトヲ實ニ氣ノ毒ニ思フ者ガナイ、彼等ガイフニハ俺達ハオ前達ノ爲ニ鷄ヤ卵ヲ斯ウヤツテ蓄ヘテ居ルノデハナイ、一ツダツテオ前達ニヤルモノハナイ、斯ウイフ。併シ中ニハ老人ナドッ捉ヘテイフト老人ハ慢イモノデ、ソレハ非常ニ困ルダラウトイツテ卵一ツナリ、鷄一羽ナリ分ケテ呉レル者ガアツタ爲ニ、夜ニナルト卵ナリ、鷄ナリヲオ互ニ分ケテ僅ニ飢ヲ凌イデ居タ譯デス。其時分ノ困難トイフモノハ大變デシタ。通譯人夫ナド十名モ居リマスカラ吾々ハ食物ヲ供給スルノニ非常ニ困ツタ。サウシテ行クト丁度日ガ暮レヨウトシテ居ルガ先方ノ狀況ハ分ラナイ、身体ガ疲レタノデ家ヘ泊ラウト思ツテ大キナ家ヘ行クト、アナタ方ハ誰カ、日本人ダ宿ヘ泊メテ呉レナイカ、折角ダガ吾々ノ家ハ大キイヤウダガ食ベ物ガナイ、是カラ半道向フヘ行ケバ大キナ家ガアッテ何人デモ泊レル、米モアル、モウ少シ辛棒シテ行ッタラドウカトイフノデ吾々先方ノ状況ハ知ラナイガ、サウイフコトナラバ向フヘ行ッテ、大キナ家デ足腰ヲ伸バシテ休養シタイト考ヘテ、日ガ暮レカカッテ居ルノニ、出掛ケテ行クト、日ハ暮レタガ行ケドモ行ケドモソレラシキ家ハナイ、騙サレタ譯デスガ斯ウイフ困難モ嘗メマシタ。併シ諸君ノ忍耐ニ依ッテ發覘郡トイフ所ヘ行ッテ、表面ノ測量ニ掛カリマシタ。此時ドウイフ手段ヲ執ッタカトイフト、縄ヲ用意シテ[52]、基線ヲ引イテ、測板ヲ以テ交會法ヲ以テ目標ヲ見テハ作業ヲヤッタノデシタガ、夜ニナルトソレヲ各人ニ分配シテ、各人各個ニ仕上ゲテ、翌日ハ二里ナリ三里ナリ、或ル村ヘ集合スルトイフ方法ヲ執ッテ仕事ヲシテ行ッタ。其間色々困難ガアッタ。或ル部落ヘ行クト吾々ノ來タコトガ評判ニナリマシテ、何デモアイヌガ來タサウダカラ見物ニ行ッテヤラウトイフノデ子供ヤラ大人ヤラ大勢ガ日ノ暮レニナッテ皆ガ集合スル時ヤッテ來テ、部屋ガ一杯ニナッテ。吾々ハ仕事ガ出來ズ非常ニ弱ッタ。宿ノ者ハ吾

---

(52) 縄ヲ用意シテ、基線ヲ引イテ、測板ヲ以テ交會法ヲ以テ目標ヲ見テハ作業ヲヤッタ　測量技術者たちの作業を示しており、詳細は解説文を参照。

タニ同情シテ居ッテ、日本人ハ疲レテ居ルカラオ前達ハ歸ッタラドウカトイフト、アイヌガ來タカラ俺達ハ見物ニ來タ、オ前ハ朝鮮人デアリナガラ俺達ニ歸レトイフノハ怪シカラヌト憤ッタ。サウシテ長イ煙管デ煙草ヲ喫ミ、何處ヘデモ唾ヲ吐ク、非常ニ吾々ハ憤慨シタガ、何事モ我慢シロトイフ命令ガアリマシタカラ、此處ガ我慢ノシ所ト思ッテ忍耐シテ居ッタ。併シドウカシテ騙カシテ歸シテヤラウト思ッテ通譯サセナガラ話ヲシテ見タ。吾々一行ハ朝鮮ハ良イ所ダカラ見物ニ來タガ此方ヘ來ルト色々オ世話ニナッテ有難イ、吾々ハ朝鮮バカリデナク、支那デアラウガ南洋デアラウガ暇ヲ見テ見物ニ行ッテ居ル。ソレニ付テ吾々ガ南洋ニ行ッテ見物シタ時ノ話ヲシヨウ。南洋邊リニ行ッタコトガアルカ、ナイ、サウカ、南洋ノ人間ハ皆腹ノ中ニ大キナ穴ガアイテ、ソコカラ棒ヲ通シテ人ニ擔ガセテ行ク、サウイフコトヲヤッテ居ル、大人ナドハ非常ニ樂ダ、大人ハ煙草ヲ吸イナガラ旅行シテ居ル、サウイフト彼等ハ非常ニビックリシタ。世ノ中ニハサウイフ所ガアルカトイッテ非常ニ感心シタ、ソコデ好イ機會ダト思ッテマダ話シタイコトモアルガ吾々ハ疲レテ居ルノデ寢ルカラ今日ハ歸ツテマタ明日ノ晩是以上ニ面白イ話ヲスルカラト言ツテ、アイヌモ疲レタラウカラ今夜ハ引取ラウトイフ譯デ皆歸ツテシマツタ。ソコデ直グアトヲ閉メテ、ローソクノ周リヲ塞イデ光ノ洩レナイヤウニシテ、翌日仕事ヲスベキ準備ヲヤツテ、彼等ガ未ダ眼ノ覺メナイ内ニ出發シテ次ノ仕事ニ掛カルトイフヤウナコトモアツタ。一ツ繋ゲテモ斯ウイフ困難ナ例ガアツタ。兎ニ角一行ノ忍耐ト努力ニ依ツテ任務ヲ遂行スルコトガ出來タ。一番最後ニ平壌ノ祥原トイフ所ニ行ツタ時ノ話ヲシマスト、吾々ガ或ル宿屋ニ着イタ、スルト郡守ガ宿ノ主人ニ吾々ヲ泊メルコトハナイ、追出セトイフ命令ヲ出シタ、ソコデ宿ノ主人ガ吾々ニ出テ與レトイフ、其時私ハ豪ガツテ郡守ニ直接會ヒニ行クト言ツタ、丁度此方面ヲ豫テカラ測量シテ居ツタ久間(53)トイフ人ガ吾々ト合同シテ仕事スルコトニナツテ途中デ吾々ト一緒ニナツタガ、此久間君ガ主人ニ談判シタ結果、ソレデハ居ツテモ宜イトイフコトニナツテ、初メテ其附近ノ仕事ヲスルコトニナツタ。サテ此一ツノ仕事ガ終ツテシマヘバ愈吾

(53) 久間　注3で触れた久間金五郎。同時期に久間も海州地方、寧遠および昌城地方、厚昌、咸興、楚山、寧遠近傍に派遣され、陸地測量手の中利通、雇員の中尾芳太郎・三樹齋一と測量にあたった（アジア歴史資料センター資料、B07090502100）。

タハ任務ヲ遂行シタノデアルカラ引揚ゲテ日本ヘ歸レバ宜イ、アトニ
三日居テバ方々ヘ行カレタ諸君モ歸ツテ來ルシ、日出度ク一人ノ怪我
人モナク、一人モ襲ハズニ任務ヲ遂行シタ　斯ウイフ有難イコトハナ
イカラ此處ヲ引揚ゲル時ニハ詰ラナイ物デモ日本ノ酒、日本ノ肴ヲ以
テ萬歳ヲ唱ヘテ引揚ゲタイトイフ氣持ガラ人夫ヲ連レテ平壤迄出タ。
其時日本人ノ通譯ニ俺ハ一日泊デ平壤ヘ行ツテ來ル、其間ニ異變ハナ
イダラウト思フガ若シ異變ガアツタトシタナラバ、兎ニ角大事ノ記錄
圖ヲオ前懷ニシテ逸早ク逃ゲテ呉レ、若シ愈イケナカツタトシタラソ
レヲ彼等ニ渡シテハナラヌカラ、破ツテ棄テテ呉レト命令シテ出掛ケ
タ、何故平壤ヘ出掛ケテ行ツタカトイフト丁度私ノ身内ノ者ガ平壤ノ
領事ヲシテ居ツタカラ其處ヘ行ツテ、日本酒トカ肴ヲ一通リ買ツテ馬
ニ積ンデ歸ツテ來タ。元山ノ街ヘ歸ツテ來ルト、街ノ樣子ガ馬鹿ニ騷
タシイ、ドウモ不穩ノ狀況ヲ帶ビテ居ルヤウダカラ、ドウシタノカト
通譯ニ聞カセテ見ルト、實ハ日本人ハ不都合ナ奴ダカラ叩キ殺シテヤ
ラウト辻々デ薪ザツポウヲ持ツテ、眼ヲ怒ラシテ襲撃ノ相談ヲシテ居

ルトイフノデアル・ドウシテサウイフコトヲスルカト聞イタ所ガ斯ウイフコトガアッタ・私ガ一晩空ケタ内ニ朝鮮人ノ通譯ガ、朝鮮人ノ宿屋ヘ泊ッタ所十五六位ノ子供ガ二人遊ビニ來タ、大体朝鮮人ハ男色ガ非常ニ盛ンデスカラ、此朝鮮人ノ通譯ガ其内ノ一人ヲ相手ニシテ十圓札ヲ見セビラカシナガラ、俺ハ斯ウイフモノヲ持ッテ居ル、是ハ一枚ノ紙デアルケレドモ朝鮮ノ金ニスルト馬ニ一段位積ンデモ尚ホ足リナイ位ノ金ニナル、ドウダ俺ノ言フコトヲ聞カヌカ。サウシテソノ晩ニドウシタカ知ラヌガ、寢テ、翌朝起キタ、所ガシヤツノ隱子ニ十圓札入レテ置イタノガ無クナッタ。ソコデ彼トシテハ十圓札ハ大變ナ金デアルカラ直グ日本人ノ通譯ヘ、實ハ昨夜斯ウ斯ウダト告ゲタガ、俺達ノ知ッタコトデハナイ、オ前達ハ勝手ニシロトイッタカラ、朝鮮人ハ郡守ニ訴ヘタ、郡守ハ彼等ヲ呼ンデ、何故家ガアルニ拘ラズ日本人ノ連レテ來テ居ル朝鮮人ノ所ヘ來テ居ルカ、不都合ダ、ソレガ爲ニ十圓札ガ無クナッタノハオ前達ニ責任ガアル、又其晩泊ッタ旅行者モ責任ガアル、皆オ前達ハ分擔シテ其十圓札ヲ返セ、サウシナケレバ旅行サセナイトイッタ、旅行者ハ先ヘ行ク

9990

コトガ出來ズ、其二人ノ親ハソレヲ聞イテ驚イタガ、是ガ因デ日本人ノ通譯ガサウイフコトヲシタノダカラ日本人ヲ叩キ殺シテヤレトイフ譯デ、之ニ附近ノ住民ガ雷同シテ、吾々ノ所ヲ襲撃シヨウト準備中ダトイフコトヲ聞キマシテ私モ驚イタ，折角任務ヲ遂行シテ日出度引揚ゲヨウトイフ時ニナツテ今夜中ニ皆歸ツテ來ルノダガ、今此處デ斯ウイフコトガ起ツタ爲ニ吾々ノ任務ヲ水泡ニ歸スルヤウデハ實ニ殘念デアルカラ、又吾々ニ命ゼラレタ方ニ對シテモ申譯ナイカラ何トカシテ之ヲ巧ク收メナケレバナラヌト考ヘ、臨機ノ處置ヲ執ツタ。兎ニ角俺ガ話シテヤルカラ子供ト昨夜泊リ合ハシタ旅人ヲ呼ンデ來イ、又附近ノ者モ聞キタケレバ來イトイツタ。皆ヤツテ來テ黑山ニナツタ、サテ私ハ盜マレタトイフ朝鮮人ヲ呼ンデ、オ前ハ不都合ダ、吾々ハ朝鮮ヘ渡リ、元山カラ此處ヘ來タガ、知ラナイ土地ヘ見物ニ來テ苦勞モシ、不自由モシ、附近ノ人ニハ非常ニオ世話ニナリ、現ニ此處ヘ來テ十日以上ニナルガ、此人達ニハ非常ナ恩ヲ受ケテ居ル、仇ハ一ツモナイ、然ルニオ前ハ此人達ニ不都合ナコトヲシテ親ヤ附近ノ人ニモ迷惑ヲ掛ケタ其上賠償サセヨウトイフノハ不都合ダ、オ前ヲ此處デ追放シテシマフ處置ヲ執ル考デアツタガ、子供二人ト其親達、其晩泊リ合ハシタ旅人カラ一文モ取ツテハナラヌ、貴樣ガ是ハ損物ヂヤト諦メテ一文モ取ツテハナラヌ、取ツタラ承知シナイ、サウ心得ロ、旅人ニハ關係ナイカラ宜シイ、子供ニハ菓子ヲ呉レタ、此菓子ハ日本デ出來タ非常ニ良イ菓子デ貴樣ノ口ニハ合ハナイガ、俺達通譯ノオ前達ガ豪イ目ニ會ツタコトハ可愛相ダカラ此貴重ナ菓子ヲ一切宛ヤルトイツタ。親ガ洵ニ有難イト禮ニ來タ。斯ンナ譯デアイヌアイヌトイツテ居ツタ彼等ガ引取ツテシマフ、サウシテ一囘宛集合シテ話ヲシテ居ルカラ何ヲ話シテ居ルカト通譯ニ聞イテ見ルト、今迄日本人ハ不都合ナ奴ダト思ツタ者ガ、アノ大人ハ實ニ公明正大ナ裁判ヲヤツタ、實ニ日本人ハ豪イトイツテ褒メテ居ル所ダトイフ。ソレハ有難イ、サウナレバ結構ダト思ツテ私ハ安心シタ。其内分識シテ居タ人達モ歸ツテ來テ直グ其晩持ツテ來タ日本酒ト罐詰ヲ開ケテ皆デ一夜ヲ過ゴシタガ、翌日萬歳ヲ唱ヘテ歸ツテ來タ。サウシテ此航海ニ遲レタナラバ來春デナケレバ航海出來ナイトイフ最後ノ航海ニ間ニ合ツテ歸京シ、圖ノ整理ヲシテ出シタノガ一月ノ十七八日頃デシタ。スルト間モ無ク戰宣布告サレタ譯デス。サウイフコトモアリマシタ。

引地　時間ノ都合上話ヲ進メマシテ、三十七年二月十日宣戰布告サレ、三月十一日ニ臨時測圖部ガ編制サレ、歩兵中佐伊藤忠正以下二百名ヲ以テ經緯度班一、地形班二ヲ編制サレ、更ニ地形班三個班ヲ増加サレタ。更ニ詳シイコトハ控エガアリマスガ、之ニ從事サレタ經驗談ヲ五六分宛御話願ヒタイ、藤坂中佐殿ガ其當時第二班長トシテ從軍サレタノデスガ、ソレニ付テ御經驗談、逸話等ガアリマシタナラバドウゾ御願シマス。

藤坂　何分二年七ケ月バカリ居ツタノデスカラ其間色々ノ事ニ遭遇シマシタ。大体ノコトハ陣中日記ニ書イテアリマスカラソレヲ御覧ニナレバ分ルト思ヒマスガソレ以外ノコトデ少シ申上ゲマス。六月二日ニ高等官拜謁仰付ラレ、三日ニ出發シテ、宇品カラ乘船トイフコトニナツタ。第一班長栗谷中佐(54)ガ交渉サレテ船ガアレバ早速乘ツテ行カウトイフコトニナツタ、其時二三日スルト出ル佐渡丸ニ餘席ガアルトイフノデ

(54) 第一班長栗谷中佐　栗谷信雄（明治三九年九月「臨時測圖部一覧表」、小林解説、二〇〇八、二〇頁）。

、ソレニ乗ラウカト考ヘタガ今日早ク出ル船ガアル、吾々ハ廣島ヘ午前二時ニ着イタノダカラ此早ク出ルトイフ午前四時ノ船ニ乗ルノハ中々混雑スル、併シ此處デ二三日滯在サセルト餘リ金ヲ使ツテ宜クナイ結果ニナルカモ知レヌカラ成ベク急イデ乗ラウトイフ譯デ、平壤丸トイフ二千噸餘リノ船ニ、是ハ侍從武官及武官等ガ慰問ノ爲ニ戰地ニ赴キニナル其準備ノ爲ノ船デ、之ニ乗込ムニハ隨分ウロタイタトイフ有樣デ、廣島カラ宇品マデノ行軍ハ猛烈ナ雨デ船ニ乗ッテシマフト止ンダ、乗込ミマシテカラ船ハ鎭南浦ヘ寄ツテ龍岩浦ヘ到着、平壤丸カラ降リテ、鴨綠江ヲ五六十噸ノ汽船ニ乗ツテ遡行シタノデスガ、ドウモ船ノ吃水ガ深イ上ニ持ツテ來テ、潮ノ加減ガ干潮期ノ何カニ遭遇シタト見ヘテドウモ巧ク進マナイ、先ヘ進ムト泥ノ中ヘ入ッテ船ガ傾キ、中ニ居ル測量手連中ハ甲板ヘ出ル、スルト船長ガ甲板ヘ出テ來テハ困ル、甲板ガ重クナルト船ガ益傾クカラ中ヘ入ツテ下サイトイフ、粟谷中佐ガ中ヘ入レロトイフノデ私ハ上ヘ上ツテ命令シタ、中ヘ入ッタガ食物ガ無イ、物モ食ハズニ漸ク其翌日安東縣ニ到着シタ　其處デ第一

（55）九連城方面ノ戰争デ露西亜ノ圖面ヲ分捕ツタ　鴨緑江渡河作戦に際し、死亡したロシア軍将校の遺品から発見された地図で、「遼陽附近の露版八萬四千分の一地形圖、四，五枚」という（瀧原、一九二八、九六頁）。

班ハ鳳凰城方面ヘ、第二班ハ九連城ヘ向ツタ　栗谷中佐ト私ハ部下ヲ九連城ヘヤツテ置イテ、鳳凰城ニアル第一軍司令部ニ行ツテ、吾々ノ測量スベキ地帯ヲ受取ツタ、其當時ノ參謀長ハ藤井茂太閣下デアリマシタ　私ハ九連城ヘ歸リ、ソレカラ後ハ第一班ト第二班ト互ニ相接シテ仕事ヲスルト命令、ソレハ陣中日記其他ノ報告書類デ能ク分ルガ、ドウモ何日頃栗谷中佐ガ居ラレタカ記憶ガアリマセヌノデ、隨テ是カラ先ハ自分ダケノ話ニナリマス　此九連城方面ノ戰爭デ露西亞ノ圖面ヲ分捕ツタ(55)、日清戰爭ノ際ニ拵ヘタ圖面ガ遼陽マデ及ンデ居ラナイ、其間ニ隔リガアル、其隔リノ圖面ヲ拵ヘナイト、遼陽攻撃ガ出來ナイカラ第一軍ノ才媚ミニ依ツテ吾々ガ遼陽方面ノ分捕圖ト日清戰爭ノ際臨時測圖部デ作ツタ圖面ト其間ヲ接ギ合ハセタ(56)ノデス　詰リ敵ノ前線ト我ガ前線トニナル譯デスカラ作業トシテハ是ハ甚ダ困難デアル　當時ハ御承知ノ通リ赤イ帽子(57)ヲ被ツテ臨時測圖班ノ連中ハヤツテ居ル、所ガ支那人ハ之ヲ露西亞人ト見誤ツテ今日本軍ガ來ルカラ用心シロト言ハレタコトモアル、又或ル大隊長ハ、吾々ヲ見テ、幫助ガ來テ測量

(56) 吾々ガ遼陽方面ノ分捕圖ト日清戰爭ノ際臨時測圖部デ作ツタ圖面ト其間ヲ接ギ合ハセタ　ロシア製図の縮尺は八万四千分の一なので、「之を五萬分の一に伸寫し且つ之に依りて二十萬分の一圖を造り兩種を各隊に分配した」とされる（瀧原、一九二八、九六頁）。両者の接合の具体的様相は、「遼東半嶋五万分一圖一覧表」（アジア歴史資料センター資料、C13010123400）からうかがうことができる。

(57) 赤イ帽子　陸地測量部では一八九三年に測量備夫の帽章を規定しており（『陸地測量部沿革史（稿本）』）、これによるものと思われる。なおこの帽章から、戦時の測量は秘密の作業とは考えられていなかったことがわかる。

ノヤウナコトヲヤツテ居ル、射タナイデ捕ヘロトイフ、射タレタラ死ンデシマフ、射タレナイノガ幸ダガ、吾々ヲズツト取巻イテオ前達ハ何ダ、私達ハ第一軍ノ測量班ノ者デス、何故默ツテ居ツテ吾々ニ斯ンナ苦勞ヲ掛ケルカ、イヤ吾々ハ第一軍ノ命令ヲ奉ジテ仕事ヲシテ居ルノデアルガラ第一軍ノ方カラ通知ガアル筈ダ、私ハ通知シテアルト思ツテヤツテ居リマシタトイツテ歸ツテ參リマシタガ、丸デ戰線ノ間ヲヤツテ居ルノデスカラモウ本氣デス。是ガ出來テ軍司令部ガ鞍山站トイフ方面ヘ進マレテ、ソレカラ遼陽攻擊トナツタ譯デ、此圖面製作ハ吾々ノ方デハ殊勳デアツタノデス。ソレガ最初デ其後時日ハ記憶致シマセヌガ、今度ハ本溪湖ノ戰爭ニ付テ、是ハ祖[illegible]村トイフ村カ何カ知ラヌガ、此處デ閑院宮殿下(58)ガ騎兵ヲ御指揮ニナツテ敵兵ヲ追拂ハレタ戰爭ガアツタ。此方面ニ付テ報告スルニハ軍トシテ圖面ガナイト出來ナイカラ、第一軍ガ大本營ヲ通ジテ測量ヲ命ゼラレタ。ソレヲ私共ノ所ヘ本溪湖測量ヲ命ゼラレタカラ第三分班長菊地幸三郎君ニ本溪湖測量ニ行ケトイツテ、是等ニ關スル命令ヲ與ヘタ。ソコデ菊地君ガ部

(58) 閑院宮殿下　閑院宮載仁親王（一八六五―一九四五年）。騎兵第二旅團を率いて本溪湖南方のロシア軍を撃退した。

下ヲ來キテ、此處カラ南ノ橋頭トイフ所ヘ行ッテ是カラ本道ヲ通ッテ本溪湖ヘ進マウトシタガ、本溪湖ノ兵站司令部鯉登亮(59)トイフ人ガ前進ヲ許サナイ、騎兵ノ襲擊ガアッタリ何カシタ後デ、兵站ノ物資ガ不足デアルカラトイフノデ米モ一日二三合シカ與レナイ。併シ斯ウイフ所ニ愚圖愚圖シテ居ッテハ命令ヲ實行スルコトガ出來ナイカラ菊地分班長ハ、給與上ノコトハ兎ニ角トシテ、一旦北方ヘ下ガッテ、孤家子トイフ所カラ北ノ方ヘ通ズル小徑ヲ通ッテ本溪湖ヘ進ンダ、本溪湖ヘ行ッテ見ルト何ノ事ハナイ、食物ハ兵站部カラ貰ハナクテモ得ラレルシ、其内本溪湖ヘモ兵站部ガ出來タ、其レ等ニ依ッテ部下ヲ賄ッテ仕事ヲサセテ居ル、斯ウイフ報告ガアリマシタカラ、今自分ハ西ヘ下ガッテ孤家子カラ本溪湖ヘ向ハントス、斯ウイフ悲壯ナ決心ヲ報告シテ來タカラ早速私ハ、遼陽ニ居ッタカ何處ニ居ッタカ忘レタガ飛出シテ橋頭ヘ行ッタ。橋頭ノ兵站司令官鯉登少佐ハ同ジ中隊デアッテ、若イ時ハ大學ヘモ入ッテ中途デ止メテ戻ッタ人デスガ、自分ノ先輩トシテ敬慕シテ居ッタ、併シ病氣ガアッテ狂人見タイデアル。鯉登堯(60)トイフ息子サ

(59) 鯉登亮　次ページで閔妃暗殺事件に関与したとされており、鯉登行文と考えられる。

(60) 鯉登堯　鯉登行一と思われる。

ンガアッタガ參謀本部ヲ出テ少將位ニ出世シテ居ルデセウ。先生ニ大分苦シマレタガドウデスト冗談半分ニ色々話ヲシタ、其時ハ何カアツタト見ヘテ兵站部ヲ擧ゲテ御馳走シテ居ツテ、俺ハ御馳走シテ居ルカラ其處ヘ來イトイフノデ、其席ヘ列セラレテ何ダカ演說サセラレタガ覺エテ居リマセヌ。此處カラ沺拖台ノ方ヘ行カレタノデハナイカト思フ。其人ハ病氣ガアツタカラ早ク死ニタイ死ニタイトイツテ居ツタガ壯烈ナ戰死ヲシタ。曾テ三浦觀樹(61)將軍ト朝鮮デ王妃事件ノ時ニ宮城ヘ亂入シテ大變打斬ツタトイフ人デ、後デ捕ヘラレテ廣島デ三浦サント牢ヘ入レラレテ、實ハ特遇ヲ受ケテ居ツタガ死ヌ覺悟デ居ツタ。是ハ餘談デスガ菊地分班長ガ本溪湖ノ測量ヲヤツテ、閑院ノ宮殿下ノ戰績ヲ報告シ得ル材料ヲ提供スルニ今後何日掛カルカト聞クト、後モウ三日位掛カレバ、今片端カラ寫圖ヲ拵ヘテ居ルカラ四日目位ニハ確實ニ第一軍ニ申達スルコトガ出來ル。斯ウイフノデ、是ハ實ニ宜イコトダ、私ハ柳家鎭ノ軍司令部ヘ行ツテ、豫テ御依頼ノ本溪湖ノ戰爭ノ場所ノ地圖ハ後四日デ申達スルコトガ出來マストイツタ所ガ福田直吉ガ出

(61) 三浦觀樹　三浦梧楼（一八四七—一九二六年）。陸軍軍人、政治家。在朝鮮国特命全権公使も務めた。

テ來テ、何ヲイフカ、貴樣達本營測ヲ測量シテ何ニナルカ、戰線ヲ測量シナケレバ何ニモナラヌ。斯ウイフ挨拶デ大變驚イタ。此戰線ハアナタ方兵隊ヲ以テモ進ミニナレナイ所ヘ吾々ガ出掛ケテヤルトイフコトハ、大本營ノ御命令デアレバヤリマスケレドモ、アナタノ御命令デ私ガ受合フコトハ出來ナイ、ドウゾ其意見ヲ大本營ヘ御申出ニナリ、臨時測圖部ノ命令ナラバヤリマスガ、今直グ御受ケスルコトハ出來マセヌ。斯ウイフ譯デ雙方形勢ガ大分過激ニナネテ來タ、ソコヘ參謀ノ者ガ出テ來テ、一寸待ツテ下サイ、ドウモ有難ウ、折角ソレヲ待ツテ居リマシタ、四日後ニソレガ出來ルトイフコトハ洵ニ親切デ有難イ。斯ウイフ話デアツタ。私ハ此處ヲ默ツテ通ツテ行ツテ宜イノデスガ申述ベテ置ケバ何カ參考ニナルダラウト思ツテ申上ゲテ置キマシタガ、一寸話ガ違ツテ甚ダ當惑シタ。此方ヘ來テ名刺ヲトイツテ至ツテ歡待サレソウニナリマシタガ、マアサヨナラトイツテ遼陽方面ニ歸リマシタ。是ハ一ツノ餘談デスガ、兎ニ角菊地君ノ處置ハ洵ニ當ヲ得テ、文官トシテ斯ノ如キ行動ヲ執ラレタコトヲ私ハ感謝致シテ居ル次第デアリマス。ソレカラ日清戰爭ノ時ニハ我ガ戰線ガ前進スルニ連レテ、其後方カラ測量シテ行ッテ戰線ニ近附イタモノデアッタラシイ。私ハ日清戰爭ガ濟ンデカラ測量部ニ入ッタカラ存ジマセヌガ、ソコデ今度日露戰爭ノ場合ノ臨時測圖部ノヤリ方ハ少シ其趣キヲ變ヘタ。戰線ノ後方カラ段々測量シテ行ケバ我ガ占領地帶ノ圖面ハドウヤラ斯ウヤラ出來ル、併シ今度ハ露西亞トノ戰爭デ、前ノ支那兵トノ戰爭トハ一寸手加減ガ違フカラ、ドウイフ關係デ日本ノ軍ガ退却シナケレバナラヌカモ知レヌ、ソコデ第一線ノ所ヘ行ッテ直グ其處ヲ測量ヲ始メテ、其處カラ後方ヘヤラウ、隨テ若シ日本軍ガ退却シテモ其處ノ圖面ガアル譯ダ、サウイフヤウニショウヂャナイカ、是ハ規定ニハ無イガサウイウヤリ方デヤラウトイフノデ、總テサウイフ風ニヤッタ。ソコデ遼陽ノ戰ガ濟ンデ沙河戰(62)ニナッタガ、沙河戰迄ハ吾々ノ測進スルノハ蠶ノ桑ヲ食フ如ク、第一線ヲ測量シテ後方ヘ下ガルノデスガ、直キニ圖面ガ完了シテシマフ。併シ我等ハ未ダ前進シナイ、サテソコデ遊ンデ居ル譯ニハ行カナイカラズット後方ヘ下ッテ日清戰爭ノ際ニ拵ヘタ地圖(63)

47

(62) 沙河戰　一九〇四年秋から沙河に沿って戦線が膠着し、そのまま日露両軍は越冬することになった。

(63) 日清戰爭ノ際ニ拵ヘタ地圖　日清戦争の戦史用の二万分の一図（小林、二〇二一）と考えられる。

ヲ直シタリ、或ハ遼陽ノ南ノ方ヲ直シタリ、猴子窩・折木城附近等ヲ直シタリシテ居ツタ。サテ沙河戰ガ濟ンデ前進スルトイフ時ニハ汽車ニ乘ツテ彈丸ノドンドン來ル所ヲ進ンデ行ツタ。汽車カラ降リテ圖根ヲヤル者ハ歩イテ軍隊ニスッカリ附イテ進ンデ行ク。又地形測量ヲヤル者ハ汽車ニ乘ツテ廻ツテヤツタガ、汽車ノ頭ニ彈丸ガ當ツタトイツテ居ツタ。此話ヲシタノハ荒木愛讓(64)トイフ軍曹上リノ測量手デ、貨車ニ乘ツテ前進シテ、測量シテハ後戻リスル、斯ウイフコトヲヤツタ。一体沙河戰ノ測量ハ今ノヤウニ前線ヲヤレトイハレタケレドモ實際ニハ前線モヤツテ居ル。歩兵ノ最前線ヨリモ前ノ方モ出來ルダケヤツテ居ル。コノ邊ハナマコ見タイナ丘陵デ、山ノ上ヘ頭ヲ出シテヤル。測量ニハ蹋ガンデ居ツテハ出來ナイカラ、フランセットヲ振ツテヤル(65)カラ直キニ打タレル、隨分怖イ。ソレカラ今度ハ奉天戰ニナツテ、奉天ヲ占領シテカラ何處迄進ミマシタカ私ハ存ジマセヌガ、昌圖方面迄我軍ガ進ンダ。(66)是モ矢張前線ヘ圖根ヲ持ツテ行ツテ、後方ヘ下ガツタガ、同様測量ノ方ガ早イ我ガ前線ハ進マナイ、ソレデ大体媾和ニナツタ

(64) 荒木愛讓　荒木愛次郎と考えられる（アジア歴史資料センター資料、C09121225800）。

(65) フランセットヲ振ツテヤル　平板（プランセット）を据えて測量することをさすと思われる。平板は遠くからでも目立ちやすく、作業従事者は射撃されやすかったとみられる。

(66) 昌圖方面迄我軍ガ進ンダ。是モ矢張前線ヘ圖根ヲ持ツテ行ツテ、後方ヘ下ガツタ　昌図付近にあった前線から南方に向けて測図された五万分の一図が残されている（金、二〇〇九、三六頁の「昌圖」図幅、大阪大学蔵）。

デセウ。今度ハズット後方へ下ガッテ、先ヅ旅順方面へ測量ニ行ッタ、次ニ朝鮮へ下ガッタコトモアッタ。其時私ハ奉大ニ根據ヲ構ヘテ戰線ノ測量ヲヤッテ居リマシタガ、最早測量ガ出來テ後方へ下ガル、旅順ヲヤレトイフ命令ガ出タ。次ハ朝鮮ノ定州、宣川アノ方面ヲヤレトトイフノデアッタ。ソコデ私ハ背中へ疔ガ出來テ入院シテ居ッタガ、一日モ早ク旅順へ行ッテ仕事ヲヤッテ旅順ヲ見物シヨウト思ッテ、未ダ癒ラナイノニ病院ヲ飛出シテ旅順へ行ッタ。其時ハ第二分班長片山豐作君ヲシテ旅順ノ仕事ヲサセタガ、大体粟谷中佐ノ班デ此處ヲヤラレテ居ッタノデ私ノ受持ッタ仕事ハ僅カデシタカラ直グ出來タ。ソコデ早ク退院シテ行カヌト此分班ヲ朝鮮へヤッテハ旅順ヲウロツクコトガ出來ナイト思ッテウロタイテ旅順へ行ッタ。サウシテ朝鮮ノ方モ濟ンデカラ、今度ハ奉天ノ西北法庫門カラ蒙古方面ニ出掛ケテノ測地ヲ配當サレタ。ソコデ法庫門方面へ進ミ、鄭家屯・新民屯是ハ第五班ガヤッテ居ッタ。此邊カラズット西北ニ掛ケテ蒙古方面へ測進シタ。其時一ツノオ話ガアル。ドウモ測量前線ニ常ニ異狀ガアッテイケナイ、詰リ蒙古ノ者ガ我ガ測量班ヲ襲フテ見タリ、途中土民カ襲撃シタリスル。後ニ吉林方面ヘ行ッタ時ハ護衛兵ガ一中隊位附イタガ此當時ハ少シ附イタ。測量ノ一組五六人中ニ支那人二人、日本人々夫一人、兵隊三人トイッタ工合デ測進シテ居ッタ。或ル所デドウ云フ間違カ鐵砲ノ打合ガ始マッタ、支那人カ蒙古人カ一人ヤラレタ、ソコデヤカマシクナッテ、是ハ第一分班青山良敬トイフ人ガ其方面ニ行ッテ居ッタ、ドウモヤカマシイカラ私ガ談判ニ及ンデ、色々現狀ヲ質シテ見ルト、幸ニシテ日本ノ兵隊ガ射タ弾デハナシニ、支那ノ兵隊カ蒙古兵カヾ射ッタラシイ傷跡ダ。日本ノ兵隊モ大分射ッタラシイガ其弾デハナイトトイフノデ大變仕合セデアッタ。サテ是カラ先キ測量シテ行カナケレバナラヌノデ賓圖王府(67)ヘ行ッテ私ハ護照ヲ貰ッタ。是ハ到ル所デ宿ヲ供給スルトカ車ヲ出ストカ人夫ヲ出ストカイフ便宜ヲ得ヨウト思ッテデスガ、其處カラ後來秋トイフ所ニ行ッタ。是ハ賓圖王ニ入ル途中ノ城下デ、兵營ガアッテ馬賊ノ府司デ軍監ガ居ル、其處ヘ先ヅ到着シタ。府司ニ明日賓圖王府ニ私ハ行クトイフ話ヲシ、同時ニ其軍隊ノ隊長

(67) 賓圖王府　内モンゴル東部、哲里木(ジリム)盟、科爾沁(ホルチン)左翼前旗のモンゴル王公の居所(ブレン、二〇一四、三三一三五頁)。法庫門の北西方に位置する。

ニ、私ハ馬ニ乗ツテ居ルガ護衛ノ張州トイフ少佐ニモ一匹馬ヲ貸シテ呉レトイフト喜ンデ貸シテ呉レタ。翌日張州少佐ヲ馬ニ乗セテ、私ハ馬ニ乗ツタリ、駕籠ニ乗ツタリシテ賓圖王府ニ行ツタ。此軍隊トハ色々話ヲシテ居ル内ニ大變心安クナツタ。自分ハ元馬賊デアルトイフ、當時ハ江戸川辰三君(68)ノ部下デ働イタラシイ、何トカイフ名前ヲ附ケテ居ツタ。此間自分ハ新民屯ヘ行ツタ所江戸川大人ガ來テ居ツテ、頭ニハ辮子ガナクテ。アナタト同ジ風彩ヲシテ居ツタ。ハハアト笑ツテ居ツタ。私ハ江戸川サンヲ知ツテ居ルカラサウカトイツテ居ツタ。一体アナタハ此處ヘ何シニ來タカ、最初來タ時私ハ甚ダ不審ニ堪ヘナカツタトイフ。ソコデ私ハヤカマシクナツタラ射ツテヤラウト思ツテピストルヲ滿圓ノ下カラ出シタ、俺モ此處ニ持ツテ居ルト出シタ、ドチラガ良イカ較ベテ見タラ奴ノ持ツテ居ルノハチエーンデヤツテ居ル新式ノ獨乙製デ上等ノピストルダ、私ノハ八圓五十錢デ買ツタモノダ。何故ト心安クナツタカトイフト、女ノ話ヲシタ、支那人ハ女ノ話ヲスルト迚モ喜ンデ身体ヲセツテ來ル、奴ハ妾ヲ一里バカリ先キノ民家ニ

(68) 江戸川辰三君　井戸川辰三(一八六九―一九四三年)。日露戦争中は、青木宣純大佐の特別任務班で馬賊を動員してロシア軍の後方の破壊工作に従事したとされる(大山、一九七〇)。

ニ持ツテ居ルトイフコトヲ聞イタ、ソコデアナタハ妾ガアルサウダガ私共隨分戰爭ニ出テ大分長ク婦人ニ關係シナイガ、ドウダイ俺ニ貸サナイカ、嫌ダ嫌ダトイフ、ソレデヤオ前ノ郎ラナイ內ニ門ヲ叩イテ內ヘ入ツタラドウスル、イヤサウシテハイケナイトイツテ、サウイフ面白イ話ヲスルト迚モ心安クナル、身体ヲセツテ來ルカラ座ツテ居ル所カラ二三間押セレル、面白イモノダト思ツタ。數日民家ノ先キノ方ヘ行クト沙漠ノ中ニ蜃氣樓ノ如ク賓圖王府ノ街ガ現レタ、木ハ少シ生エテ居ルガ、寒イ時ダカラ葉ガ一ツモ無イ、居リニ城壁ヲメグラシテ、其內ニ人家ガアル。城門ノ前ニ蒙古兵ガ胸ニ何カ書イタ服ヲ着テ佛蘭西ノドラゴンノ兜見タイナモノヲ被ツテ、鐵砲ヲ持ツテ衞ツテ居ル。吾々ガ近附クト鐵砲ヲ向ケテ仕樣ガナイ、私ハ此時獵銃ヲ持ツテ居ツタ、往ツタリ來タリスル內ニ、朝鮮方面デ獵銃ヲ買ウテ彈モ蜜柑箱ニ一杯持ツテ居ツタ。丁度馬ノ腹ノ下ヲ雉ガ往ツタリ來タリシテ、ドノ位居ルカ分ラナイ、杖デ叩イテ殺セル位澤山枯レタ草ノヤウナ間ヲ歩ク、ソレヲ射チタイガ射ツタラ戰爭ニナルカラ射テナイ。サウシテ彈ノ來ル內ヲ段々平氣ナ顔ヲシテ進ンデ遂ニ門ニ着イタ。其前ニ後春秋ノ馳使ガ私ヨリモ早ク馬カ駕籠ニ乘ッテ賓圖王ノ所ヘ行ッテ、今日ハ日本ノ軍人ガ此處ヘ來ルカラトイフコトヲ通知シテアッタ。兎ニ角內ヘ案內サレテズット入ッテ行ッタ、其王樣ノ居ル部屋迄幾ツモ門ヲギート開ケテハギート閉メテ行クノデアッタ、各門ニハ衞兵ガ居ル、或ル部屋デハ喇嘛僧ガ鐘ヲ叩イテオ經ヲ唱ヘテ居ル、サウイフ所ヲズット通ッテ王樣ノ部屋ヘ行ッタ、壇ノ上ニ椅子ガアッテ其上ニ孔雀ノ羽ノ下ガッタ、茶色ノ何品トカイフ資格ヲ表ス今頃ノ子供ガ被ッテ居ルベレー帽見タイナモノヲ被ッテ座ッテ居ル。私ガ入ルト王樣ガハアハアト敬禮スル、二十才位デアッタ、通譯ヲ通ジテ色々話ヲシタ、併シ蒙古ト日本ト支那ノ士民ヤ兵隊ガ鐵砲ヲ射チ合ッタコトハ少シモ話サナイ、私ハ斯ウイフ譯デ圖面ヲ拵ヘルノダカラ諒解ヲ下サイ、サウイッテ朝日煙草ノ入ッテ居ル箱ヲ二十才土産トシテ出シタ。スルト城門ノ傍ニ宿ル所ヲ呉レテ、其處ヘ行ッテ休メトイフ、休ンデ居ルト早速王樣ガ遊ビニ來タ。私ハ此間奉天ノ戰爭ノ時ニ奉大ニ行ッテ居ッタ大山大將カライロハニホヘトヲ習ツタトイツテ紙ヲ出セトイツテソレヲ書イテ見セタ。アイウヱオデアツタカ忘レタガ書イテ見セタリ、蒙古語ヲ教ヘタリ色々ダ。サウシテ私ノ獵銃ヲ見テ欲シガル、之ヲ私ニ呉レナイカ、呉レル譯ニハ行カナイ、ヂヤ今カラ一緒ニ射チニ行カウ、水ノアル所ニハ鴨ガ居ル筈ダ、行カウ、イヤモウ日ガ暮レルカラ止シマセウ。トイツテ居ツタガドウモ鐵砲ガ欲シイラシイ、ソレカラ大山大將カラ八倍ノ雙眼鏡ヲ貰ツタガ是ハ一体此邊デ幾等位スルダラウ、此邊ニハ一ツシカナイトイフ、此邊トイツテ私ニハ分ラナイガ、日本デイフト大体八拾圓位カラ百圓ダラウトイツタ、サウカトイツテ今度ハ私ノ刀ヲヒネツテ又欲シガル。特爾哈圖王殿下(69)ハ日本へ學問シニ來テ居ル相ダガアナタモ未ダ若イカラ日本へ渡ツテ勉強サレテハドウカトイフト、私ハ馬人ダカラサウイフコトハ出來ナイ、實ハ私ハ今喪ニ服シテ居ルカラ出來ナイトイフ。後ニ話ニ聞クト若クシテ亡クナラレタサウデス。サウイフ譯デ護照ヲ貰ツテ各分班ノ測量ニ出ル組々ニ渡シテ大体ニ於テ無事ニ經過シテ居ツタ、所ガドウモ病氣デモナイ測(70)

(69) 特爾哈圖王殿下　トルホト（土爾扈特）郡王パルタと考えられる。パルタは一九〇六年に日本に留学して陸軍士官学校などの予備校として外国人用に設立された振武学校に入学した（横田、二〇〇九）。

(70) 五四頁～五五頁　この間、座談会記録がいったん中断している。離日してから長期間経過して、測量作業員の中に帰国したい者が続出し、それらを帰国させたことを話題にしている。

困ル、斯クナツタ以上ハ分班長ハ一人止マルト雖モヤル、後送サレタイトカイフ者ハドンドン還セ、但シ斯ンナ病氣デモナイ者ヲ後送シテ、アノ醫者ハ人ヲ診ルコトヲ知ラナイト言ハレル樣ナ感ガナイ以上ハドンドン後送セヨト私ノ班附ノ軍醫ニモ言ツテ置イタ、還リタイ者ハ還シテシマツタ。是ハ陣中日誌ニハ書イテアルデセウガ、時日其他ヲ忘レマシタガ、測量班ノ測量組ノ一組ガ皆殺サレタ。是ハ兩家子トイフ所デ、堀越、稻田、高橋トイフ人夫ト支那人二人、川越茂作トカイフ兵、是ダケガ殺サレタ。殺シタ奴ハ刑起發トイフノガ兄弟デヤツタ。是ハ捕ヘラレテカラ日本兵隊、支那人、測量スル人間ノ各ガ、各異ル部屋ニ於テ婦女ヲ姦シタト言出シタガ、サウイフ事件ガ起ツテ私モ當惑シタ。殺サレタトイフコトヲ分班カラ言ツテ來タラシイ、實ニ困ツタト思ツテ居ル時ニ、法庫門ノ私ノ部屋ニ或ル時支那人ノ小僧ガ入ツテ來テオ辭儀ヲシテ、赤イ大キナ名刺ヲ出シタ。見ルト陳輝トイフ人ガ訪ネテ來タトイフ譯。私ハ門前迄迎ヘニ出タ、ドウゾ此方ヘト、私モ長ク居ツタカラ日用語ニハ不自由シナカツタノデ案内シタ、所ガ私ハ成田安輝(71)デス、日本人デストイフ。サウデスカ私ハ支那人ダト思ツタ。所デ私ハ濱田中佐(72)ノ馬賊軍ノ指揮官トシテ働イタ人間デスガ法庫門ノ西北通江口トイフ所カラ出テ居ツタ馬賊ノ相當ナ頭ガ亡クナツタノデ其後ノ財政整理ヲシテヤル爲ニ其邊ニ居ルモノデスガ、未ダ私ノ蒙古ニ於テノ勢力ハ相當ニ盛ンナモノデアツテ衰ヘテ居リマセヌ、今度ノ殺害事件ニ付テ捜索方等ヲ私ニ任カシテ呉レナイカトイフ、ソレハ洵ニ有難イ、併シ私獨斷デ許ス譯ニ行カヌカラ部長ニ電報シテ見ルト宜シカラウトイフ譯デオ願シタ。陳輝ハ何處カラ來ルノカ分ラヌガ蒙古ノ騎兵ヲ三百人集メタ。蒙古ノ騎兵トイフノハ何處ニ居ツテモドウツト斷ケテ來ル勢ハビツクリスル位デ、一人デ居眠リシナガラ歩イテ居ルト肝ヲ濃ス。兎ニ角何處ニ養ツテ居ルカ知ラヌガ三百騎ヲ集メテ、成田安輝ガ犯人及死体ノ捜索ヲヤツテ呉レタ。犯人ノ捜索ハ蒙古ノ砂漠内ニ部落ガアチコチ固ツテ居ルカラ一ツノ部落ヲ包圍シテ内ヲ調ベテ殺シタ奴ガ居ラナケレバ其話ガ向フノ部落ヘ傳ラナイ前ニ次

(71) 成田安輝　外務省の情報活動に従事し、早期にチベットに入域したことでも知られている（木村、一九八一）。日露戦争期に「満洲義軍」で活動したことは知られていない。

(72) 濱田中佐　花田仲之助（一八六〇―一九四五年）。情報活動に従事し、日露戦争中は満洲馬賊を動員して「満洲義軍」を編成した（アジア歴史資料センター資料、C06040398400）。

ノ部落ヲ證識スル、斯ノ如クシテ刑紀紊ナル兄弟ガ兩家子テ日本人ヲ殺シタトイフ犯人ヲ私モ捕ヘタ、之ヲ通江口ヘ運レテ來タ、兵站部ノ年ニ入ツテ居ツタノヲ私モ其顏ヲ見マシタ。サテ之ヲ國際關係ニスルト大變ダカラトイフノデ鄭家屯方面ノ支那ノ役人ガ成田先生ニ交渉シテ金壹萬圓ノ損害賠償ヲ出スカラ之ヲ公ケニシナイデ呉レ、内輪ノコトニシテ呉レトイフ話デアッタラシイ、ソレカラ先ノ事ハ私ハ存ジマセヌガ川越茂作トイフ兵ノ所ヘ二千圓バカリ入ッタ、其親父ガ非常ニ感謝シテ手紙ヲ呉レタ、勿論私モオ前ノ倅ガ斯ウイフ譯デ殺サレテ實ニ氣ノ毒デアルケレドモ立派ニ國家ノ爲ニ死ンダノダカラトイフ手紙ヲヤッタ、此川越茂作ハ日向カ何處カラカ出タノデ陣中日誌ニハ勿論書イテアルガ記憶シテ戴キタイ。當時戰死シタ者ハ陸軍少佐デ千圓デソコヘ持ッテ來テ一等卒カ二等卒カ知ラヌガ二千圓貰ッタ、是デ田圃ヲ買ッテ私共ノ記念トスルトイッテ來タ、其他ノ人ニモ送ッタガ返事無シデ其後ノ事ハ存ジマセヌ。斯ウイフコトガアッタリシタノデ、此邊ハ止メテ東ノ方ヘ移レトイフ譯デ吉林ノ方ヘ廻ッタ、開原、海龍城、官街アノ方面ニ測地ガ變ツタ、其時護衛兵トシテ一中隊ヲ附ケラレタ。此中隊長ハ今迄ノヤウニ一組ニ二人位シカ附ケナイヤウナヤリ方デナシニ一少隊位ニ分ケテ海龍城トカ毎日毎日アツチコツチ行軍サセル、今日ハ此方ヘ七十人彼方ヘ五十人トイフ風ニ歩イテ居ルノデ何千ノ兵隊ガ附イテ居ルヤウニ思ヘテ土民ハ手ヲ出スコトガ出來ナイ、サウイフ護衛ノ仕方ヲヤラレテ洵ニ結構デアツタ。私共ハ根據ヲ開原カラ海龍城ニ移シテ官街方面ヲヤツタ、當時吉林ヘモ服裝ヲ變ヘテ廻リタイト思ツタガ、未ダ露軍ガ居ルヤウナ話ダシ餘計ナコトヲヤツテ首ヲチヨン切ラレテモ詰ラヌカラ到々行キマセヌデシタガ、大分滯在長キニ亘ツタノデ内ニハ望郷ーーホームシツクニ罹ル者モ出テ來ルヤウニナツタ。又中隊長ガ兵隊ノ賄ヲ金デ呉レト言出シタ、是ハ許サレナイデヤツパリ分班デ現品給與ガ行ハレタ、併シ測量班ニ對シテハ評判惡ク中隊長ハ御機嫌ガ惡イ。ソレカラ其當時參謀本部カラ廻ツテ來ラレタ人デ、能ク分リマセヌガ川崎良太郎少佐デヤナカツタカト思ヒマスガ此人ガ廻ツテ來ラレタ時宿ヘ訪レテ來ラレテ何處迄モ斯ウイフ風ニ長クナル不平ヲ言ツタラシイ、ソレカラ松岡中尉モ訪ネテ行ツタ。一体測量班ハ部屋ノ内デ嘘バカリ書イテ居ル、斯ウイフコトヲ言ツタ、是ハ先生等ニ分ラナイ、外デ骨ヲ搾ヘテソレヲ夜ズツト書イテ行クト自然圖ニナル、ソレヲ外デ皆書カナケレバ測量デハナイト思ツテ居ル、ドウモ部屋ノ内バカリデ書イテ外デ餘リ仕事ヲシナイヤウデ、ソレデ川崎少佐ガ際ニ歸ツテカラ餘リ評判ノ良クナイコトヲ言ハレタラシイ、ソコデ御承知ノ如ク參謀本部カラ臨時測圖部へ檢閲使ヲ遣ハストイフ、其時第一測量班ハ朝鮮ノ咸興方面ニ居ツタヤウデス、吾々ノ方ハ海龍城ニ居ルシ又此西北ノ伊通トイフ所ニ第四班、柳家鎭ニ(73)第五班ガ居ル、ソコへ持ツテ來テ揖江順測量技師ガ參謀中佐武島音次郎氏ニ附イテ檢閲ニヤツテ來タ、豐田サン(74)モ測量技師トシテ附イテ來ラレタ、私ハ測量地内ヲ御案内シタ、中々キビキビシタ物事ノ裏ノ方迄見エル位ノ方デ色々ノ事ヲ詮議サレタ、其時最モ痛快ダツタノハ五六日前ニ補充トシテ到着シタ測量手ガ菊地幸三郎君ノ分班へ六人位附イタ、他ノ班ニモ附イタガ菊地分班へ竹島中佐ガ行ツテ圖面ヲ皆見タリ、現地へ

(73) 武島音次郎 竹島音次郎(アジア歴史資料センター資料、C06041384000)。

(74) 豊田サン 本座談会参加者、豊田四郎。

行ツテ見タリシタガ同ジ所ヲ四千米突デ測ツタ方眼圖カ五六枚出來テ居ツタ、所ガ武島中佐曰ク是ハ何ダ同ジ所ヲ六枚モ揃ヘテ斯ンナ馬鹿ナコトヲヤルコトガアルカ、イヤサウデハナイ、實ハ東京カラ補充員ガ來タガ中ニハ三十圓ノ月給ノ者モアルシ二十五圓或ハ二十圓ノ者モアルシ色々デアル、是ハ技術ノ如何ニ依ツテ東京ノ方デ等級ヲ附ケラレタカモ知レナイガ、戰地ノ測量ヲスルニ付テハドレガ優ツテ居ルカドレガ劣ツテ居ルカ分ラナイ、折角人間ヲ貰ツテモ其點ガ明瞭デナイ若シ此測量手ヲ直ニ配付シテ、オ前ハ何處ヲヤレ、オ前ハ此處ヲヤレトイツテソレヲ一ツノ圖面ニ作レバ大變早ク出來上ガル、併シソレヲ六枚同ジ物ヲ作ラシタノハ其人ノ力ヲ知ル爲デアル、サウシナケレバ適材適所ガ當ヲ得ナイ、其結果ヲ見テドレガ一番宜イカラ何處ニスル、アトノ者ハ手習デベケニシテシマフ、斯ウイフコトニ定メテ居ルイヤ是ハドウモ至レリ盡セリダ、斯ノ如ク測量ヲ粗末ニシテ居ラレナイ各ノ力ヲ測ツテ業務ヲ課スル戰地ニ於テモ斯ノ如ク用意シテ居ル、決シテ川崎ガ戾ツテ言ツタヤウニ嘘ヲ書イタリシテ居ラヌ、斯ウ言ツタコトガアル、併シ一面臨時測圖部長ハ甚ダ不快デアル、今迄戰爭中ニ檢閲使ノ來タコトガアルカ、我輩未ダ凱旋シナイ、戰地出征ノ心得デ來テ居ル者ニ何ノ不都合アッテ檢閲使トイフ名前デ人間ヲ寄越シタカトイフ譯デ腹ガ立ッテ手ガシビレルトイッテ、醫者ト相談シタカドウカ知ラヌガ手ガシビレテ困ルトイッテ歸ッテ了ッタ、ソコデ私ガ臨時測圖部長ノ代理ヲヤッテ居ッタ、ソコデ竹島サンガ歸ッテカラ二年七箇月、彼此レ三年出テ居ル、何ハ兎モアレ一應歸シテヤラナケレバナラヌ、一應歸ッテ更ニ氣ヲ取直シテ出ルベキデアル、測圖班ノ者ハ決シテ横着シテ居ラナイ、中々ウマクヤッテ居ル、聞ク所ニ依ルト或ル測量スル人ハ餘リ長イカラモウ歸シテ吳レトイフコトヲ川崎少佐ヘ言ッテ居ル、ト言フノハ新婚後二三日經ッタ所デ戰地ヘ出タサウデモウ約三年經ッタカラ歸リタイノガ當リ前ダ、一應歸シタ方ガ宜イサウシテ更ニ出シタ方ガ宜イ、斯ウイフ譯デ三十七八九年ノ十月ニナッテ引揚ゲルコトニナッタ。滿洲鐵道デ大連ニ出テ十二月十四日新橋着凱旋シタ譯デス。色々面白イ話モアルガ是位ニ致シマス引地デハ有ガタウゴザイマシタ、食事後ニ又御話ヲ承リタイト思ヒマス、將來岡村サンガ之ヲ作リマス場合ニ色々御尋ガアルコトト思ヒマスガ宜シク願ヒマス。

（終）

【注記のための参考文献一覧】

大田寛之、二〇二二「『測量隨録　原稿』とその内容について（二）」外邦図研究ニューズレター、一三、一九―四二頁.
大山梓、一九七〇「日露戦争と新民占領」政經論叢（明治大学）、三八（三）、五四―六九頁.
奥平武彦、一九六九『朝鮮開国交渉始末、附朝鮮の條約港と居留地』刀江書院.
木村肥佐生、一九八一「成田安輝西蔵探検経緯（上）」アジア研究所紀要、八、三三―八七頁.
金美英、二〇〇九「日露戦争の戦場で偵察用に作製・使用されたと推定される地図について」外邦図研究ニューズレター、六、九―四六頁.
小林茂、二〇一七「路上測図」小林茂編『近代日本の海外地理情報収集と初期外邦図』大阪大学出版会、一一四―一一六頁.
小林茂、二〇二一「日清戦争に際し戦史用に作製された二万分の一地形図」外邦図研究ニューズレター、一二、七一―八〇頁.
小林茂編、二〇一七『近代日本の海外地理情報収集と初期外邦図』大阪大学出版会.
小林茂解説、二〇〇八『外邦測量沿革史　草稿、第一冊』不二出版.
參謀本部編、一九〇四『明治二十七八年日清戰史、附圖』東京印刷.
瀧原三郎、一九二八「地圖の利用と日露戰争に於て我軍の利用せし地圖」偕行社記事、六四一、七七―一〇六頁.
長南政義、二〇一九『児玉源太郎』作品社.
ブレン、ボルジギン、二〇一四「辛亥革命前後のモンゴル独立運動と内モンゴル王公」東北アジア研究、一八、二九―五〇頁.
横田素子、二〇〇九「一九〇六年におけるモンゴル人学生の日本留学」東西南北（和光大学総合文化研究所年報）、二〇〇九、一五六―一七二頁.
渡辺理絵・山近久美子・小林茂、二〇一七「朝鮮半島における初期外邦測量の展開と『朝鮮二十万分一圖』の作製」小林茂編『近代日本の海外地理情報収集と初期外邦図』大阪大学出版会、一二〇―一六五頁.

『陸地測量部沿革誌（稿本）』事項索引

【あ】

【か】

【さ】

【た】

【な】

【は】

【ま】

【な】

【は】

【ま】

『陸地測量部沿革誌（稿本）』人名索引

※図表中にのみ出てくる人物に関しては収録しなかった。

【あ】

【か】

【さ】

【た】

【ま】

【や】

【ら】

【わ】

解説執筆者紹介

小林　茂　こばやし　しげる

一九四八年　名古屋市生まれ

京都大学文学研究科博士課程中退、博士（文学）（京都大学　二〇〇三年）

人文地理学専攻

現　在　大阪大学名誉教授

主要編著書　『近代日本の地図作製とアジア太平洋地域──「外邦図」へのアプローチ』大阪大学出版会、二〇〇九年（編著）日本地理学会優秀賞受賞

『外邦図──帝国日本のアジア地図』中央公論新社（中公新書二一一九）二〇一一年（単著）人文地理学会賞（一般書部門）受賞（中国語繁体字版、林詠純訳『外邦圖──帝國日本的亞細亞地圖』光現出版、二〇一九年）

『近代日本の海外地理情報収集と初期外邦図』大阪大学出版会、二〇一七年（編著）

『鎖国時代　海を渡った日本図』大阪大学出版会、二〇一九年（共編著）

資料と解説　『外邦測量沿革史　草稿』全四巻　不二出版、二〇〇八、二〇〇九年

『研究蒐録　地図』全三巻　不二出版、二〇一一年（共著）

『陸地測量部沿革誌』不二出版、二〇一三年

陸地測量部沿革誌（稿本）

２０２４年９月25日　第１刷発行

定価３５、２００円

（本体価格３２、０００円＋税10％）

ISBN978-4-8350-8663-7　C3031

解　説　小林　茂

発行者　船橋竜祐

発行所　不二出版　株式会社

〒１１２－０００５

東京都文京区水道２－10－10

電話　０３（５９８１）６７０４

https://www.fujishuppan.co.jp

組版・印刷／昴印刷　製本／青木製本

2024 Printed in Japan